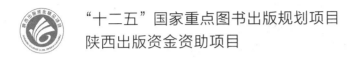

"十二五"国家重点图书出版规划项目

陕西出版资金资助项目

新兴微纳电子技术丛书

航空微电子

Aeronautic　Microelectronic

樊晓桠　　安建峰　　王少熙　　编著

U0361059

西安电子科技大学出版社

内 容 简 介

微电子技术的进步是现代科技、经济和社会发展的重要推动力。在航空领域也是如此。微电子对航空产品的技术水平、质量的影响如此之大，对航空技术的应用普及影响如此之广，在近几十年得到了充分的体现。因而航空微电子技术历来是各发达国家发展的重中之重，也是保密的重中之重。

本书尝试在航空微电子技术方面做必要的梳理性的介绍。其基本思想是从航空器需求的视角看微电子技术的应用。全书共七章，第 1 章为航空微电子系统概述；第 2 章为航空微电子内嵌可靠性理论；第 3 章为航空通用核心处理器；第 4 章为航空专用加速器及异构处理器；第 5 章为航空存储器；第 6 章为航空机载专用总线；第 7 章为航空微电子健康管理理论。

本书可作为高等学校电子科学与技术、微电子学与固体电子学、航空工程等相应专业选修课教材或研究生教材，也可供从事航空航天微电子技术相关研究的科技人员参考。

图书在版编目(CIP)数据

航空微电子/樊晓桠，安建峰，王少熙编著. 一西安：西安电子科技大学出版社，2017.6
"十二五"国家重点图书出版规划项目
ISBN 978 - 7 - 5606 - 4495 - 0

Ⅰ. ① 航⋯ Ⅱ. ① 樊⋯ ② 安⋯ ③ 王⋯ Ⅲ. ① 航空电气设备－微电子技术
Ⅳ. ① V242

中国版本图书馆 CIP 数据核字(2017)第 090820 号

策划编辑 李惠萍
责任编辑 李惠萍
出版发行 西安电子科技大学出版社(西安市太白南路 2 号)
电　　话 (029)88242885 88201467　　邮　　编　710071
网　　址 www.xduph.com　　　　　电子邮箱 xdupfxb001@163.com
经　　销 新华书店
印刷单位 陕西天意印务有限责任公司
版　　次 2017 年 6 月第 1 版　2017 年 6 月第 1 次印刷
开　　本 787 毫米×960 毫米　1/16　印张 19
字　　数 390 字
印　　数 1～2000 册
定　　价 37.00 元
ISBN 978 - 7 - 5606 - 4495 - 0/V

XDUP 4787001 - 1

＊＊＊如有印装问题可调换＊＊＊

"十二五"国家重点图书出版规划项目

陕西出版资金资助项目

新兴微纳电子技术丛书

编写委员会名单

编委会主任　　庄奕琪

编委会成员　　樊晓桠　梁继民　田文超　胡　英

　　　　　　　　杨　刚　张春福　张进成　马晓华

　　　　　　　　郭金刚　靳　钊　娄利飞　何　亮

　　　　　　　　张茂林　冯　倩　安建峰　王少熙

前　言

随着我国航空事业的迅速发展，微电子技术对航空工程的影响日益深远，航空工程对微电子技术的需求不断增加，航空技术水平要求不断提高。本书作者试图为读者尽可能全面、系统地介绍航空工程中有关微电子技术的基础理论知识和应用技术。

本书主要研究航空工程电子系统所需要的微电子技术知识，要求读者具有航空工程、集成电路设计、微电子可靠性等方面的基础知识。作者从航空微电子内嵌可靠性理论、核心处理器、专用协处理器、存储器、航空总线、健康管理等若干方面介绍了对航空微电子特有的一些考虑和相关知识，有助于读者在航空技术和微电子技术之间建立起知识贯通的基本框架，为航空微电子复合型高端人才培养提供理论基础。

本书共分七章，第1章阐述航空微电子系统的基本概念；第2章阐述航空微电子内嵌可靠性理论；第3章阐述航空通用核心处理器；第4章阐述航空专用加速器及异构处理器；第5章阐述航空存储器；第6章给出航空机载专用总线的基本知识；第7章简单介绍了航空微电子健康管理理论。

本书系《新兴微纳电子技术丛书》中的一册，这套丛书也是"十二五"国家重点图书出版规划项目，是在陕西出版资金资助项目的大力支持下出版的。

承担本书编著任务的西北工业大学嵌入式系统集成教育部工程研究中心是经国家教育部批准立项建设的工程中心，以国家中长期科学与技术发展规划为指导，结合学校学科整体规划，面向国家高新技术发展方向和国家经济建设、社会进步、国家安全的发展战略，将具有重要市场价值的科技成果进行工程化研究和系统集成，转化为适合规模生产所需要的工程化共性、关键技术或具有市场竞争力的技术产品。

研究中心的工作主要涉及微处理器微体系结构、可重构计算、专用微处理器结构研究和系统芯片、数字系统可靠性及可测性设计技术等方向，建成了一套微处理器体系结构、可重构计算的研究、设计与评估平台，设计了多款高性能微处理器和面向工控领域的系统芯片。所有这些工作为本书的编写奠定了基础。

在本书编写过程中，查阅了国内外有关学者的著作和文章，参考了课题组多年来的研究成果，参阅了任向隆、彭和平、史莉雯、周昔平、孙华锦、屈文新、张骏、李瑛、段然、田杭沛、罗旻、荆元利、郑乔石、韩立敏等研究生的毕业论文，张盛兵、王党辉、张萌、黄小平、陈超等老师提出了诸多建议，李耀兰、历广绪、方新嘉、郑潇逸、任梦、蒋丹崴、李文想、马鑫、王明辛、周柏强、曹国欣等研究生参与了编写，在此一并表示衷心的感谢。特别感谢西安电子科技大学出版社的李惠萍编辑，她为本书提出了许多宝贵的修改意见，并为本书的出版付出了辛勤的劳动。

由于编者水平有限，书中难免存在疏漏和不足之处，恳请读者批评指正。我们的联系方式如下：

电子邮件：anjf@nwpu.edu.cn

联系电话：(029)88431557

联系地址：陕西省西安市长安区东祥路1号西北工业大学886信箱

邮政编码：710129

编　者

2017 年 4 月于西安

目 录

第 1 章　航空微电子系统概述

1.1　航空电子系统

航空电子系统的主要任务是支持仪表飞行程序，辅助目视飞行程序，保障飞行的安全性。航空电子系统具体是指飞机上所有电子系统的总和。一个最基本的航空电子系统由通信、导航和显示管理等多个系统构成。航空电子设备种类众多，针对不同用途，这些设备从最简单的警用直升机上的探照灯到复杂的控制系统如空中预警平台，可谓无所不包。航空电子系统所涉及的技术领域包括：机载雷达、航空通信系统、导航系统、自动飞行系统、自动油门系统、敌我识别系统以及电子自卫系统等。

航空电子研究正以惊人的速度改变着航空航天技术。起初，航空电子设备只是一架飞机的附属系统；而如今，许多飞机存在的唯一目的即为搭载这些设备。军用飞机正日益成为一种集成了各种强大而敏感的传感器的战斗平台。

在 20 世纪 70 年代之前，航空电子（Avionics）这个词还没有出现。那时，航空仪表、无线电、雷达、燃油系统、引擎控制以及无线电导航都是独立的，并且大部分时候属于机械系统。

航空电子诞生于 20 世纪 70 年代，伴随着电子工业走向一体化，航空电子市场也蓬勃发展起来。在 20 世纪 70 年代早期，全世界 90% 以上的半导体产品应用在军用飞机上。到了 20 世纪 90 年代，这个比例已不足 1%。从 70 年代末开始，航空电子已逐渐成为飞机设计中的一个独立板块。

推动航电技术发展的主要动力来源于冷战时期的军事需要而非民用领域。数量庞大的飞机变成了会飞的传感器平台，如何使如此众多的传感器协同工作也成为一个新的难题。时至今日，航空电子系统已成为军机研发预算中比重最大的部分。粗略地估计一下，F-15E、F-14 有 80% 的预算花在了航空电子系统上。

航空电子技术在民用市场也正在获得巨大的发展。飞行控制系统（线传飞控）苛刻的空域条件带来的新导航需求也促使开发成本相应上涨。随着越来越多的人将飞机作为自己出行的首选交通工具，人们也不断开发出更为精细的控制技术来保证飞机在有限的空域环境下的安全性。同时，民机天然地要求将所有的航电系统都限制在驾驶舱内，从而使民机在预算和开发方面第一次影响到军事领域。

1.1.1 航空电子系统的约束

飞机上的任何设备都必须满足一系列苛刻的设计约束。因为飞机所面临的电子环境是独特的，有时甚至是高度复杂的。制造任何飞机都面临许多昂贵、耗时、麻烦和困难的方面，适航性认证就是其中之一。随着飞机及机组人员愈来愈依赖于航电系统，这些系统的健壮性便变得非常重要了。建造航空电子系统的一个必要因素就是要求飞行控制系统在任何时候都不能失效。因此，飞机上任何一种系统都对健壮性有一定程度的要求。

1. 集成度

从航空电子工业的发轫时期开始，如何将极其众多的电子系统连接起来、密切有效地使用各种信息就是一个令人头疼的问题。当初如何在离散数据线上传递开关变量的简单问题，而今已演化为如何协调光线数据总线上传递的飞行控制数据的繁杂问题。空前复杂的软件也被用以应付空前苛刻的航空标准。在今天，系统集成已成为飞机工程师们所面临的最大问题。无论一架飞机如何小，一定程度的系统集成也是必不可少的（例如电力供应）。大型飞机项目（像军用及民用）经常需要数百名工程师来集成这些复杂的系统。

2. 物理环境

飞行环境不同，系统用途各异，某些系统需要比其他系统更为健壮，今天所有的航空电子系统都需要通过特定水平的环境测试才可使用，所以鲁棒性设计日益重要。

测试的形式多种多样，许多飞机生产商会预先规定如何测试。随着航电设备的广泛应用，各种适航认证（如英国的 CAA 或美国的 FAA）制定了这些设备必须满足的性能标准。制造商们则在此基础上制定了这些设备必须满足的环境标准。

这些标准规定了航电制造商所必须遵循的飞机零件测试方法及等级，例如盐水喷射、防水性、模具成长，以及外部污渍之类的测试。目前提供给制造商的这类航电标准有 BS 3G 100、MIL - STD - 810、DEF STAN 00 - 35 等。在进行每一项单独测试前，我们首先得评估其是否适用。例如，盐水喷射测试对装在密封架内的设备就没有什么必要。制造商们通过交叉引用这些标准，维护测试等级，经常会生成更为通用的需求。这些需求并不规定性能，而是对设备的操作环境的一种描述。

3. 电磁兼容性

众所周知，EEE、电磁兼容性（EMC）是一项评估电力电子系统相互影响的活动。在飞机世界里，电磁兼容性可导致各种各样的问题。飞机及其设备一般使用测试范围更广的特定标准，如 DEF Stan 59 - 41、MIL - STD - 464 等。

4. 振动

即使是最平稳的飞机（如民航干线飞机），飞机振动也是一个非常严重的问题，对可靠性影响很大，更不用说像直升机那样颠簸的飞机。振动已成为设计中最主要的驱动因素之一。虽然有一些针对振动问题的飞机标准，但许多设计者们并没有意识到它们。共振问题对于每一架出厂的飞机都不尽相同，更不用说对不同型号的飞机了。

5. 系统安全性

飞机上的所有零部件都要定期接受系统安全性分析。在航电领域，这项工作主要是由各个国家的适航认证部门来执行的。对于民机，总是由 FAA 或者 EASA（JAA）来认证其安全性的。对于军机，虽然也有一些世界标准，但大部分军机买方认证执行的是当地标准（如 DEF Stan 00 - 56）。

在飞机设计中，安全性设计一般表述为可靠性及耐用性，这方面的考虑极大地影响着飞机的设计方法。任何应用于航电系统的软件都要接受严格的安全性审查。

6. 质量

航空电子设备的采购在全球范围内已被少数几大巨头所垄断。通过提供"盒装部件"，即所谓的 LRU（航线可更换组件），以及打包、测试和配置管理等活动，他们几乎垄断了整个航空电子产业。对于任何工业领域，质量控制都是一个非常重要的部分。而在航空领域，航电产品供货商则可能毁了整个方案（参看波音 Chinook 事件）。如今 ISO 9001 所颁布的质量标准虽然已被主要工业领域所采用，而主要的飞机制造商对于他们所交付的文档和硬件还有更为严格的标准。人们经常说飞机不是依靠燃油飞行，而是依靠文档来飞行，因为任何一个 LRU（一个无线电设备或仪器）都要产生大量的文档。

1.1.2　航空电子系统的组成

航空电子学是个庞大的学科，下面从飞机电子系统和战术任务系统两个角度阐述航空电子系统的基本组成。常规航空电子系统的组成可以用图 1-1 来表示，主要模块和系统如下所述。

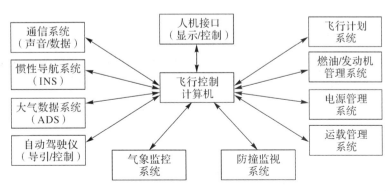

图 1-1　航空电子系统的组成

1. 飞机电子系统——航电系统

在任何飞机上，驾驶舱都处于航电系统中最显著的位置。这样的设计要求也是最困难和最有争议的问题。所有可以直接控制飞机安全飞行的系统都可以在驾驶舱中由飞行员直接控制。那些对飞机安全性很关键的系统也都指向航电系统。

1) 通信系统

通信系统是航电系统中最先出现的，飞机和地面的通信能力从一开始就是至关重要的。远程通信爆发式的增长意味着飞机(民机和军机)必须携带一大堆通信设备。其中一小部分提供了关乎乘客安全的空地通信系统。机载通信是由公共地址系统和飞机交互通信提供的。

2) 导航系统

本书所关注的导航其含义为如何确定地球表面以上的位置和方向。

在通信系统出现后不久，飞行能力就受限于上述通信系统的要求，功能扩展有限。从早期开始，为了飞行的安全性，人们就开发出导航传感器来帮助飞行员。除了通信设备，飞机上现在又安装了一大堆无线电导航设备。

3) 显示系统

航电系统的独立出现是紧随其功能的集成工作之后的。很早以前，生产商们就努力开发更可靠和更好的系统来显示关键的飞行信息。真正的玻璃驾驶仓是在最近几年才出现的。LCD 或者 CRT 经常会倒退回传统的仪表。

如今，LCD 显示的可靠性已足以让"玻璃"显示成为关键部分，但这只是表面因素。显示系统负责检查关键的传感器数据，这些数据能让飞机在严苛的环境里安全地飞行。显示软件是以与飞行控制软件一样的要求开发出来的，它们对飞行员而言同等重要。显示系统以多种方式确定高度和方位，并安全方便地将这些数据提供给机组人员。

4) 飞行控制系统

多年来，平直翼飞机和直升机的自动控制飞行方式是不同的。这些自动驾驶系统在大部分时间里(比如巡航或直升机悬停时)减少了飞行员的工作负荷和可能出现的失误。第一个简单的自动驾驶仪用于控制高度及方向，它可以有限地操控一些东西，如发动机推力和机翼舵面。在直升机上，自动稳定仪起同样的作用。直到最近，这些老系统仍自然而然地利用电子机械。

5) 防撞系统

为了增强空中交通管制，大型运输机和略小些的飞机多使用交通警告及防撞系统(Traffic Alert and Collision Avoidance System)，它可以检测出附近的其他飞机，并提供防止空中相撞的指令。小飞机也许会使用简单一些的空中警告系统，如 TPAS，它们以一种被动方式工作，不会主动询问其他飞机的异频雷达收发器信号，也不提供解决冲撞的建议。

为了防止和地面相撞，飞机上安装了诸如近地警告系统(Ground Proximity Warning System，GPWS)，这种系统通常含有一个雷达测高计。新的系统使用 GPS 和地形以及障碍物数据库为轻型飞机提供同样的功能。

6) 气象雷达

气象系统如气象雷达(典型的如商用飞机上的 ARINC708)和闪电探测器对于夜间飞行或者指令指挥飞行非常重要，因为此时飞行员无法看到前方的气象条件。暴雨(雷达可感知)或闪电都意味着强烈的对流和湍流，而气象系统则可以使飞行员绕过这些区域。

最近，驾驶舱气象系统有了三项最重要的改革。首先，这些设备(尤其是闪电探测器，如 Stormscope 或 Strikefinder)已便宜了很多，甚至可以装备在小型飞机上。其次，除了传统雷达和闪电探测器，通过连接卫星数据，飞行员可以获得远超过机载系统本身能力的雷达气象图像。最后，现代显示系统可以将气象信息和移动地图、地形、交通等信息集成在一个屏幕上，大大方便了飞行。

7) 飞机管理系统

飞行管理系统出现在 20 世纪 70 年代，是在原有的自动导航及通信控制和其他电子系统的技术上发展起来的。柯林斯(Collins)和霍尼韦尔(Honeywell)公司分别在其参与研发的麦道和波音飞机上率先引入集成的飞行管理系统。随着技术的进步，飞行管理系统的重要性不断提高，成为飞机上最重要的人机交互接口，集成了飞行控制计算机、导航及性能计算等功能。中央计算机加上显示和飞行控制系统，这三个核心系统使飞机上的所有系统(不仅仅是航电系统)更易于维护，更易于飞行，也更加安全。

引擎的监控和管理很早就在飞机地面维护方面取得了一定进展。如今这种监控管理已经最终延伸到飞机上的所有系统，并且延长了这些系统和零部件的寿命(同时降低了成本)。集成了健康及使用状况监控系统(Health and Usage Monitor Systems，HUMS)后，飞机管理计算机就可以及时报告那些需要更换的零件。

有了飞机管理计算机或者飞行管理系统，机组人员就再也用不着看一张张地图和计算复杂的数学式子了，再加上数字飞行公文包，机组人员可以管理到飞机上小至每一个铆钉的任何方面。

虽然航电设备制造商提供了飞行管理系统，不过目前还是倾向于由飞机制造商提供飞机管理和健康及使用状况监控系统。因为这些软件系统的功能发挥依赖于它们装载在何种飞机上。

2. 战术任务系统

当前航空电子的主要发展方向已转向"驾驶舱背后"。军用飞机或者用来发射武器，或者变成其他武器系统的眼睛和耳朵。缘于战术需要，大堆的传感器装在军用飞机上。更大的会飞的传感器平台（如 E-3D、JSTARS、ASTOR、Nimrod MRA4、Merlin HM Mk 1）除了安装飞机管理系统外，还会安装任务管理系统。

随着精巧的军用传感器的广泛应用，它们已变得无所不在，甚至已流入军火黑市。警用飞机和电子侦察机如今则携带着更为精密的战术传感器。

1）军用通信系统

民机通信系统为安全飞行提供了骨干支持，而军用通信系统则主要用于适应严酷的战场环境。军用极高频（UHF）、甚高频（VHF）（30～88 Mz）通信和使用 ECCM 方法的卫星通信，再加上密码学，一起构成了战场上安全的通信环境。数据链系统，如 Link 11、Link 16、Link 22、BOWMAN、JTRS 以及 TETRA，提供了数据（如图像、目标信息等）传输方法。

2）雷达

空中雷达是主要的作战传感器之一。它和其地面基站一起，如今已发展得非常复杂。空中雷达最引人注目的一个变化就是可以在超远距离内提供高度信息。这类雷达包括早期的预警雷达（AEW）、反潜雷达（ASW），以及气象雷达（ARINC 708）和近地雷达。

军用雷达有时用来帮助高速喷气飞机低空飞行。虽然民用市场上的气象雷达偶尔也作此用，但都有严格的限制。

3）声呐

声呐是紧随着雷达出现的。许多军用直升机上安装了探水声呐，它们可以保护舰队免遭来自潜艇和水面敌舰的攻击。水上支援飞机可以释放主动或被动式声呐浮标，也可以用于确定敌方潜水艇的位置。

4）光电系统

光电系统覆盖的设备范围很广，其中包括前视红外系统（Forward Looking Infrared）和被动式红外设备（Passive Infrared Devices，PIDS）。这些设备都可以给机组提供红外图像。这些图像可以获得更好的目标分辨率，从而用于一切搜救活动。

5）电子预警

电子支援（Electronic Support Measure，ESM）以及防御支援（Defensive Aids，DAS）常用于搜集威胁物或潜在威胁物的信息。它们最终用于发射武器（有时是自动发射）直接攻击敌机，有时也用以确认威胁物的状态，甚至辨识它们。

6）机载网络

不管是军用的、商用的，还是民用先进机型的电子系统，都是通过航空电子总线相互连接起来的。这些网络在功能上和家用电脑网络十分相似，然而在通信和电子协议上却区别很大。最常见的航空电子总线协议及其主要应用领域如下：

• Aircraft Data Network（ADN）：飞机数据网络；

- AFDX：商用飞机上 ARINC664 的特定实现；
- ARINC429：商用飞机；
- ARINC664：同 ADN，多用于飞机数据网络；
- ARINC629：商用飞机（波音 777）；
- ARINC708：商用飞机上的气象雷达；
- ARINC717：商用飞机上的飞行数据记录仪；
- MIL - STD - 1553：军用飞机。

1.1.3　航空电子系统结构的发展

航空电子综合系统结构不断改进，使航空电子综合系统的水平迅速提高，从而促进了战斗机水平的更新换代。在航空电子系统对飞机整体性能影响日益增大的同时，航空电子系统的硬件成本占飞机出厂总成本的比例也在直线上升：从 20 世纪 60 年代 F - 4 的 10%，70 年代 F - 15C 的 21%，80 年代中期 F - 16C 的 30%，到 90 年代 EF2000 和 F - 22 战斗机的 40%～50%。综合来看，航空电子技术发展至今基本上经历了分立、联合、综合到高度综合这 4 个阶段，航空电子系统结构亦是如此，同样经历了分立式、联合式、综合式和高度综合式 4 个阶段，如图 1 - 2 所示。

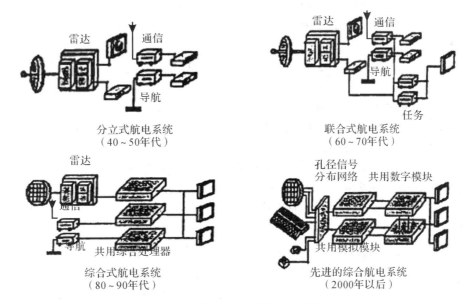

图 1 - 2　航空电子系统发展历程

第一代航空电子系统为分立式结构，20 世纪初到 20 世纪 50 年代是离散式结构阶段，雷达、通信、导航等设备各自均有专用且相互独立的天线、射频前端、处理器和显示器等，采用点对点连接。这种结构的电子系统不存在中心计算机对整个系统进行控制的特点，每个子系统有各自的传感器、控制器、显示器以及专用计算机。因此这种结构专用性强，缺少灵活性，难以实现大量的信息交换，任何一点改进都需要在硬件设计上完成。

第二代航空电子系统称为联合式航空电子系统，各设备前端和处理部分均相互独立，信息链的后端控制与显示部分综合在一起，达到资源共享。20 世纪 60 至 70 年代的航空电子系统逐步推广了这种结构，已广泛应用于现役航空器中。这种结构的特点是子系统相对独立，全机统一调度和管理，可以模块化进行软件设计，因此可以有效地进行系统维护、系统更改和系统功能扩充。

第三代航空电子系统称为综合式航空电子系统。20 世纪 80 年代美国的"宝石柱"航空电子系统是其典型代表，它具有更大范围的综合信号处理和控制/显示功能。这一代系统的主要特征是可以用少量模块单元完成几乎全部的信号与数据处理，目标、地形及威胁数据可以融合。第三代航空电子系统已经做到了系统结构层次化，功能模块标准化，数据总线高速化。20 世纪 80 至 90 年代研制的这种系统，现已在美国 F-22 等最新一代航空器中应用。

第四代航空电子系统称为先进的综合航空电子系统。20 世纪 90 年代开始研制的美国"宝石台"航空电子系统是其典型代表，它进一步将模块化向前推进到射频和光电敏感器部分。该系统改进了互连网络的设计，支持自动目标识别和发射控制等功能。该系统的先进之处在于：一方面在中频转换后即将信号数字化；另一方面用光信号在射频设备中传输。这些努力将最大限度地减少综合射频模块的数量，进一步减轻重量，并大幅度降低噪声。

1.2 航空微电子技术

航空微电子技术和产品是航空电子系统的核心和基础。以集成电路为核心的微电子技术，在军事通信、军事指挥、军事侦察、电子干扰和反干扰、无人机、军用飞机、导弹、雷达、自动化武器系统等方面得到了广泛应用，覆盖了军事信息领域的方方面面。因此，现代信息化战争又被称为"芯片之战"。出于国防装备的需要，世界军事强国不仅重视通用微电子技术的发展，也十分重视专用微电子技术的发展。这是因为专用微电子产品不仅在国防装备中应用广泛，而且对国防装备的作战效能起着关键作用。美国提出，在其防务的技术优势中，集成电路是最重要的因素。20 世纪 80 年代美国就将集成电路列为战略性产业。决定航空电子系统成本和技术的关键与核心是以航空关键集成电路和元器件为核心的航空微电子技术及其产品。

微电子技术的迅速发展推动了电子技术的进步，其发展和应用使航空电子系统向系统综合化和模块化发展成为现实。用微电子芯片进行智能改造升级，就会使传统产业重新焕发青春。微电子技术(包含数字技术、计算机技术和信息处理技术)日新月异的发展，使航空电子系统可以实现信息的综合传输、综合处理、综合控制及显示，为航空电子系统综合化提供了基础和发展平台。微电子技术的进步引起了航空电子系统结构的改变，使航空电子系统功能增强、性能提高。将传统的按"物理任务"（雷达、通信、导航、电子战）划分子系统的分立式结构体系，转变为按"逻辑功能"（综合探测器、综合处理机、综合显控系统）划分子系统的综合化结构体系，使航空电子系统的概念和功能都发生了本质的变化。

从航空电子装备的发展历史可以显见微电子技术的推动作用。现代军用飞机具备的空对空作战能力，精确制导武器的对地攻击能力和航空电子战能力等，都与机载设备广泛采用微电子技术密切相关。与航空业相关的微电子技术发展有如下几个方面：

（1）超高速集成电路的发展。

超高速集成电路是组成航空电子设备的关键元件。在第三代、第四代战斗机上，数字式航空电子设备仍主要采用硅超高速集成电路，主要用在雷达、火控系统、电子对抗系统等中。超高速集成电路是实现机载电子设备小型化的关键，如 F-111 等飞机的电子对抗吊舱采用线宽 1 微米的 8 种此类芯片后，集成电路的总数由原来的 19 813 个降低到 1872 个，设备体积减小了 90%，平均无故障时间提高为原来的 60 倍；同时，在信号处理、数据处理等方面速度加快，存储能力加大，而体积进一步缩小。虽然 VHSIC 对航空电子设备性能提高很大，但要进一步提高，必须采用电子迁移率比硅快 68 倍的砷化镓材料，因为砷化镓集成电路比硅芯片电路的速度快好几倍，而且它具有功耗低、工作温度范围宽、抗辐射强等优点。从发展前景看，砷化镓微电子材料在航空电子方面的应用将超过硅材料。

（2）专用集成电路的发展。

专用集成电路是根据特殊要求而制造的微电子芯片，航空电子设备采用该芯片后将更加减小设备体积和重量，有效地提高电子设备的可靠性，增强设备的保密性。目前专用集成电路芯片广泛用于航空电子设备中，如美国为第四代机的航空电子系统研制的微电子电路，其专用集成电路约占 80%。专用集成电路已成为机载计算机、保密通信设备等关键的微电子元件。

（3）微电子新技术的发展。

SOC（System-on-Chip）这一概念是 20 世纪 90 年代提出的，它从整个系统的角度出发，把处理机制、模拟算法、软件、芯片结构、各层次电路，直至器件的设计都紧密结合起来，用一块芯片实现以往由多块芯片组成的一个电子系统的功能。SOC 的出现使得微电子技术由电路集成（IC）转向系统集成（IS）发展。由于 SOC 技术能综合并全盘考虑整个系统的各个情况，因此与传统的多芯片的电路系统相比，在性能相当时能降低电路的复杂性，从而使得电路成本下降，提高系统的可靠性。

微电子机械系统（MEMS）是微电子技术的拓宽和延伸，它将微电子技术和精密机械加工技术相互融合，实现了微电子与机械融为一体的系统。它不仅可以感受运动、光、声、热、磁等自然界的外部信号，并把这些信号转换成电子系统可以认识的电信号，而且还可以通过电子系统控制这些信号，发出指令并完成该指令。MEMS 将电子系统与外界环境联系起来，系统不仅能感应到外界的信号，同时能处理这些信号并由此做出相应的操作。MEMS 技术及其产品开辟了一个全新的领域和产业，它们不仅能降低机电系统的成本，而且还能完成许多大尺寸机电系统所无法完成的任务，如航空微惯导（航空微机械惯性导航系统）具有体积小、重量轻、成本低、可靠性高、易于系统集成等优点。现在通过 MEMS 已经成功地制造出了可以在磁场中飞行的像蝴蝶一样大小的飞机等。

随着微电子制造工艺最小尺寸的进一步发展，微电子技术的进步将在航空电子系统以下几个方面发挥促进作用：

（1）新微电子元器件对航空电子设备的推动作用。

微电子技术在航空领域的应用，可以大大提高现代武器系统的作战效能和威力。随着微电子技术的发展，砷化镓微波、毫米波集成芯片以其短小轻薄、速度快、可靠性高、封装密度高、易于实现整机多功能化和小型化等优点受到军方的重视，在现代战斗机的电子对抗、雷达、武器、通信、控制等设备中将起着重要作用。砷化镓微波、毫米波集成芯片也是制造新型相控阵雷达的关键元件。就拿雷达来说，由于应用了微电子技术，使 20 世纪 80 年代的机载雷达与 60 年代的机载雷达相比，功能提高了 60 倍，故障平均间隔时间增大 230 倍，重量和功耗降为原来的 10%。由此可见微电子技术在提高雷达性能和可靠性方面所起的关键作用。微电子技术的发展对于其它航空电子系统设备的发展同样起到了巨大的推动作用。

（2）微电子技术对航空微处理器发展的促进。

在飞机机载航空电子综合系统结构中，无论是任务计算机还是显控处理机都需要用到航空微处理芯片。有些系统结构找不到火控计算机模块，这是因为现在的微处理器能力的增强，使任务计算机的功能得到充分发挥，让它一方面完成所有武器及所有攻击方式下的火控解算任务（接收数据计算机、惯导、雷达等部件的信息，通过火控解算，将结果送到显示控制分系统在平显和多功能显示器上显示，同时将武器控制信号发送给武器外挂管理系统，供飞行员完成武器的瞄准、发射或投放任务）。另一方面，任务计算机同时为系统中其它非数据总线接口设备提供数据总线接口。随着航空微处理器能力的增强，以后可以把显控处理机模块也用任务计算机模块取代，逐步形成核心处理系统（CIP）技术，使数据融合、人工智能算法和神经网络控制算法都依赖于处理器芯片快速计算处理能力的加强，进而提升航空电子系统智能化水平。

（3）微电子技术推动航空电子综合化、模块化。

SOC 概念使得微电子技术由电路集成（IC）转向系统集成（IS）发展无疑是一种综合化思想。航空电子系统综合是对航空电子系统、子系统、设备和关键技术及试验方法的全面考虑和研究。从系统的观点出发，始终着眼于整体与部分、整体与环境之间的关系，要整体地、综合地考察所研究的对象。在整体与部分相互依赖、相互结合、相互制约的关系中揭示系统的特性和运动规律，并对其组成、结构、功能、联系方式等进行综合研究，从而实现航空电子系统的综合最优化。在航空电子综合化过程中要有模块化的思想，这有利于微电子的系统集成(IS)芯片更加广泛地应用于航空电子设备中。目前，美国正进行 F - 22 航电系统的研制，在研制系统核心组件 CIP 时，选用芯片的原则是通用芯片和专用芯片相结合，对于市场上已形成系列、用于或用来支撑运算处理的器件(如 MPU、DSP、SRAM、E^2PROM等)，尽量选用市场已有的通用标准芯片；而对市场上一些没有形成标准、支持处理机结构的器件(如接口、控制芯片等)，采用自行设计 ASIC 的实现方案来解决。图 1 - 3 所示为美国先进 F - 22 飞机的航空电子系统结构，从中可以看出航空电子综合化、模块化的发展方向。

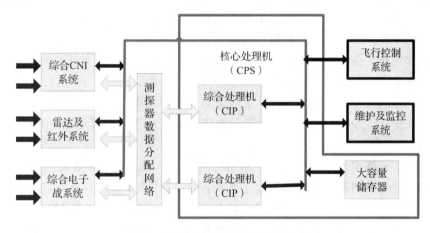

图 1 - 3　F - 22 航空电子系统结构

1.3　航空航天微电子技术的特征

我国的航空航天微电子技术是在极其艰难困苦的条件下发展起来的。一方面西方国家对我国实施严格封锁，从原材料到元器件都对我方实施禁运，苏联又单方面撕毁合同，撤走专家，带走图纸。为了航天技术的发展，航天人奋发图强，坚定不移地走独立自主、自力更生的道路。为了研制远程液体战略导弹武器某弹载计算机，由周恩来总理兼主任委员的中央专委决定组建我国第一个计算机与集成电路相结合的微电子学研究所，于 1965 年 9 月 1 日正式成立了以研制某制导计算机(代号 156 工程)为目标的"156 工程处"，这是中国航天微电子的开始。经过 50 多年的发展，目前中国航天微电子已形成了一支具有数千人的专业化科研生产队伍，配备有国际 90 年代的科研生产条件，仅在"九五"期间就为航天重点型号配套了几百个品种、近百万只集成电路，基本满足了航天产品的急需，保证了我国航天事业的稳定发展。

纵观中国航天微电子技术的发展历程，可概括为如下几个方面：

第一，中国航天微电子产业应航天技术的发展而产生。中国航天业的初创时期，针对航天电子系统型号的需求，西方市场对中国实行严密封锁，无法外购，国内整个微电子行业也还刚刚起步，没有民用市场产品供选择，在这种无可奈何的情况下，国家不得不组织专门研究人才，建立专门研究机构，开展航天专用集成电路的研制、生产。通过这种集中财力、重点投资的方法，在短时期内基本满足了当时的航天急需，使中国航天在国家整个经济、装备水平落后的条件下得以迅速、稳步地发展。

第二，中国航天微电子产业已是航天技术发展不可分割的一部分。一方面尽管中国整个微电子技术已取得了长足的进步，一些具有国际先进水平的生产线也先后在国内建成并营运，但总体来说无论在品种上还是在水平上离航天需求还有相当的差距，而且目前在中国建成的微电子生产线多为国外独资或合资企业，从生产模式和经营目标上也不可能用来满足航天的多品种、小批量的特殊产品的研发和生产。另一方面，航天微电子与中国航天经过几十年来的密切配合，已形成了相对成熟的"需求牵引、专业推动"的共同发展模式，航天技术的发展带动了航天微电子技术的发展，而航天微电子的每一次重大突破，又推动了新一代航天电子系统型号的更新。航天微电子与航天电子系统紧密结合，在将来相当长一段时期内是无可替代的。

第三，微电子技术在航天技术中的作用将越来越重要。随着微电子技术的飞速发展，越来越大的电子系统将都能在一个芯片上实现，即所谓的"系统芯片化、芯片系统化"已是不可阻挡的历史潮流，而且据有关资料统计，电子系统在航天器中所占的比重已达 70%，因此，微电子技术已成为航天技术的核心竞争力。所以，可以断言，只要发展航天技术，航天产业本身就离不开航天微电子技术。这也是国外发达国家航天工业发展的普遍认识和做法。

第四，中国航天微电子产业的长期存在是必然的。不管是过去、现在由于国外封锁，我们得不到需要的产品，还是将来我们有可能从大市场中采购到合适的产品，从国家安全和产品质量来考虑，航天业作为一个特殊的行业，其关键的、核心的芯片必须掌握在自己手里。因此，我国航天工业必须保留和发展适度的微电子研发、生产能力，以解决航天产品的特殊、专用的需求。

针对我国航天微电子技术发展的特点，航天电子系统型号配套过程，具有专用性、特殊性、关键性和长周期的特征。

1. 专用性

航天微电子器件主要是根据航天电子系统型号总体系统或分系统提出的各种特殊要求而研制的专用产品。从国家建设和发展航天微电子专业单位的初衷来说，也是为了专门为航天电子系统型号配套集成电路。这些单位多年来行政上隶属于航天系统，与各航天电子系统型号总体系统或分系统单位形成了相当稳定的产品和技术的供需关系。导弹和航天工程需要什么，航天微电子就开发研制什么；导弹和航天器发展到哪里，航天微电子也发展甚至超前发展到哪里。例如我们的抗核电路等器件，都是根据航天电子系统型号需要而研制和发展的，在国内也是独一无二的。

2. 特殊性

航天电子系统型号的特殊应用背景和环境决定了为其配套的电子元器件的特殊性。作为航天产品，航天微电子器件必须具有适应空间特定环境的长寿命、高可靠、低气压、低功耗、全温区、抗辐照、抗空间单粒子效应、抗深空冷焊、抗核等特殊性能。这就对航天微电子器件的设计、工艺和试验等各个研制环节提出了不同于一般电子产品的要求。由于航天电子系统型号的研制数量有限，因此对航天电子产品的需求是品种多、数量少，这就决定了航天电子在组织管理上必须适应多品种、小批量的特殊生产模式。例如，航天某所对采购的集成电路共进行了 672 批次 DPA 试验，其中不合格批次为 110 批，不合格率高达 16.4%。从这些数字可以看出，目前即使是通过尽可能可靠的途径购得的元器件，离航天技术特殊的高要求仍有一定的差距。因此，对于这些具有特殊指标要求的产品，是难以通过一般生产厂家"百里挑一"来完成的。

3. 关键性

电子元器件是导弹、卫星、运载火箭和地面站设备所不可缺少的重要组成部分，是航天电子系统型号提高性能的主要技术基础。现代战争是信息战、电子战，是硅片打败钢铁的战争，越是新式武器，其电子的含量越大，"武器电子化，电子武器化"是各国军事装备发展的主流。因此，航天电子技术是航天电子系统型号系统的关键技术，是航天电子系统型号向高可靠、小型化、轻量化、信息化、多功能化、智能化发展，实现快速反应、机动灵活、高效可靠、精确打击的关键技术。现代导弹的射程已不是主要问题，而突防能力、干扰和抗干扰能力、精度、生存能力、抗核和抗恶劣环境以及可靠性是现在面临的主要问题，这些问题最终都依赖于航天电子技术水平的提高。航天技术的发展对电子元器件，尤其是微电子技术的依赖性越来越大。电子元器件也是航天电子系统型号提高可靠性技术水平的重要保证条件，是航天电子系统型号发射、飞行成败的关键性因素之一。据有关资料介绍，前几年，航天系统开展了质量清理整顿工作，对 20 多个电子系统型号在研制试验中暴露出来的 300 多个问题进行了统计分析，其中设计约占 25%，制造（含工艺）约占 24%，元器件约占 26%，管理约占 15%，其它约占 10%。从上述比例来看，电子元器件存在的质量与可靠性问题所占比例是最高的，它已成为制约航天电子系统型号发展的主要问题之一。根据国外航天界的统计，导弹、卫星及各类航天器中故障率 30% 产生于电子元器件，因此电子元器件的质量是提高航天器质量和可靠性的重要因素之一。

4. 长周期

航天电子系统型号一旦定型，其相应的所有元器件（包括微电子产品）的性能、状态都必须随之"固化",不能随意更改,且必须在航天电子系统型号的全寿命周期内保证供货。一个航天电子系统型号的寿命一般为 20～30 年,这就要求相应的微电子产品能维持 20～30 年的供货周期,这与一般的民用产品的迅速更新换代的理念是完全相悖的。航天电子系统型号的研制、装备周期如图 1-4 所示。由于航天产品的高可靠性要求,其关键元器件的生产全过程必须有详细记录,一直保持到型号退役,退役前发生的任何问题都要求能查到每个生产环节每个生产者的行为责任,因此航天微电子还需要不同于一般电子产品的特殊质量管理。这都不是一般电子元器件单位愿意做并做得到的。

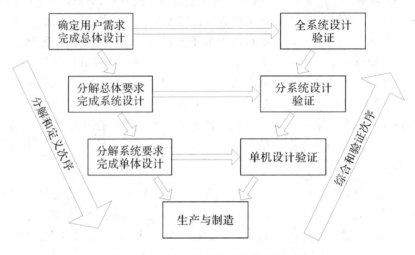

图 1-4　航天电子系统型号研制流程图

1.4　航空计算系统

从 20 世纪 50 年代末第一代机载数字计算机首次装备 F - 102 和 F - 106 截击机以来,航空电子设备进入了一个新时代,随着现代飞机性能的不断提高,飞机所负担的作战任务不断扩大,对航空电子系统的要求也越来越高。航空电子综合化就是航空电子系统发展的趋势和要求,而航空电子系统的综合化离不开机载计算机的支持,学者认为未来的飞机系统要围绕计算机来设计,并由机载计算机来控制。机载计算机实际上就是应用在飞机上的计算机系统,它和我们通常使用的计算机的基本原理是一样的,飞机上的计算机通常是多台,可以是由通用的 CPU 组成的系统,也可以是由军用的专用 CPU 组成的系统。机载计算机除了体积小等特点以外,对系统的可靠性设计要求是机载计算机系统设计的一个重要方面。机载计算机采用的可靠性技术主要有如下几个方面:

(1) 容错技术,包括硬件冗余、软件冗余、时间冗余和信息冗余;

(2) 系统重构技术,包括模块重构技术、解析余度技术和自修复技术;

（3）自检测（BIT）技术，包括地面自检测和空中自检测，对计算机硬件的检测可深入到每一个部件，对计算机软件的检测可深入到每条指令，另外还有对子系统的检测。

1.4.1　航空计算系统的分类与特点

机载计算机的发展与航空电子系统的发展紧密相关。机载计算机的发展经历了以下几个阶段：

（1）模拟式机载计算机。此时的航空电子系统由一些分散的、功能单一的系统组成。

（2）数字式机载计算机。美国空军发起了数字式航空电子设备信息计划，提出了从系统工程的观点来统筹实际航空电子系统，同时用多路传输总线将机上的各个计算机连成分布的网络，实现了座舱的综合显示和控制。计算机采用标准化、模块化设计，通过总线实现信息共享，使系统有重构容错能力，从而形成了新型的航空电子综合化系统，数字式计算机开始应用于航空领域。

（3）分布式机载计算机。利用当时发展起来的分布式综合航空电子系统，突破了原有的子系统的概念，整个结构按功能分为三个资源共享的任务管理区、传感器管理区和飞机管理区。各个功能区之间通过高速多路传输总线互联。

（4）高度综合化机载计算机。机载计算机采用了人工智能算法和神经网络等新技术，实现了模拟化、综合化、通用化和智能化高度综合的航空电子系统。它的结构主要由综合射频部分（IRF）和综合核心处理机（ICP）组成。ICP 是一个模块化的处理机，由 12 个以上芯片组成，信号处理硬件采用综合的多功能芯片，即 32/64 位 RISC CPU 芯片，每片的处理能力可达 150 百万条指令/秒。因此，机载计算机已成为新一代航空电子综合系统的核心。

机载计算机在现今作战飞机上也广泛应用，有的飞机已经装备上百台机载计算机，如美国 B - 52 轰炸机装备了 200 多台机载计算机；美国 F - 111 攻击机中的中央控制计算机为 AN/AYK - 18 计算机，运算速度达 3MIPS，存储容量为 256 kW；美国 F - 16 战斗机其火控计算机是 M372，它包括四个 CPU 模块；F - 22 先进战斗机的任务数据处理机包括多个 1750A 处理机模块，模块之间用 PI 总线和 TM 总线互联。几种战斗机如图 1 - 5 所示。

F-22

B-52

F-111

F-16

图 1-5　几种战斗机

这些机载计算机的主要特点如下：

1. 高速 RISC CPU

美 ATF 飞机的航空电子系统若要实现目标自动识别、红外跟踪报警、雷达引导和合成孔径雷达的先进功能，要求核心处理机具有每秒执行 2 亿次以上条指令的通用数据处理能力和每秒运行 10 亿次的信息处理运算能力，因此必须采用等速的微处理机。对于 RISC CPU 芯片，精简了指令系统，并采用一系列并行处理的体系结构，从而实现了等速处理。RISC CPU 还具有结构简单、易于实现和研制周期短等特点，所以采用 RISC CPU 已成为机载计算机发展的必然趋势。

2. 并行处理技术

并行处理技术是利用多个微处理机获得等速处理速度的有效手段。而单机和多机系统要达到每秒数百亿次运算是不可能的，唯有并行处理系统才可能达到这一要求。

3. 高速数据总线

高速数据总线(HSDB)能实现系统容错、重构和资源共享，并具有很多数据传输能力。HSDB 总线采用光纤作为传输媒介，具有更宽的带宽、较小的体积和重量、更好的电隔离性，大大提高了抗电磁干扰的能力，加强了数据传输的保密性。

4. 通用模块

随着集成电路的高速发展，航空电子系统的各种完整功能可以浓缩在一个 SEM - E 的封装内。其内装的各个模块具有很好的可用性，可使通用模块的种类减少到最低限度。

5. 人工智能技术

人工智能技术可以完成数据的收集、推理和判断并作出决定，可以直接给出控制指令，还可以向飞行员提出处理建议，由飞行员决定实施控制。智能化系统使飞行员从过量的任务中解脱出来，集中精力于高层的判断上，并可避免人脑在某些方面的不足。

1.4.2　航空计算系统的发展趋势

随着作战飞机由有人机向有人机和无人机相结合的方向发展,作战体系由单架飞机、飞机集群向海陆空天一体化网络作战发展,下一代机载计算机处理平台也向着跨平台、智能化、网络化的方向发展。当前的主要发展方向包括:跨平台分布式计算系统、分布式综合化模块结构、高组装/功率密度技术、多核处理器应用、高安全机载操作系统、高安全无线网络技术等。图 1-6 为洛马公司总结的机载处理平台需求和关键技术要素的变化。

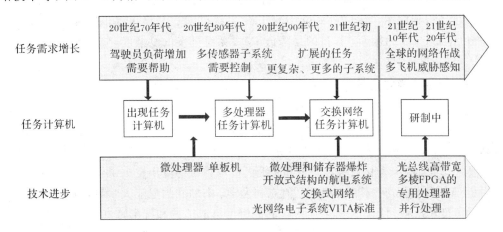

图 1-6　机载处理平台需求和技术要素

1. 跨平台实时分布式计算系统

面向由有人机和多架无人机组成的作战群的新需求,国外开展了跨平台的互操作体系结构的探索和研究。典型的代表就是波音公司的开放式控制平台(Open Control Platform,OCP)。OCP 的研究计划面向由有人机、无人机、传感器等多种作战平台组成的作战群。

在作战群中,包括了不同类型的作战平台、不同的功能应用、不同的任务软件、不同的硬件和通信方式、不同厂家或开发时期的武器,以及作战群组成、作战的任务、平台的升级等的动态变化。为解决这些异构、动态的多种平台的互操作,满足动态的组网、动态的任务规划和作战任务分配、控制层次的动态变化,实现安全的、实时的互操作能力,波音公司最终提出了异构平台的实时分布式中间件研究计划并进行了验证,最终将系统由传统飞机内闭环的控制,扩展到无人机协同有人机的作战群的控制。此外,Topia 技术公司也开展了在航电系统中应用面向服务的体系结构(SOA)的探索,将整个航空电子系统的处理机和网络以一个整体的异构平台的形式向航电应用提供服务的可行性,把综合化处理平台向着更广更深的方向推进。

2. 分布式综合化模块化结构

综合化模块化航空电子系统（IMA）正在向着分布式综合化模块化航空电子系统（DIMA）发展，将核心处理计算机由一个集中计算机变为一个分布式的计算机系统。IMA是在最初的通用核心系统综合化航空电子系统（CCS IMA）的基础上，采用交换网络和分区操作系统，连接多种不同功能的异构计算资源，实现了更大范围的资源共享和综合，为信息、功能的进一步综合奠定了基础，使得系统的功能性能进一步提升，而远程数据收集器、分布式安装等概念也使系统的重量大大降低，从而降低了全寿命周期成本。DIMA的航空电子系统已经得到应用，而 Objective Interface 系统公司也开展了在航电系统中应用数据分发服务（DDS）技术的探索，其目的是降低 IMA 系统开发的复杂度，提高服务质量和对应用开发人员的友好程度。

3. 高组装/功率密度技术

为满足机载任务处理系统综合化的需要，综合核心处理平台向着高性能、高度集成的方向发展。但在满足任务需要的同时，高度集成的高性能处理机也带来了重量大、功耗高、成本高的缺点，如 F-35 的 ICP 重量超过 30 kg，功耗超过 1000 W，给飞机带来了较大的负担。因此，类似的综合化方法在直升机、无人机等领域的应用受到了很大的限制。像洛·马公司、BAE 系统公司、泰雷兹公司、伯克利大学、南加利福尼亚大学等，则试图从提高处理效率的角度解决该问题，并研究新一代的高密度集成工艺和技术，如基于 IP 的高集成度接口技术、基于微机电系统（MEMS）的感知计算一体的计算机技术等。

4. 面向航空的多核处理器/DSP 应用技术

多核并行处理技术和定制的专用处理技术是未来处理器发展的趋势。在航空领域，多核处理器的应用技术主要有两个方向。一是高性能专用处理，主要是针对雷达、光电等高性能传感器的信号处理，由于多核并行处理技术在该方向同传统的并行处理技术相似度较大，因而得到了广泛的研究，并已经开始在一些系统中应用，如雷神公司在 Mercury 计算机系统公司的帮助下，将多核处理器成功地应用到 SAR 雷达的信号处理中，泰雷兹公司则将多核 DSP 处理器应用到气象雷达的信号处理中。二是高确定性及高安全性处理方向，主要是针对多任务、强实时、高安全的航空应用，如任务管理、飞行控制、飞行管理等。由于受限于多核处理器的确定性问题，研究的进展较为缓慢，目前处于理论分析和初步验证阶段。一些提供基础软硬件的公司，如 Freescale、Ti、SBS、Rad Stone 等基础芯片、板卡厂商，Wind River、Green Hills、LynuxWorks 等基础软件厂商积极进行针对强实时性和强确定性应用的研究，试图从基础计算平台的角度解决多核处理器在机载领域的应用问题；在系统方面，包括波音公司、洛·马公司、泰雷兹公司、DDC 公司、伯克利大学、北卡罗来纳大学等，则通过访存延迟、通信实时性、应用的可预测性等方面的分析、计算和仿真，提出了多种解决方案，试图在多核平台上开发出能够满足任务的确定性和实时性要求的应用。

5. 高安全的机载操作系统技术

对未来作战形式下安全(safty)和信息安全(security)的需求,推动了机载操作系统的发展,对操作系统提出了能够支持不同安全级别信息的安全处理要求,支持多安全级别信息的混合处理,为信息安全提供有效支撑,分区操作系统应满足多重独立安全级别(Multiple IndependentLevels of Security,MILS)架构。而微核方式的分区技术可以保证核心软件足够小,能够提供形式化验证的工程条件,从而实现安全关键系统所需的高安全隔离特性。基于微核方式的 MILS 架构操作系统的核心设计思想是将操作系统进行层次划分,内核层仅仅包含提供分区隔离机制的最小功能集合;其他传统的操作系统功能(如设备驱动、文件系统、分区安全通信软件等)则以中间件的形式存在,分别驻留于不同的分区,为应用层软件提供服务。

6. 面向航空的高信息安全无线通信网络技术

目前,无线网络在飞机上的应用情况可分为四种:一是基于 Zigbee 的机载无线传感网,目前国外还处于基础研究阶段,主要探索无线传感网在机载环境下应用的可行性,比较成熟的应用主要在一些特殊领域,如太阳能无人机、客机卫生间烟雾探测等;二是基于 WiFi 的无线航电内部通信(WirelessAvionics Intra-Communications,WAIC)机制,用于机载设备之间、传感器与机载设备之间的通信,该项研究工作大概开展于 2009 年 9 月,目前也属于基础研究,主要研究 WAIC 的误码率、安全性、穿舱能力、抗干扰能力和电磁兼容能力;三是基于 WiFi 的飞机与地面(机场)之间的通信,主要传输飞行计划、电子飞行包、维护信息等数据,2008 年已公布了 ARINC822 标准,用在 A380、波 747-8 等新机型中,用来代替原 ARINC632/751,技术已成熟;四是基于 WiFi 的航空扩展应用,主要用于机内通话、座舱商务/娱乐等服务,目前已较成熟。

第2章 航空微电子内嵌可靠性理论

2.1 引 言

21世纪空间领域的较量，其核心是航空微电子器件的较量。此外，人类的长远生存发展又推动着空间探索的深入研究。国防现代化建设和空间技术的发展离不开高可靠性的微电子元器件；无人战机、军用民用卫星、航天器等，都需要高可靠性的器件，尤其是军用微电子芯片。军用航空微电子芯片是重点工程和武器装备研制、生产的重要物质基础，其质量与可靠性水平直接关系到装备的技术性能和作战能力，甚至决定着装备研制、试验乃至实战的成败。如多芯片组件（MCM）作为一种发展迅速的新型元器件技术，已成为制导系统、相控阵雷达、夜视监控系统和各种航天传感器件必不可少的基础元件，对实现系统小型化、提高其战术性能和可靠性起了很大的作用。显然，MCM器件本身可靠性的高低决定了采用MCM的装备的质量和可靠性能否满足打赢现代战争的要求。尤其本世纪以来，航天载人登月等重大工程的发展，提出了"宇航级"微电子元器件的概念，这更推动了高可靠性微电子元器件的研究与发展。

目前，半导体制造工艺水平以纳米级为主流，在如此精密的工序条件下，如何提高微电子器件的可靠性水平成为大家关注的焦点。从20世纪80年代开始，国际上对如何实现高可靠微电子器件内在质量进行了广泛的探索，形成了统一的认识：认为可靠性是靠设计、制造出来的；器件的高可靠性水平与制造工艺水平和稳定性有很大的关联关系，并且工艺的缺陷与器件的缺陷、失效存在必然的直接联系；只有在高水平受控工艺线上，在统计受控的条件下生产的器件才会具有高可靠性。基于这些观点，统计过程控制（Statistics Process Control；SPC）在半导体制造领域的应用得到了全面提升，统计过程控制包括两个方面：工序控制和工序能力分析（部分学者将此翻译为过程控制和过程能力分析）。美国于1988年颁发了第一个适用于微电子元器件生产的军用标准"EIA－557统计过程控制体系"，同年还制定了"EIA－554 PPM（Parts Per Million；PPM）体系"。美国军用标准规定，所有军用元器件制造厂从1993年开始逐步实施SPC，并把工序能力指数（Process Capability Index；PCI）提至关键指标，以保证军用元器件产品的质量和可靠性。这种基于制造过程确保航空微电子高可靠性水平的方法称之为内嵌可靠性，核心评价体系为工序能力指数。

2.2　工序能力指数

"质量是企业的生命"、"质量就是效益"表达了人们对质量问题重要性的认识。美国著名质量管理专家朱兰(J. M. Juran)在第 48 届美国质量管理学会年会上指出,20 世纪以"生产率的世纪"载入史册,未来的世纪将是"质量的世纪"。伴随着全球经济一体化的发展,国际市场的竞争日趋激烈,与时间和成本一样,质量已成为企业生存与发展的主要制胜因素。广泛应用国内外先进的质量方法和质量技术对于企业改进产品质量、提高产品竞争力具有重要意义。好的质量是低成本、高效率、低损耗、高收益的保证,也是长期赢得顾客忠诚度,企业获得可持续发展的基石。尽管中国企业界最近的热点似乎集中在购并、资本经营、市场拓展、多元化等方面,但事实上,对任何一家生产制造企业来讲,质量的管理、生产流程的控制,是企业发展的最为重要的"内功"之一。如何练好"内功",不仅需要有质量管理的思想、方法和手段,更需要有质量工程技术的支持。如何利用质量工程技术,设计并生产出低成本、短周期、高质量、高可靠性的产品,由此获得竞争优势,已成为国内外广大理论研究者和实际工作者广泛关注的技术问题。

由于可靠性与成品率即工艺水平有很强的相关关系,随着微电子技术的迅猛发展,集成电路的规模不断扩大,生产工艺越来越复杂,基于 IC 技术的各种新产品层出不穷,而且越来越呈现出高集成、高智能、高技术综合化的新特点。从经济规模效益和全寿命周期费用成本出发,人们对产品质量和可靠性的要求也不断提高;在经济行为中,大型整机生产厂家不但要求元器件供方的产品是来自统计受控状态下的工艺生产过程,而且还要求工艺线具有很高的工序能力,以期保证整机的高可靠性和长寿命周期。

目前电子元器件生产的工艺不合格品率已降至 PPM(Parts Per Million:百万分之几)水平,一般集成电路的失效率也降至 0.1FIT 数量级。在这种情况下,评价元器件产品质量和可靠性的传统方法或因失去效果或因成本太高已明显不能满足微电子行业的发展。比如目前在国际上已达到几乎每一批产品都能通过批抽样检验的程度,这种传统的"事后"批抽样检验方法已无法区分不同厂家、不同批次产品之间必然存在的质量差别,其结果是生产厂家认为其产品质量已无懈可击,缺乏进一步提高产品质量的动力,同时元器件使用单位也无法确定哪个厂家生产的产品质量更高。

国际上从 20 世纪 80 年代初开始,在如何准确地定量评价高可靠性元器件内在质量方面进行了广泛的探索,提出了工序能力指数的应用,并形成一套相对完整的质量评价技术。如整机生产厂家在批量采购元器件时,不再追求元器件失效率的具体数值,转而使用工序能力指数(PCI)技术对工艺设计水平进行评价,通过数据证明元器件产品是出自高水平的工艺生产线,从而保证元器件具有很高的"内在质量"。

2.2.1　工序能力指数的意义

长期以来，评价元器件可靠性的传统方法有以下三种：

（1）批接收抽样检验。按照有关标准的规定，从提交的一批元器件产品中抽取一定数目的元器件进行规定项目的测试检验。若抽取的样本能通过检验，则该批产品为合格品。如果抽取的样本不能通过检验，则整批产品判为不合格品。

（2）可靠性寿命试验。按照相关标准的规定，抽取一定的样本进行加速寿命试验，通过对试验结果进行数据处理，评价产品的可靠性等级水平。

（3）从现场收集并积累的元器件的使用寿命等相关数据，评价相应产品的使用质量和可靠性水平。

但是，由于这些方法的固有缺陷，已无法用来即时评价当代高可靠性元器件的质量水平。

1.　批接收抽样检验方法已不能区分高水平产品之间的质量差别

批接收抽样检验相当于给元器件产品是否合格制定了一个"及格"的标准。到 20 世纪 80 年代中期，随着微电子技术的迅猛发展，元器件产品总体水平的提高，国际上已经达到几乎每一批产品都能通过常规的批抽样检验的水平。因此传统的批抽样检验方法无法区分不同厂家、不同批次产品之间存在的质量差别。其结果是元器件生产厂家认为其产品质量已无懈可击，缺乏进一步提高产品质量的动力和方向。同时元器件产品的用户也无法确定哪个厂家生产的产品质量更高。

2.　可靠性寿命试验方法已进入"死胡同"

常规的可靠性寿命试验方法是依据抽样理论，抽取一定数量的样品，进行规定时间的加速试验，然后根据试验结束时的失效样品数，判断该批元器件的可靠性是否达到某一水平。试验样品数与可靠性水平密切相关。表 2-1 是一个具体实例。

表 2-1　失效率与可靠性试验样品数的关系

（1000 小时加速寿命试验）

失效率水平	允许 0 失效	允许 2 个失效
1000FIT	355	835
100FIT	3550	8350
10FIT	35500	83500

由表 2-1 可见，评价 1000FIT 失效率，即可靠性水平为 6 级，只需几百个元器件。如果要评价 10FIT 失效率，即可靠性水平为 8 级，则需要几万个样品。

图 2-1 是 Intel 公司 CPU 电路可靠性水平的变化情况。可见 CPU 电路失效率只有

10FIT 左右。一般集成电路的失效率将低至 0.1FIT。显然，由于可靠性寿命试验方法所要求的试验样品数太多，已不可能用于评价高可靠性元器件的质量水平。

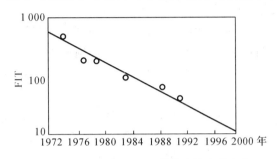

图 2-1　Intel 公司 CPU 器件失效率的变化

3. 现场数据采集与积累方法的"滞后性"

显然，采用现场数据积累方法需要经过一定的现场使用时间以后才能对一种元器件的质量和可靠性水平作出评价。对于新研制的品种，这种"滞后性"问题更加突出。如果考虑到由于保密和其他人为因素给数据采集和积累带来的困难，则更加限制了现场数据采集与积累方法在评价元器件质量和可靠性方面的适用性。

基于上述问题，从 20 世纪 80 年代开始，国际上在如何即时地定量评价高可靠性元器件内在质量方面进行了广泛的探索。根据下述基本原理，形成了一套有效的评价方法。

（1）可靠性是靠设计、制造出来的，因此可以通过对设计和工艺的评价来评价可靠性。

（2）$t=0$ 时的"失效"决定了成品率，$t>0$ 以后的失效决定了可靠性。也就是说元器件的可靠性与成品率有很强的相关性。Intel 公司通过对近 100 万个芯片的试验，得到反映可靠性水平的老化成品率 Y_r 与中测成品率（Sort Yield）的关系如图 2-2 所示，表现出很强的正相关关系。中测成品率越高，老化成品率也越高，而且数据分散性越小。因此可以通过对成品率的评价来反映元器件的可靠性水平。

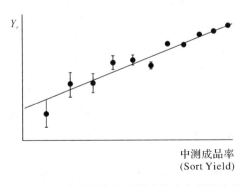

图 2-2　老化成品率与中测成品率之间的关系

（3）从工艺角度考虑，影响元器件质量和可靠性的原因是工艺中总要产生"缺陷"。如果缺陷趋于零，则工艺成品率趋于 100%，而失效率趋于 0。因此，工艺成品率的评价能反映出产品的质量和可靠性水平。

（4）只有工艺过程稳定受控，才能持续地生产出质量好可靠性高的元器件。

（5）在工艺水平一定的情况下，提高设计水平，特别是通过优化设计，确定参数最佳中心值，扩大允许的参数变化容限，就能提高产品成品率。因此，产品成品率能综合反映出设计和制造水平。

基于上述观点，进入 20 世纪 90 年代以后，国际上一些大型的整机生产厂家在批量采购元器件时，不再追求元器件失效率的具体数值，而是采用下述三项技术评价元器件产品的内在质量。例如，Motorola 公司在批量采购元器件时，同时要求供货方提供这三方面的数据。事实证明，这些评价技术在保证元器件质量和可靠性方面已取得了明显的效果。

（1）工序能力指数（PCI）。采用该项技术的目的是评价工艺线是否具备生产质量好、可靠性高的元器件所要求的工艺水平。目前采用的评价指标是要求生产线上关键工序的工序能力指数不小于 1.5，工艺不合格品率不大于 3.4PPM。如果达不到这一要求，很难保证生产出的元器件能满足大型整机厂对元器件质量和可靠性的要求。

（2）工艺过程统计受控状态分析。采用该项技术的目的是不但要求生产线具有很高的工艺能力，而且要求在日常生产过程中能一直保持这种高水平的生产状态。为此，要求采用统计过程控制技术（Statistical Process Control，SPC），通过 SPC 分析，证明在生产过程中未出现异常情况，从而保证提供的元器件产品是在受控的环境下生产的，具有较高的质量和可靠性。

（3）元器件出厂平均质量水平 PPM 考核。该项技术要求对一段时间范围内元器件出厂平均质量水平 PPM（Parts Per Million）进行考核，证明产品的出厂不合格品率 PPM 值已控制在比较低的数值上。

2.2.2 工序能力及工序能力指数的概念

关于工序能力的概念当今国际管理学界有多种表述。菲根鲍姆在其所著的《全面质量管理》一书中指出：工序能力是指工序通过一定因素在正常的稳定条件下实现质量要求的能力。朱兰在其所著的《质量控制手册》一书中指出：工序能力是指工序处于控制状态下特有的波动量，是工序固有的质量波动的测度。美国质量管理学会在其 1969 年所订标准中规定：工序能力是指工序在给定的一组条件下维持统计控制状态的最小质量波动。中国质量管理协会 1982 年制订的质量管理名词术语中定义：工序能力是指工序处于稳定状态下的正常波动幅度。

上述关于工序能力的定义实质上无显著差异，都是着眼于工序在控制状态下可能达到的稳定程度，反映工序本身的生产能力。工序能力指数就是通过实际工序能力和产品规范的比值对工序进行评价，是一个无量纲的简单数值，是一种方便好用的评价工具。它提供给产品制造商，在产品生产过程中可以评价各项性能指标。通过工序能力指数的分析，生产部门可针对工序能力较差的生产线进行追踪与改善，从而提高产品质量特性，以便满足客户的质量要求。

2.2.3　工序能力指数理论的发展

为了在制造过程中贯彻预防原则，贝尔实验室的沃尔特·休哈特（W. A. Shewhart）在 20 世纪 20 年代末创造了基于控制图的统计过程控制（SPC）理论。但是直到第二次世界大战爆发后，为克服军工产品质量不稳定的问题并降低成本、增加产品产量、保证及时交货，美国国防部于 1942 年将休哈特等一批专家召集起来，制定了采用数理统计方法进行质量控制的战时质量管理标准。尽管该理论在第二次世界大战中应用后收到很好的效果，但在战后美国成为工业强国并一个时期内在世界商贸中独霸天下，在美国统计方法在质量管理中并没有得到广泛应用。二战中经济遭受严重破坏的日本在 1950 年通过戴明（W. Edwards Deming）博士将 SPC 的概念引入日本，后邀美国著名质量管理专家朱兰（J. M. Juran）到日本讲学，统计方法在日本的企业中开始受到重视并得到广泛应用，而且收到了良好的效果，提高了日本生产产品的质量，增强了其产品的国际竞争力。

随着质量管理中统计理论应用的发展，朱兰博士在《质量控制手册》第三版中论述了工序能力与产品公差的关系及工序能力指数的概念，并且定义工序能力指数为公差范围与工序能力的比值。而且该指数在日本和美国的企业中先后逐步被应用于进行工序能力分析。在拟订制造计划期间该方法被用以预测现有工序能否符合设计公差的要求并且用于分析这一工序为什么不能符合规定的产品公差的要求。1984 年福特汽车公司的质量专家 L. P. Sullivan 在参观研究了日本企业的质量保证体系之后，公开发表了关于工序能力指数作为减少工序质量波动的一种新方法在日本的应用状况的文章，并在随后的有关该文章答读者的一封信中提到了一系列工序能力指数：C_p、C_{pk}、C_{pu}、C_{pl}，1985 年，日本质量专家田口玄一（Genichi Taguchi）在美国国家标准学会的年会上介绍了工序质量损失函数和基于质量损失的能力指数。1986 年，福特汽车公司的质量经理 V. E. Kane 在公开发表的文献中系统地介绍了工序能力指数 C_p、C_{pk}、C_{pu}、C_{pl}，并且指出指数 C_p 是一个无单位量纲的量，能够很好地评价和分析工序能力的潜力，但是该指数不能很好地解决质量特性值的均值与所期望的目标值之间的不一致的问题，因而不能很有效地进行工序能力分析；而指数 C_{pk} 的定义充分考虑了质量特性值的均值与所期望的目标值之间不一致的问题，因此，在工序质量控制的实践当中更多地采用此指数进行工序能力分析。

从 1992 年到 2000 年的八年间，工序能力指数取得了飞速的发展。在这期间，出版了四本英文著作（Kotz 和 Johnson（1993a），Bothe（1997），Kotz 和 Lovelace（1998），Wheeler（1999））和一本德文著作（Rinne 和 Mittag（1999）），并且有 170 多篇关于工序能力指数的论文发表,从理论数学期刊到实用的质量控制期刊,这些论著涉及的领域非常广泛。

2.2.4 工序能力指数与成品率

分析工序能力指数的目标就是提高工艺的水平,从而提高产品的成品率。因而明确工序能力指数与成品率的关系有助于更好地理解工序能力指数的内涵,且能从另一个角度获取工序能力指数值。本节首先分析工序能力指数 C_p 与成品率的关系,在此基础上推导出工序能力指数 C_{pk} 与成品率的关系表达式,并在最后讨论质量评价中的 6σ 设计技术以及 6σ 设计水平下工序能力指数与成品率的关系。

1. 基本概念

对于稳定受控的工艺,由于不可避免地存在各种随机因素的作用,工艺参数总是呈现出一定的分散性。一般情况下,工艺参数遵循正态分布 $N(\mu, \sigma^2)$,其中 μ 为均值,σ 为标准偏差。σ 的大小反映了参数的分散程度。σ 越小,工艺参数的均匀程度越高,也就是说,包括原材料、设备、工艺技术、操作方法等因素在内的该工序在工艺参数的集中性方面综合表现较好。对正态分布,绝大部分参数值集中在 $\mu \pm 3\sigma$ 范围内,其比例为 99.73%。这就是说,$\pm 3\sigma$ 一方面代表了工艺参数的正常波动范围幅度,同时也反映了该工序能稳定生产合格产品能力的强弱,因此该范围的变化,表示该工序固有能力的强弱。所以,工序能力是指工序在一定时间内处于统计控制状态下的质量波动的经济幅度。

1) 潜在工序能力指数

6σ 表示的工序能力只是用参数分散程度反映了工序自身的固有能力。显然该工序的实际工艺成品率的高低还与工艺规范的要求密切相关。为了综合表示工艺水平满足工艺参数规范要求的程度,工业生产中广泛采用式(2-1)定义的工序能力指数:

$$C_p = \frac{T_U - T_L}{6\sigma} \qquad (2-1)$$

式中 T_U、T_L 分别为工艺参数的上、下规范限,式(2-1)适用于工艺参数同时具有上下规范限的情形。如果工艺均值 μ 与工艺参数规范中心值 T_0 重合,则有 $\mu = T_0 = (T_U + T_L)/2$。在实际的工艺生产中,工艺参数的规范中心值 T_0 和参数的目标值 μ 可能不重合。

在 IC 生产中,有些工艺参数只规定了下限值。例如,键合工序的内引线拉力强度参数只要大于某一下限值 T_L,无上限要求。这时工序能力指数应按式(2-2)计算

$$C_{pl} = \frac{\mu - T_L}{3\sigma} \qquad (2-2)$$

若 $\mu < T_L$,则取 C_{pl} 为零,说明该工序完全没有工序能力。

如果只有规范上限的情况,如工艺参数规范只规定了上限值 T_U,无下限要求,则工序能力指数应按式(2-3)计算

$$C_{pu} = \frac{T_U - \mu}{3\sigma} \tag{2-3}$$

若 $\mu > T_L$，则取 C_{pu} 为零，说明该工序完全没有工序能力。

潜在工序能力指数 C_p 能直接反映出工艺成品率的高低，因此就能定量地表征了该工序满足工艺规范要求的能力。

2）实际工序能力指数

在实际的元器件生产中，工艺参数分布中心均值 μ 与工艺规范中心值 T_0 相重合的情况并不多见，因为在整个工艺流程中不可能全部采用闭环工艺控制，而大多采用非闭环工艺控制，因此在加工工艺参数时，不可能精确控制元器件某一工艺参数值刚好达到工艺参数规范中心值处时结束该道生产工序，一般先做试片，根据试片测试结果调整工艺条件。即使是在闭环工艺控制条件下，也只是利用工控单板机对生产过程中的主要工艺参数进行连续控制，将各个参数控制在其允许的范围之内，这就是质量波动的自动补偿。由此可见不管工艺条件是闭环控制还是非闭环控制，μ 和 T_0 往往是不重合的。根据实践统计表明，非闭环工艺条件下，工艺参数分布中心值 μ 与规范中心值 T_0 偏移的程度一般为 1.5σ。图 2-3 中实线表示的是参数分布中心比规范中心 T_0 小 1.5σ 的情况。如果考虑到 μ 与 T_0 之间的偏离，需要修正 C_p，定义实际工序能力指数如式（2-4）所示。

$$\begin{aligned} C_{pk} &= \min\left(\frac{T_U - \mu}{3\sigma}, \frac{(\mu - T_L)}{3\sigma} \right) \\ &= \frac{T}{6\sigma}(1 - K) = \frac{(T_U - T_L)}{6\sigma}\left[1 - \frac{|(T_U + T_L)/2|}{(T_U - T_L)/2} \right] \end{aligned} \tag{2-4}$$

式中 K 为工艺参数分布中心对工艺规范中心的相对偏离度。当工艺规范取为 $\pm 6\sigma$ 且工艺规范中心与工艺分布均值偏离 1.5σ 时，对应的实际工序能力指数 $C_{pk} = 1.5$，工艺成品率为

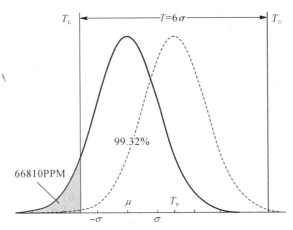

图 2-3　工艺参数分布中心与规范中心 T_0 偏离 1.5σ

99.99966%，不合格品率仅为 3.4PPM。C_{pk} 考虑了工艺参数分布均值相对工艺规范范围的位置关系。C_p 和 C_{pk} 都是针对工艺不合格品率的监测。特别地，C_{pk} 还能反映工序的对中性。但是，当工序质量特性值的标准偏差很小时，C_{pk} 值的大小并不反映工序对中性的好坏。C_{pk} 指数的这一局限性可由图 2-4 说明。

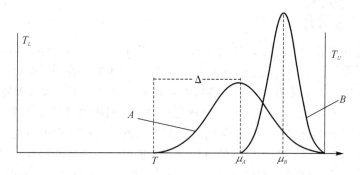

图 2-4 C_{pk} 局限性示意图

图示的两曲线分别代表 A、B 两个工序输出，虽然它们的 C_{pk} 值均为 1，但是它们的工序对中性确有明显的差异。特别地，如果工艺参数分布中心落在工艺规范界限之上和之外时，$C_{pk} \leqslant 0$，工艺成品率小于或等于 50%。此时可认为 $C_{pk} = 0$，说明工艺完全没有工序能力，必须采取措施改进工艺过程的加工能力。

3）单变量工序能力总结

以上讨论了常见的工序能力指数的基本概念，在实际的应用中，还需注意以下一些方面：

工序能力指数能够对生产过程的生产能力给出简洁直观的信息，而且能推算出工艺成品率水平。尽管采用的工艺参数数据可能都满足工艺规范要求，但是可以由这些数据推算出工艺的不合格品率。

工艺参数的分布属于非正态分布时，常规的工序能力指数定义的理论基础就不成立了，为了能够应用工序能力指数表征生产的工序能力水平，需要提出非正态分布工序能力指数模型。

在工艺质量评价中应采用相同的工序能力指数模型，否则不同工序能力指数的定义形式会造成分析结果的不确定性和评价不同厂家同道工序的生产能力时缺乏可比性，得出错误的结论，误导工程人员对工艺过程进行不适宜的干预。

为了获得更多的关于生产过程的生产能力和工艺参数的信息，应该在获得了工序能力指数值的同时与绘制的该工艺过程工艺参数的 SPC 控制图一起进行分析，通过工序能力指数大小获得该工序生产过程的成品率信息。从而对生产过程的生产能力有一个更全面的了解。而且生产厂家可以通过工序能力指数比较工序的生产能力，在评价微电路生产线的工艺质量时它有很强的实用价值和可操作性。

2. C_p 与成品率的关系

通常认为使用工序能力指数最原始的动机就是联系工序的成品率,工序成品率作为表征工艺设计水平的潜在指标,与工序能力指数值呈正相关关系。假定工艺参数 X 服从正态分布,则工艺成品率为

$$\eta = \int_{T_L}^{T_U} N(\mu, \sigma^2) \mathrm{d}x = P(|X - \mu| < 3\sigma C_p)$$
$$= P\left(\frac{|X - \mu|}{\sigma} < 3C_p\right) = 2\Phi(3C_p) - 1 \qquad (2-5)$$

其中 Φ 为正态分布函数。若规范要求范围为 $\pm 3\sigma$,即 $T_U - T_L = 6\sigma$,则可得 $C_p = 1$。而对正态分布,工艺参数在 $\mu \pm 3\sigma$ 范围的比例为 99.73%,这就说明 $C_p = 1$ 对应工艺成品率为 99.73%,相应的不合格品率为 0.27%,若用 PPM(Parts Per Million)表示,则为 2700PPM。同理,可以得出不同工序能力指数 C_p 对应的工艺成品率和不合格品率值,如表 2-2 所示。

表 2-2　C_p 与工艺成品率以及不合格品率(PPM)的关系

C_p	成品率/η	不合格频率/PPM
0.50	86.64%	133614
0.67	95.45%	45500
0.80	98.36%	16395
0.90	99.31%	6934
1.00	99.73%	2700
1.10	99.9033%	967
1.20	99.9682%	318
1.30	99.9904%	96
1.33	99.9936%	64
1.40	99.9973%	27
1.50	99.99932%	6.8
1.60	99.99984%	1.6
1.67	99.999942%	0.58
1.70	99.999966%	0.34
1.80	99.999994%	0.06
2.00	99.99999982%	0.0018

3. C_{pk}与成品率的关系

如果对等式(2-5)进行了扩展使用,在仅仅得知C_{pk}值时,用C_{pk}替换等式(2-5)中的C_p然后计算成品率值,这样得出的结果是错误的。图形显示如图2-5所示。

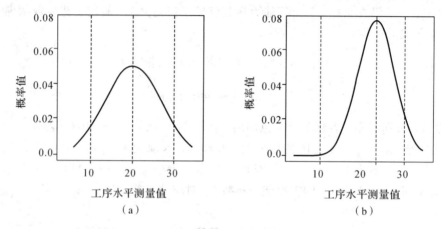

图2-5　两道工序数据概率分布图($C_{pk}=0.50$)

图2-5的(a)和(b)分别是两道不同的工序,但是它们的工序能力指数C_{pk}值都为0.50,而两道工序的成品率值却不同。图2-5(a)对应的成品率$\eta=86.639\%$,图2.5(b)对应的成品率$\eta=93.184\%$。

分析图2-5中两道工序对应不同的成品率的原因,主要是因为C_p表征的是工序的潜在能力,规范区间的中间值必须和样本均值重合,而实际工序能力指数没有这样的要求。因此当样本均值和规范区间中间值不重合,并且标准偏差也不一样时,可以得出相同的工序能力指数,但是成品率却不相同。

对正态分布的工艺参数,在工艺参数规范中心与工艺参数分布中心重合以及不同偏离情况下,工艺不合格品率与工序能力指数的关系如图2-6所示。

C_p只是反映了工艺规范控制限与工序能力的相对关系,而没有反映工艺参数分布均值相对工艺规范范围的位置关系,所以它只反映了工序的加工质量满足工程标准或顾客提出的技术规格的潜在能力,当工艺参数的分布均值μ偏离工艺规范中心T_0时,C_p的定义公式失去作用。从图2-6中可以看出,当工艺规范中心和工艺分布均值偏离增大时,对应的工艺不合格品率曲线下移,可见C_{pk}与成品率没有一一对应的关系。因此在使用工序能力指数时,不能忽略存在偏离的情况。

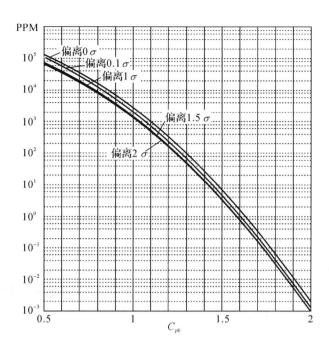

图 2-6 不同偏离情况下工艺不合格品率 PPM 值与工序能力指数的关系曲线

通常而言，如果工序产品特性 X 满足正态分布 $N(\mu, \sigma^2)$，那么该道工序的成品率 η 可以表示如下：

$$\eta = P(T_L \leqslant X \leqslant T_U) \tag{2-6}$$

从式（2-6）我们可以得出

$$\eta = 1 - P(X < T_L) - P(X > T_U)$$

$$= 1 - P\left(\frac{X - \mu}{\sigma} < \frac{T_L - \mu}{\sigma}\right) - P\left(\frac{X - \mu}{\sigma} > \frac{T_U - \mu}{\sigma}\right)$$

$$= \Phi\left(\frac{T_U - \mu}{\sigma}\right) - \Phi\left(\frac{T_L - \mu}{\sigma}\right) \tag{2-7}$$

这里，函数 $\Phi(\ )$ 表示标准正态分布 $N(0, 1)$ 的累积分布函数。我们令 $T_O = (T_U + T_L)/2$，$d = (T_U - T_L)/2$，那么就有 $T_U = T_O + d$，$T_L = T_O - d$。代入上式可得

$$\eta = \Phi\left(\frac{T_O + d - \mu}{\sigma}\right) - \Phi\left(\frac{T_O - d - \mu}{\sigma}\right) \tag{2-8}$$

对式（2-8）作一个变换，则得如下结果：

$$\eta = 1 - \Phi\left(-\frac{d + \mu - T_O}{d} \times \frac{d}{\sigma}\right) - \Phi\left(-\frac{d - \mu + T_O}{d} \times \frac{d}{\sigma}\right) \tag{2-9}$$

设 $\delta = (\mu - T_O)/d$，将 $\gamma = \sigma/d$ 代入式（2-9）可得：

$$\eta = 1 - \Phi\left[-\frac{(1+\delta)}{\gamma}\right] - \Phi\left[-\frac{(1-\delta)}{\gamma}\right] \tag{2-10}$$

分析式(2-10)发现，η 关于 δ 是一个对称的函数，因此可以把式(2-10)改写为

$$\eta = 1 - \Phi\left[-\frac{(1+|\delta|)}{\gamma}\right] - \Phi\left[-\frac{(1-|\delta|)}{\gamma}\right] \tag{2-11}$$

根据工序能力指数 C_{pk} 与成品率所表达的公式(2-4)，分别引入 T_O、d、δ 和 γ，式(2-4)可简化为

$$C_{pk} = \frac{d - |\mu - T_O|}{3\sigma} = \frac{1 - |(\mu - T_O)/d|}{3(\sigma/d)} = \frac{1 - |\delta|}{3\gamma} \tag{2-12}$$

结合式(2-11)可以得出成品率 η 和工序能力指数 C_{pk} 的关系式为

$$\eta = 1 - \Phi\left[-3C_{pk}\right] - \Phi\left[-\frac{3C_{pk}(1+|\delta|)}{1-|\delta|}\right] \tag{2-13}$$

分析式(2-13)，可以得知 $\eta \geqslant 2\Phi(3C_{pk}) - 1$，将此与式(2-5)相比较，则又从另一个方面证实了工序能力指数 C_{pk} 与成品率之间不是一一对应关系。此外结合 C_p 的定义还可以得出两个工序能力指数 C_p、C_{pk} 与成品率的关系式如下：

$$\eta = 1 - \Phi\left[-3(2C_p - C_{pk})\right] - \Phi(-3C_{pk}) \tag{2-14}$$

当工艺数据均值 μ 与规范中值 T_O 重合时，关系式就等同式(2-5)。这里分别取 μ 和 T_O 重合，μ 和 T_O 偏离 1.5σ 两种情况，分别计算出工序能力指数与工艺成品率对应的具体数据，计算结果如表2-3所示。

表 2-3　工序能力指数与工艺成品率以及不合格品率的关系

C_{pk}	$\mu = T_O$		μ 与 T_O 偏离 1.5σ	
	成品率 η	不合格品率(PPM)	成品率 η	不合格品率(PPM)
0.50	86.64%	133614	93.319%	66810
0.67	95.45%	45500	97.725%	22750
1.00	99.73%	2700	99.865%	1350
1.33	99.99366%	63.4	99.99683%	31.7
1.50	99.99932%	6.8	99.99966%	3.4
1.67	99.999942%	0.58	99.999971%	0.29
2.00	99.99999980%	0.00197	99.999999902%	0.00098

表中的数据同样反映了工序能力指数 C_{pk} 与成品率之间的关系。

2.3　非正态工序能力指数

工序能力指数计算公式基于两个理论假设：第一个假设是所收集的数据是来自受控的工艺生产线；第二个假设是收集的数据满足正态分布。实际上，半导体行业数据处理时包含了非正态分布的情况。在实际生产中，存在稳定的工艺不一定满足正态分布的假设。一般情况下工序处于统计控制状态，工艺输出服从稳定的正态分布；当工序中存在因素影响时，工艺输出的数据分布将不再是正态的。如果使用正态分布假设下的工序能力指数来评价这些非正态分布的情况，将会导致错误的结果。因此有必要对非正态分布的情况提出解决方案。本章结合实际应用，针对非正态工序能力指数模型与算法说明给出解决方案：首先从函数拟合计算非正态工序能力指数思路讨论皮尔逊分布拟合，在三类典型皮尔逊(Pearson)分布的中心矩与原点矩进行分析研究的基础上，推导了针对该分布的拟合表达式，得到了相应分布类型的参数，并给出分布的拟合；然后从公式修改思路分析比较几种已有的典型的非正态工序能力指数模型，在这一基础上根据数据偏度和峰度特性，结合切比雪夫－埃尔米特多项式，建立一个非正态工序能力指数模型，该模型能有效解决分位点方法计算难以实现的问题。

2.3.1　工序能力分析中的皮尔逊分布拟合

在现代微电路生产过程中进行工艺质量的分析和评价时，需要对大量的工艺参数测量数据进行统计处理，在确定其分布规律以后，才能进一步分析和计算其工艺不合格品率、工序能力指数和 6σ 设计水平等质量特性。目前，实际生产中用到的分布有：正态分布、指数分布、对数正态分布和威布尔分布等。但对于实际的工艺生产过程而言，这些分布只涵盖了一部分情况，仍然存在相当多的工艺测量数据用这几种分布拟合时并不能取得令人满意的结果，拟合精度低，不能准确量度工艺质量水平。甚至于上述分布对某些测量数据根本无法进行拟合，不能对数据进行统计分析，因而也就不能评价工艺质量水平。目前国外普通集成电路失效率降至 0.1FIT 以下，工艺不合格品率也降至 PPM (Parts Per Million) 水平，如何准确有效地确定工艺参数所遵循的实际分布类型是对微电路工艺进行质量分析和评价的前提条件。

在应用实践的推动下，数理统计学家卡·皮尔逊(K. Pearson)引入了一个包含四个参数的皮尔逊(Pearson)分布族。它涵盖面广（几乎包括了目前常用的所有分布），拟合误差小，还包括了许多偏态分布，在实践中具有很强的适用性。该分布共分为七种类型，以其特征值 K 来区分。图 2-7 描绘了在（偏度^2，峰度）空间中各种不同概率分布的适用范围。

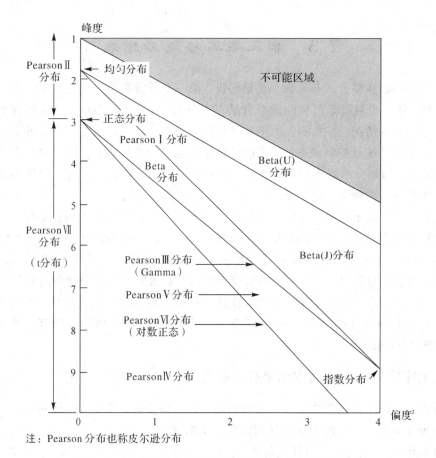

图 2-7　在（偏度²，峰度）平面上的各种不同的概率分布

由图 2-7 可见，正态分布、指数分布、对数正态分布等常用分布函数在图中仅是一个点。还有大量的区域被其他 Pearson 分布所覆盖。图 2-7 中的阴影区域为不可能区域，它的边界方程为

$$峰度-偏度^2-1=0$$

1. 基本概念

1）Pearson 分布的定义

Pearson 分布由下面微分方程定义：

$$\frac{\mathrm{d}f(x)}{\mathrm{d}x}=\frac{(x-b)f(x)}{b_0+b_1x+b_2x^2} \qquad (2-15)$$

其中，b、b_0、b_1、b_2 是描述分布的参数。

满足式（2-15）的分布密度函数 $f(x)$ 就称为 Pearson 分布。所有 Pearson 分布组成了

Pearson 分布族。

在实际应用中，为了计算方便，常常将众数 a 取为坐标原点，即作变换 $X=x-a$，将上式变为

$$\frac{\partial \ln f}{\partial x} = \frac{X}{B_0 + B_1 X + B_2 X^2} \qquad (2-16)$$

为了进一步表征 Pearson 分布族的类型，引入由下式定义的特征值 K：

$$K = \frac{B_1^2}{4B_0 B_2} = \frac{\widehat{v}_1 (\widehat{v}_2 + 3)^2}{4(4\widehat{v}_2 - 3\widehat{v}_1^2)(2\widehat{v}_2 - 3\widehat{v}_1^2 - 6)} \qquad (2-17)$$

对于不同的 K 值，二次三项式 $B_0 + B_1 X + B_2 X^2$ 有不同的根，求解微分方程式 (2-16)，便可以得到 Pearson 分布族各型分布的密度函数的显式表达式。下面介绍在实际应用中常见的三类分布。

2) Ⅰ型 Pearson 分布

$K<0$ 时，$B_0 + B_1 X + B_2 X^2$ 有两个异号的实根，两根分布在众数的两旁。解微分方程式 (2-16)，得：

$$f = c (X+\alpha_1)^{m_1} (X-\alpha_2)^{m_2}, \qquad \alpha_1、\alpha_2 > 0$$

其中：$m_1 = \dfrac{\alpha_1}{B_2(\alpha_1 + \alpha_2)}$，$m_2 = \dfrac{\alpha_2}{B_2(\alpha_1 + \alpha_2)}$；$\alpha_1、\alpha_2$ 为二次三项式的两个实根；系数 c 可由方程 $\displaystyle\int_{\alpha_1}^{\alpha_2} f(X)\mathrm{d}X = 1$ 解得。由此得下式表示的Ⅰ型 Pearson 分布密度函数，其中 β 为 Beta 函数。

$$f(X) = \frac{1}{\beta(m_1+1, m_2+1)} X^{m_1} (1-X)^{m_2}, \qquad 0 \leqslant X \leqslant 1 \qquad (2-18)$$

Ⅰ型 Pearson 分布也称为Ⅰ型 Beta 分布或不完全的 Beta 分布。

3) Ⅲ型 Pearson 分布

$B_2 = 0$ 时，K 为无穷大。解式 (2-16) 得Ⅲ型 Pearson 分布密度函数：

$$f = c \left(1 + \frac{X}{a}\right)^p \exp\left(-\frac{pX}{a}\right), \qquad X \geqslant -a \qquad (2-19)$$

其中，$p = -\dfrac{a}{B_1}(1-8a)$，$a = \dfrac{B_0}{B_1}$。

令 $x = X + a$，并设 $p = \gamma - 1$，$\dfrac{p}{a} = \alpha$，求得系数 c 后，可将Ⅲ型 Pearson 分布密度函数表示为

$$f(x) = \frac{\alpha^\gamma}{\Gamma(\gamma)} \mathrm{e}^{-\alpha \gamma} x^{\gamma-1}, \qquad x \geqslant 0, \qquad \alpha、\gamma > 0 \qquad (2-20)$$

Ⅲ型 Pearson 分布也称为 Γ 分布。

4）Ⅶ型 Pearson 分布

当 $B_1 = 0$、$B_0 > 0$ 时，$K = 0$，即为Ⅶ型 Pearson 分布，也是常说的 t 分布。

解式（2-16），得：

$$\frac{d}{dx}(\ln f) = \frac{X}{B_2(X^2 + a^2)}$$

其解为 $f(X) = c\left(1 + \dfrac{X^2}{a^2}\right)^{-m}$，其中，$m = -\dfrac{1}{2B_2}$，$a = \dfrac{B_0}{B_2}$。

将解方程 $\displaystyle\int_{a_1}^{a_2} f(X)\mathrm{d}X = 1$ 得到的系数 c 带入，得：

$$f(X) = \frac{1}{a\beta(0.5,\ m-0.5)}\left(1 + \frac{X^2}{a^2}\right)^{-m} \tag{2-21}$$

这就是Ⅶ型 Pearson 分布的密度函数。

如果 $B_2 = 0$，就可以得到正态分布。因此说正态分布是 Pearson 分布的一个特例。

2. Pearson 各型分布的拟合步骤

Pearson 分布族拟合的基本思路是：通过分析得到 Pearson 各类型分布的前四阶中心矩与分布参数的定量关系式，由测量数据计算出四阶中心矩后，确定该测量数据遵循的 Pearson 分布类型及相应的分布参数。拟合步骤如下：

（1）对采集的 n 个样本数据进行排序，绘制样本数据的频度直方图，计算样本数据的众数 a。

（2）计算数据的前四阶中心矩。

$$\hat{\mu} = \bar{x}, \tag{2-22}$$

$$\hat{\sigma} = \frac{1}{n-1}\sum_{i=1}^{n}(x_i - \bar{x})^2 \tag{2-23}$$

$$\hat{v}_1 = \frac{\sqrt{n}\displaystyle\sum_{i=1}^{n}(x_i - \bar{x})^3}{\left[\displaystyle\sum_{i=1}^{n}(x_i - \bar{x})^2\right]^{1.5}} \tag{2-24}$$

$$\hat{v}_2 = \frac{n\displaystyle\sum_{i=1}^{n}(x_i - \bar{x})^4}{\left[\displaystyle\sum_{i=1}^{n}(x_i - \bar{x})^2\right]^2} \tag{2-25}$$

其中式（2-24）和式（2-25）分别表示数据的偏度和峰度。

（3）由式（2-17）计算特征值 K，根据 K 值范围选用适合的 Pearson 分布类型。

（4）使相应类型 Pearson 分布的前四阶矩等于由第（2）步计算的测试数据的前四阶矩计算值，推算出该类型分布的参数。

（5）进行 Pearson 分布的拟合优度检验，选择置信水平 α。在置信水平 α 下检验原假设是否接受。

3. Pearson 分布参数与前四阶矩关系分析

由上述步骤可见，用 Pearson 分布拟合实际工艺参数的关键是确定 Pearson 分布参数与前四阶矩之间的关系。为此，我们研究并分析了 Pearson 分布各种类型的中心矩。

为计算方便，首先计算出各种分布的 n 阶原点矩 μ'_n，再利用下式所给关系推导出拟合参数的解析表达式。

$$\begin{cases} \mu_1 = \mu'_1 \\ \mu_2 = \mu'_2 - (\mu'_1)^2 \\ \mu_3 = \mu'_3 - 3\mu'_1\mu'_2 + 2(\mu'_1)^2 \\ \mu_4 = \mu'_4 - 4\mu'_1\mu'_3 + 6(\mu'_1)^2\mu'_1 - 3(\mu'_1)^4 \end{cases} \qquad (2-26)$$

下面是在实际生产中常用的 Pearson 分布族 Ⅰ、Ⅲ、Ⅶ 型分布的拟合参数解析式分析结果。

1）Ⅰ 型 Pearson 分布

该分布概率密度函数表达式如式（2-18）所示。

Ⅰ 型 Pearson 分布的 n 阶原点矩为

$$\mu'_n = \frac{\Gamma(m_1+1+n)\Gamma(m_1+m_2+2)}{\Gamma(m_1+1)\Gamma(m_1+m_2+n+2)}$$

利用 Γ 函数的性质，可得

$$\mu'_1 = \frac{m_1+1}{m_1+m_2+2} \ , \ \mu'_2 = \frac{(m_1+2)(m_1+1)}{(m_1+m_2+3)(m_1+m_2+2)}$$

利用式（2-26）可以解得分布密度函数式（2-18）中参数的表达式为

$$\begin{cases} m_1 = \dfrac{\mu_1(\mu_1 - \mu_2^2 - \mu_2)}{\mu_2} - 1 \\ m_2 = \dfrac{(1-\mu_1)(\mu_1 - \mu_2 - \mu_1^2)}{\mu_2} - 1 \end{cases} \qquad 其中 \begin{cases} \mu_1 = \widehat{\mu'_1} \\ \mu_2 = \widehat{\mu_2} \end{cases}（以下相同）$$

2）Ⅲ 型 Pearson 分布

Ⅲ 型 Pearson 分布概率密度函数如式（2-19）和式（2-20）所示，其 n 阶原点矩为

$$\mu'_n = \frac{\gamma(\gamma+1)\cdots(\gamma+n-1)}{\alpha^n}$$

代入式（2-26）中，可以得到如下解析式：

若采用式（2-19）表示的 Ⅲ 型 Pearson 分布，解得式中的参数如下：

$$p = \frac{\mu_1^2}{\mu_2} - 1, \ a = \mu_1 - \frac{\mu_2}{\mu_1}$$

若采用式(2-20)表示的Ⅲ型 Pearson 分布，解得式中的参数如下：

$$\gamma = \frac{\mu_1^2}{\mu_2}, \ \alpha = \frac{\mu_1}{\mu_2}$$

3）Ⅶ型 Pearson 分布

Ⅶ型 Pearson 分布概率密度函数如式(2-21)所示，其 n 阶原点矩为

$$\mu'_n = \int_{-\infty}^{+\infty} X^n \frac{1}{a\beta(0.5, \ m-0.5)} \left(1 + \frac{X^2}{a^2}\right)^{-m} dX$$

由偶函数在对称区间积分的性质可得

$$\begin{cases} \mu'_{2n-1} = 0 \\ \mu'_{2n} = a^{2n} \dfrac{\Gamma(n+0.5)\Gamma(0.5a^2-n)}{\Gamma(0.5)\Gamma(0.5a^2)} \end{cases} \qquad n = 1, \ 2, \ \cdots$$

同样地，利用式(2-26)，解得Ⅶ型 Pearson 分布概率密度函数式(2-21)中的参数为

$$\begin{cases} a^2 = \dfrac{2\mu_2}{\mu_2 - 2} \\ m = \dfrac{3\mu_2 - 2}{2\mu_2 - 4} \end{cases}$$

由拟合步骤(4)，令 $\mu_1 = \hat{\mu}$，$\mu_2 = \hat{\sigma}$，$\mu_3 = \hat{v}_1$，$\mu_4 = \hat{v}_2$，根据上面的参数表达式就可以得出各类型的参数值。

2.3.2　常规非正态数据拟合方法

1. 分位点方法

分位点方法就是使用两个分位点值表征工艺数据的变化范围，然后计算工序能力指数，计算公式如下：

$$C_p = \frac{T_U - T_L}{\chi_{0.99865} - \chi_{0.00135}} \tag{2-27}$$

$$C_{pk} = \min\left(\frac{T_U - m}{\chi_{0.99865} - m}, \ \frac{m - T_L}{m - \chi_{0.00135}}\right) \tag{2-28}$$

其中 m 是分布的中值，而 $\chi_{0.00135}$ 和 $\chi_{0.999865}$ 分别是对应于分布概率 0.00135 和 0.99865 的分位点。一般来说，这种方法的主要问题是：不能依靠关系数据本身，而是需要从数据中直接获得关系分布的所有信息，这些信息是计算工序能力指数所需要的，而且所需的工作量会很大，但是公式的理论意义很明确。

2. 自由容限域方法

使用自由容限域的方法计算非正态工序能力指数，计算公式如下：

$$C_p = \frac{T_U - T_L}{\omega} \tag{2-29}$$

$$C_{pk} = \frac{2^x \min\left[(T_U - \mu), (\mu - T_L)\right]}{\omega} \qquad (2-30)$$

式中，ω 表示覆盖 99.73% 容限域的宽度。由于固有的工序参数变化幅度比抽样估计的要大，该方法考虑了正态分布时的不同结果值，同时考虑了正态分布和非正态分布的情况。

3. 权重方差方法

根据数据的偏度我们提出了权重方法的工序能力指数计算方法，计算公式如下：

$$C_p = \frac{T_U - T_L}{6\sigma \sqrt{1 + |1 - 2P_x|}} \qquad (2-31)$$

$$C_{pk} = \min\left\{\frac{T_U - \mu}{3\sigma \sqrt{2P_x}}, \frac{\mu - T_L}{3\sigma \sqrt{2(1 - P_x)}}\right\} \qquad (2-32)$$

这里 $P_x = \dfrac{1}{n} \sum\limits_{i=1}^{n} I(\bar{X} - X_i)$，其中 $I(\cdot)$ 函数为：如果 $X > 0$ 则 $I(X) = 1$，反之则 $I(X) = 0$。使用该方法计算的工序能力指数结果很容易受到数据偏度的影响，计算结果会随偏度的上升而减小。

4. Clements 方法

和分位点法类似，Clements 也是采用不同的区间来代理原始公式中的标准偏差值，计算公式如下：

$$C_p = \frac{T_U - T_L}{U_p - L_p} \qquad (2-33)$$

$$C_{pk} = \min\left\{\frac{T_U - M}{U_p - M}, \frac{M - T_L}{M - L_p}\right\} \qquad (2-34)$$

式中，U_p 和 L_p 分别为 99.865 百分位点和 0.135 百分位点，M 表示数据的中位数。和分位点方法的区别在于该方法主要是基于数据的偏度和峰度。该方法对于小样本容量的计算将会导致错误的信息，因而该方法不适应小批量数据的工序能力评价。Clements 方法和分位点方法的区别在于前者处理对象为数据，后者处理对象为函数。

5. Box - Cox 转换方法

Box 和 Cox 提出了 Box - Cox 转换体系，通过该体系把数据转换为满足正态分布的数据，然后从转换后的数据中提取出均值和方差进行工序能力指数的计算。该转换公式如下：

$$X^\lambda = \begin{cases} \dfrac{X^\lambda - 1}{\lambda} & \lambda \neq 0 \\ \ln X & \lambda = 0 \end{cases} \qquad (2-35)$$

可以看出使用公式 (2-35) 的转换主要取决于参数 λ，λ 值可通过极大似然法得出。通过上式的转换，可把原始数据转换为满足正态分布的数据，然后使用工序能力指数定义式就可以获得所需结果。该方法的缺陷在于转换有时候不能实现，并且结果很难转换成原来的比例。

6. 约翰逊转换方法

Johnson 提出了 Johnson 转换体系，对非正态分布进行拟合。转换公式如下：

$$Z = \begin{cases} \gamma + \eta \ln\left(\dfrac{X-\varepsilon}{\lambda+\varepsilon-X}\right) & \text{有界转换} \\ \gamma + \eta \ln(X-\varepsilon) & \text{对数正态转换} \\ \gamma + \eta \sinh^{-1}\left(\dfrac{X-\varepsilon}{\lambda}\right) & \text{无界转换} \end{cases} \qquad (2-36)$$

其中，ε 和 γ 为位置控制参数；η 和 λ 为标度参数（一般为正）。三种 Johnson 转换形式对应的各参数和变量的取值范围读者可参阅相关文献。如果上述三个方程式中至少有一个 Z 服从标准正态分布，则可以用 Johnson 转换体系法对 X 所代表的过程的能力指数进行估计。基于 Johnson 转换体系的非正态工序能力指数估计方法的基本原理是：选择一个能将原始非正态分布数据转换为最接近标准正态分布的最优 Johnson 转换形式，然后基于该转换形式，估计原始数据的两个特定百分位数，在此基础上计算非正态条件下的工序能力指数。同样地，该方法也具有 Box - Cox 转换方法的问题。

2.3.3 基于切比雪夫-埃尔米特多项式的工序能力指数模型

数据的均值、标准偏差、偏度和峰度四个变量能够体现分布特性，结合这四个参数变量和切比雪夫-埃尔米特多项式（Chebyshev - Hermite Polynomials）可以把非正态分布函数展开到 10 阶多项式。根据数据的均值、标准偏差，偏度和峰度四个参数变量，结合切比雪夫-埃尔米特多项式，建立一个非正态的工序能力指数计算模型。

随机变量 x 的偏度和峰度是指 x 的标准化变量 $[x-E(x)]\sqrt{D(x)}$ 的三阶中心矩和四阶中心矩，其中 $E(x)$、$D(x)$ 分别是随机变量 x 的均值和方差。定义如下：

偏度：
$$v_1 = E\left[\left(\frac{x-E(x)}{\sqrt{D(x)}}\right)^3\right] = \frac{E[(x-E(x))^3]}{(D(x))^{3/2}} \qquad (2-37)$$

偏度（Skewness）是描述某变量取值分布对称性的统计量。

Skewness＝0 表示变量数据分布形态与正态分布偏度相同；

Skewness＞0 表示变量正偏差数值较大，为正偏或右偏；

Skewness＜0 表示变量负偏差数值较大，为负偏或左偏。

峰度：
$$v_2 = E\left[\left(\frac{x-E(x)}{\sqrt{D(x)}}\right)^4\right] = \frac{E[(x-E(x))^4]}{(D(x))^2} \qquad (2-38)$$

峰度（Kurtosis）是描述某变量所有取值分布形态陡缓程度的统计量。

Kurtosis＝0 表示变量与正态分布的陡缓程度相同；

Kurtosis＞0 表示变量比正态分布的高峰更加陡峭；

Kurtosis＜0 表示变量比正态分布的高峰来得平坦。

偏度描述了随机变量分布相对其均值的不对称程度，峰度反映了与正态分布相比，随机变量分布的尖锐程度或者平坦度。当随机变量 x 服从正态分布时，其偏度 $v_1＝0$、峰度 $v_2＝3$。

μ、σ、v_1 和 v_2 分别表示数据的均值、标准偏差、偏度和峰度的估计值。这四个特性参数能反映非正态分布数据的主要特性，即使原始数据的分布情况未知，只要得出这四个参数值就可以直接计算工序能力指数。样本容量为 n 时，这四个参数的近似计算公式参阅式（2－22）～式（2－25）为

$$\mu＝\hat{\mu},\ \sigma＝\hat{\sigma},\ v_1＝\hat{v}_1,\ v_2＝\hat{v}_2 \tag{2－39}$$

数学中常用多项式来展开函数。Kendall 和 Stuart 提出一个概率密度函数 $f(x)$ 可以使用下面的切比雪夫-埃尔米特多项式展开：

$$f(x) = \frac{1}{\sqrt{2\pi}\sigma}\exp\left(-\frac{(x-\mu)^2}{2\sigma^2}\right) + \sum_{m=1}^{\infty} a_m H_m\left(\frac{x-\mu}{\sigma}\right)\frac{1}{\sqrt{2\pi}\sigma}\exp\left(-\frac{(x-\mu)^2}{2\sigma^2}\right) \tag{2－40}$$

式中 H_m 是阶数为 m 的切比雪夫-埃尔米特多项式，a_m 为常数项，且有：

$$a_m = \frac{1}{m!}\int_{-\infty}^{\infty} f(x) H_m\left(\frac{x-\mu}{\sigma}\right)\mathrm{d}x \tag{2－41}$$

$$\begin{cases} H_{m+1}(x)＝xH_m(x)-mH_{m-1}(x) \\ H_0(x)＝1,\ H_1(x)＝x \end{cases} \tag{2－42}$$

根据此多项式，可得如下结论：

由切比雪夫-埃尔米特多项式的性质，在区间 $[a,b]$ 的累积分布函数则为

$$F(b)-F(a) = \int_a^b \frac{1}{\sqrt{2\pi}\sigma}\exp\left(-\frac{(x-\mu)^2}{2\sigma^2}\right)\mathrm{d}x + \sum_{m=1}^{\infty} a_m \int_a^b H_m\left(\frac{x-\mu}{\sigma}\right)\frac{1}{\sqrt{2\pi}\sigma}\exp\left(-\frac{(x-\mu)^2}{2\sigma^2}\right)\mathrm{d}x \tag{2－43}$$

引入误差函数 $\mathrm{erf}(z) = \frac{2}{\sqrt{\pi}}\int_0^z \exp(-x^2)\mathrm{d}x$，并假设 $b＝-a=B$，则

$$\begin{aligned} F(B)-F(-B) = &\frac{1}{2}\left[\mathrm{erf}\left(\frac{B-\mu}{\sqrt{2}\sigma}\right)+\mathrm{erf}\left(\frac{B+\mu}{\sqrt{2}\sigma}\right)\right] \\ &+\sigma\sum_{m=1}^{\infty} a_m\left[H_{m-1}\left(\frac{-B-\mu}{\sigma}\right)\frac{1}{\sqrt{2\pi}\sigma}\exp\left(-\frac{(B+\mu)^2}{2\sigma^2}\right)\right. \\ &\left.-H_{m-1}\left(\frac{B-\mu}{\sigma}\right)\frac{1}{\sqrt{2\pi}\sigma}\exp\left(-\frac{(B-\mu)^2}{2\sigma^2}\right)\right] \end{aligned} \tag{2－44}$$

当切比雪夫-埃尔米特多项式取阶数 m 为 10 时，函数 $f(x)$ 的均值、标准偏差、偏度和峰度可表示如下：

$$\mu = \int_{-\infty}^{\infty} f(x)x\,\mathrm{d}x \qquad \sigma^2 = \int_{-\infty}^{\infty} f(x)(x-\mu)^2\,\mathrm{d}x$$

$$v_1 = \int_{-\infty}^{\infty} f(x)\left(\frac{x-\mu}{\sigma}\right)^3\,\mathrm{d}x \qquad v_2 = \int_{-\infty}^{\infty} f(x)\left(\frac{x-\mu}{\sigma}\right)^4\,\mathrm{d}x - 3$$

可推出 $a_0 = 1$，$a_1 = 0$，$a_2 = 0$，$a_3 = \dfrac{1}{6}v_1$，$a_4 = \dfrac{1}{24}v_2$，$a_5 = 0$，$a_6 = \dfrac{1}{27}v_1^2$，$a_7 = \dfrac{1}{5040}(35v_1v_2 - 10v_1)$，$a_8 = \dfrac{1}{1152}v_2^2$，$a_9 = \dfrac{1}{1296}v_1^3$，$a_{10} = \dfrac{1}{1728}v_1^2 v_2$。

对应工序能力包含 99.73% 的工序范围，令 $F(B) - F(-B) = 99.73\%$，计算出 B，则可通过下式得出工序能力指数

$$C_p = \frac{T_U - T_L}{2B} \tag{2-45}$$

式(2-45)暗含了规范上下限相对均值对称这个条件，当这个条件不成立时，需要进行坐标转换：令 $T_0 = (T_U + T_L)/2$，则 $\mu' = \mu - T_0$，$T_U' = T_U - T_0$，$T_L' = T_L - T_0$，那么工序能力指数计算公式为

$$C_{pk} = \frac{T_U' - T_L'}{2B} \tag{2-46}$$

2.4　多变量工序能力指数

随着技术的进步，产品的质量水平常需要采用多个质量参数的联合结果来表征。如果仅仅对关键工艺过程节点的单个工艺参数作定量分析就来评价该道工序的能力水平，则得的结果不能有效地评价工艺水平，而且质量整体包含的不同工艺参数对产品整体质量的影响大小不一，工艺参数之间相互制约，如果分别考察各质量特征的工序能力，必然忽视诸质量特性可能存在的相关性，丢失信息太多，因此需要综合评价工艺整体质量。这里分析并简化经典的基于空间定义的多变量工序能力的定义，然后建立基于成品率和权重系数的多变量工序能力指数模型。

2.4.1　基于空间定义的多变量工序能力指数

定义 $\boldsymbol{X}$ 为 $p \times n$ 样本矩阵，其中 p 是具有规范范围要求的工艺参数的个数，n 是工艺参数测量数据样本量。也就是说，在 $\boldsymbol{X}$ 矩阵中行表示为一个工艺参数的所有测量值。$\overline{\boldsymbol{X}}$ 是 p 维矢量，是每个工艺参数的样本均值，$\boldsymbol{S}$ 是 $p \times p$ 矩阵，是采用常规方法对工艺参数均值 μ_0

和协方差矩阵 $\boldsymbol{\Sigma}$ 的观测值得到的方差～协方差的无偏估计。

工艺参数数据是多变量正态分布时,统计量 $(\boldsymbol{X}-\boldsymbol{\mu}_0)^{\mathrm{T}}\boldsymbol{\Sigma}^{-1}(\boldsymbol{X}-\boldsymbol{\mu}_0)$ 服从 χ^2 分布。定义 $(\boldsymbol{X}-\boldsymbol{\mu}_0)^{T}\boldsymbol{\Sigma}^{-1}(\boldsymbol{X}-\boldsymbol{\mu}_0) \leqslant \chi^2_{m,0.9973}$ 形成的区域为工序区域,特别地,当这个不等式中的自由度 m 取 1 时(对应一维情况),其形成的区域就是 $\mu \pm 3\sigma$ 区间,在此区域包含工序 99.73% 的产品,亦即工艺参数数据以 99.73% 概率水平分布在这个区域中,这与一维情形下的 3σ 规则所确定的区间一致。对于二维正态分布情形,对应为椭圆工序区域。

将一维拓展到多维情形时,工艺规范和工艺参数分布形成面积区域(二维)或空间区域(三维或更高维情况),在此情况下,多变量工序能力指数为面积或体积的比值。

$$\mathrm{MVC}_p = \frac{\mathrm{vol.}(R_1)}{\mathrm{vol.}(R_2)} \tag{2-47}$$

其中,R_1 是工艺的规范区域,R_2 是包含工艺参数分布 99.73% 的区域,由数理统计理论知,若工艺数据服从二维正态分布,那么 R_2 是椭圆区域。以二维情况为例说明,如图 2-8 所示。

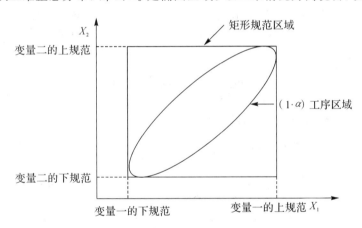

图 2-8　二维情形下工艺规范和 99.73% 工艺分布区域

Jessenberger,C. Weihs 提出工序能力指数的计算式子 MVC_p 如下:

$$\mathrm{MVC}_p = \frac{\prod\limits_{i=1}^{p}(T_{Ui}-T_{Li})}{\mathrm{vol.}((\boldsymbol{X}-\boldsymbol{\mu})'\boldsymbol{\Sigma}^{-1}(\boldsymbol{X}-\boldsymbol{\mu}) \leqslant \chi^2_{p,0.9973})} \tag{2-48}$$

其中,p 表示工艺参数(即变量)个数,T_{Ui}、T_{Li} 分别表示每个工艺参数的上、下规范限,$\boldsymbol{\mu}$ 是多变量正态分布的均值矢量,$\boldsymbol{\Sigma}$ 是正定的协方差矩阵,$\chi^2_{p,0.9973}$ 是具有 p 个自由度的 χ^2 分布的 99.73% 的分位数。

在上面多变量工序能力指数定义中值得注意的是:椭圆区域的体积与 μ 值无关。当椭圆中心与目标值 T 重合时,也就是 $\mu=T$ 时,两体积的比值就表征了包含于规范区域的工艺分布的大小。但是因为它不能反映工艺规范区域体积与工艺参数均值 μ 之间的关系，大小相同的 MVC_p 值，其规范区域中心 T 与工艺参数均值 μ 的位置关系不一定相同，这样两体积的比值就不能准确地度量包含于规范区域的工艺分布大小。另一方面，MVC_p 定义中的分子是超立方体，分母是椭球体，这使得 99.73％ 的工序分布区域都包含在工艺规范区域内时，比值并不为 1。因此有必要对工艺规范区域进行修正。如果工艺参数服从多变量正态分布，修正后的工艺参数规范区域同分布的概率等值线一样呈椭圆形状，此时当 $\mu = T$ 时，工序能力指数应等于 1，表明 99.73％ 的工序分布包含在工艺规范区域之内。另外可以把规范区域内最大椭球体体积和原始规范区域体积的比值作为形状调节因子来定义多变量工序能力指数。形状调节因子的概念可扩展到不同类型的分布（这些分布并非都具有椭圆形的等值线）。假如两变量分布是一个非对称的概率函数，它给出的是梨形概率等值线，则修正后的工艺规范区域是原始的矩形规范区域内的最大梨形体。

工艺规范经修正后，变成和工序分布区域相同形状的区域，如图 2-9 所示，原始的工艺规范区域是矩形，Taam et.aL 提出修正后的规范区域 R^* 是同工序分布区域相同形状的椭圆，它完全包含于规范区域内，是根据协方差矩阵 $\boldsymbol{\Sigma}$ 产生的最大椭圆。由此得多变量能力指数计算式如下：

$$\mathrm{MVC}_p^* = \frac{\mathrm{vol.}\,((\boldsymbol{X}-\boldsymbol{\mu})'\boldsymbol{\Sigma}^{-1}(\boldsymbol{X}-\boldsymbol{\mu}) \leqslant M^2)}{\mathrm{vol.}\,((\boldsymbol{X}-\boldsymbol{\mu})'\boldsymbol{\Sigma}^{-1}(\boldsymbol{X}-\boldsymbol{\mu}) \leqslant \chi^2_{p,\,0.9973})} \tag{2-49}$$

选取适当的 M 使得分子是规范内的最大椭球体。

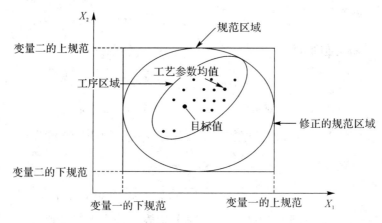

图 2-9　二维情况下修正的工艺规范区域

对式(2-49)进行化简，由多元统计分析可知：

$$\text{分子} = \mathrm{vol.}\,((\boldsymbol{X}-\boldsymbol{\mu})'\boldsymbol{\Sigma}^{-1}(\boldsymbol{X}-\boldsymbol{\mu}) \leqslant M^2) = \frac{(\pi M^2)^{\frac{p}{2}}\,|\boldsymbol{\Sigma}|^{\frac{1}{2}}}{\Gamma\left(\dfrac{p}{2}+1\right)}$$

$$分母 = \mathrm{vol}((\boldsymbol{X}-\boldsymbol{\mu})'\boldsymbol{\Sigma}^{-1}(\boldsymbol{X}-\boldsymbol{\mu}) \leqslant \chi^2_{p, 0.9973}) = \frac{(\pi\chi^2_{p, 0.9973})^{\frac{p}{2}}|\boldsymbol{\Sigma}|^{\frac{1}{2}}}{\Gamma\left(\frac{p}{2}+1\right)}$$

因此

$$\mathrm{MVC}^*_p = \left(\frac{M^2}{\chi^2_{p, 0.9973}}\right)^{\frac{p}{2}} = \left(\frac{M}{\chi_{p, 0.9973}}\right)^p$$

$$M = \min_{i=1\cdots p}\left(\frac{T_{Ui}-\mu_i}{\sigma_i}, \frac{\mu_i-T_{Li}}{\sigma_i}\right)$$

μ_i 是每个工艺参数的均值，不是规范的中心值，则

$$\mathrm{MVC}^*_p = \min_{i=1\cdots p}\left(\left[\frac{T_{Ui}-\mu_i}{\chi_{p, 0.9973}\sigma_i}\right]^p, \left[\frac{\mu_i-T_{Li}}{\chi_{p, 0.9973}\sigma_i}\right]^p\right) \tag{2-50}$$

如果 $T_{Ui}-\mu_i = \mu_i-T_{Li}$，此种情况下有

$$M = \min_{i=1\cdots p}\left(\frac{T_{Ui}-\mu_i}{\sigma_i}, \frac{\mu_i-T_{Li}}{\sigma_i}\right) = \min_{i=1\cdots p}(3C_{pi})$$

则

$$\mathrm{MVC}^*_p = \min_{i=1\cdots p}\left(\left(\frac{3}{\chi_{p, 0.9973}}C_{pi}\right)^p\right) \tag{2-51}$$

其中 $C_{pi} = \dfrac{T_{Ui}-T_{Li}}{6\sigma_i}$。

当然，从另一个角度考虑，也可以修正工序分布区域，使之和工艺规范区域的形状相同，而且内切原始的工序分布区域。修正后的工序区域是一个矩形，原始的椭圆形工序区域内切于它。由此，在假定工艺数据服从概率等值线为椭圆的多变量正态分布前提条件下，Shahriari、Hubele 和 Lawrence 提出了另外一种多变量工序能力指数的计算方法：

$$\mathrm{MVC}_{pm} = \left[\frac{\mathrm{vol.}(R^*_1)}{\mathrm{vol.}(R^*_2)}\right]^{\frac{1}{p}} \tag{2-52}$$

上述定义式中 R^*_1 是工艺规范区域的面积或体积，R^*_2 是修正后的工序区域的面积或体积，修正的工序区域为几何形状与工程规范区域相同，且内接具有一定概率水平的椭圆形等值线，如图 2-10 所示。对于二维正态分布，修正后的工序区域是一个矩形，矩形的边界定义了工艺上下限（分别是 UPL_i 和 LPL_i（$i=1, 2, \cdots, p$）），它们是二次式方程 $(X-\mu_0)^\mathrm{T}\sum(X-\mu_0) = \chi^2_{(p, a)}$ 的解。解此方程可得两解为

$$\begin{cases} \mathrm{UPL}_i = \mu_i + \sqrt{\dfrac{\chi^2_{(p, a)}\det(\boldsymbol{\Sigma}_i^{-1})}{\det(\boldsymbol{\Sigma}^{-1})}} \\[4mm] \mathrm{LPL}_i = \mu_i - \sqrt{\dfrac{\chi^2_{(p, a)}\det(\boldsymbol{\Sigma}_i^{-1})}{\det(\boldsymbol{\Sigma}^{-1})}} \end{cases} \quad i=1, 2, \cdots, p$$

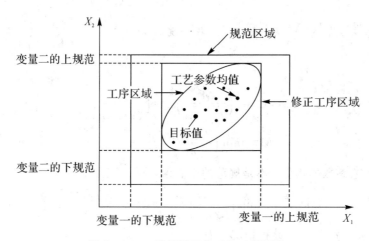

图 2-10　二维情况下修正的工序区域

$\chi^2_{(p,\alpha)}$ 是与概率水平等值线相关的具有 p 个自由度的 χ^2 分布的 $100(\alpha)\%$ 上侧分位数。$\det(\Sigma_i^{-1})$ 是与 Σ_i^{-1} 矩阵对应的行列式，Σ_i^{-1} 代表删除 Σ^{-1} 矩阵的第 i 行和第 i 列得到的矩阵，实际上，来自大样本的估计值可用来代替方程中的 μ 和 Σ。修改后的工序区域大小和边长的相对尺寸由概率水平等值线确定，它并不随工程规范区域成比例变化。由此得：

$$\mathrm{MVC}_{pm} = \left[\frac{\prod\limits_{i=1}^{p}(T_{Ui} - T_{Li})}{\prod\limits_{i=1}^{p}(\mathrm{UPL}_i - \mathrm{LPL}_i)} \right]^{\frac{1}{p}} \tag{2-53}$$

计算得到的 MVC_{pm} 值如果大于 1 表明修改的工序区域比工程确定的规范区域要小，即工序水平"良好"。显然，修改的工序区域受椭圆形等值线的形状（由方差-协方差矩阵决定）和椭圆的大小（取决于一定的概率水平）的影响。

2.4.2　基于成品率的多变量工序能力指数模型

使用工序能力指数评价工艺水平的最终目标是改善工艺产品质量，提高工序的成品率。单变量工序能力指数与成品率的关系已经很明确，本节则深入地讨论在多变量情况下，工序能力指数与成品率的关系，并建立相应的模型与算法。

1. 变量相互独立

对于多变量工序能力的评价，Bothe 建议采用最小单道工序能力评价作为整体工序能力评价。例如，p 个质量特性对应的成品率分别是 $\eta_1, \eta_2, \cdots, \eta_p$，其整体工序能力采用 $\eta = \min\{\eta_1, \eta_2, \cdots, \eta_p\}$ 来衡量。我们发现这个方法不能准确如实地反映真正的整体工序能力。

令 $p=5$ 且 $\eta_1=\eta_2=\eta_3=\eta_4=\eta_5=99.73\%$（不合格品率为 2700PPM），假设这 5 个质量特性之间是相互独立的，那么整体工序的成品率应为 $\eta=\eta_1\times\eta_2\times\eta_3\times\eta_4\times\eta_5=98.66\%$（不合格频率为 134273PPM）。这个值是小于 Bothe 方法的计算值的。

为了克服这些问题，在单变量工序能力基础上，建立了基于成品率的多变量工序能力指数。

已知单变量工序能力指数 C_p，可以算出单变量对应的成品率，利用相互独立的 p 个变量的总成品率与单个变量成品关系 $\eta_{总}=\prod_{i=1}^{p}\eta_i$，根据式（2-5），则

$$\eta_{总}=\prod_{i=1}^{p}\left[2\varPhi(3C_{pi})-1\right]$$

则多变量工序能力指数公式如下：

$$\mathrm{MC}_{yp}=\frac{1}{3}\varPhi^{-1}\left[\frac{\prod_{i=1}^{p}(2\varPhi(3C_{pi})-1)+1}{2}\right] \tag{2-54}$$

式中 C_{pi} 是第 $i(i=1,2,\cdots,p)$ 个工艺参数的工序能力指数值，p 是工序质量特性的个数。这个新的多变量工序能力指数可以看作单变量工序能力指数的综合。

当考虑规范中心与数据均值偏离时，由已知单变量 C_{pk} 值时多变量工序能力指数计算公式如下：

$$\eta_i=1-\varPhi[-3C_{pki}]-\varPhi\left[-\frac{3C_{pki}(1+|\delta_i|)}{1-|\delta_i|}\right] \tag{2-55}$$

则可以使用式（2-55）以及式（2-14）得出 MC_{ypk}。

下面对 MC_{yp} 进行分析（同理 MC_{ypk} 分析类似 MC_{yp}）：令 $\mathrm{MC}_{yp}=C$，则有

$$\frac{1}{3}\varPhi^{-1}\left[\frac{\left[\prod_{i=1}^{p}(2\varPhi(3C_{pi})-1)+1\right]}{2}\right]=C \tag{2-56}$$

$$\Rightarrow\prod_{i=1}^{p}\left[2\varPhi(3C_{pi})-1\right]=2\varPhi(3C)-1$$

根据公式可以得出：

$$\eta=\prod_{i=1}^{p}\left[2\varPhi(3C_{pi})-1\right]=2\varPhi(3C)-1 \tag{2-57}$$

从上式可以得知该多变量工序能力指数和成品率有一一对应的关系，计算值见表 2-4。由此可知，这个新的多变量工序能力指数能够准确地衡量整体工序的成品率，可对含有多个质量特性的工序进行能力评价。

表 2 - 4　多变量工序能力指数值和成品率值对应表

MC_{yp}	成品率
1.00	0.997 300 204
1.24	0.999 800 777
1.33	0.999 933 927
1.50	0.999 993 205
1.67	0.999 999 456
2.00	0.999 999 998

一道含有 p 个质量特性的工序，如果要求整体工序能力指数（即该道工序的多变量工序能力指数）$MC_{yp} \geqslant C_0$，针对每个工艺参数的单变量工序能力指数的要求可以通过下面的公式得到：

令 C_{min} 为单个工艺参数工序能力指数的最小值，即：

$$\frac{1}{3} \varPhi^{-1}\left[\frac{\prod\limits_{i=1}^{p}(2\varPhi(3C_{pi})-1)+1}{2}\right] \geqslant \frac{1}{3} \varPhi^{-1}\left[\frac{\prod\limits_{i=1}^{p}(2\varPhi(3C_{min})-1)+1}{2}\right] \qquad (2-58)$$

如果

$$\frac{1}{3} \varPhi^{-1}\left[\frac{\prod\limits_{i=1}^{p}(2\varPhi(3C_{min})-1)+1}{2}\right] \geqslant C_0$$

即

$$C_{min} \geqslant \frac{1}{3} \varPhi^{-1}\left(\frac{\sqrt[p]{2\varPhi(3C_0)-1}+1}{2}\right)$$

那么就可以得出 $MC_{yp} \geqslant C_0$，从而满足要求。因此，对于多变量工序能力指数的要求 $MC_{yp} \geqslant C_0$，则相应的单变量工序能力指数的要求为

$$C_{pi} \geqslant \frac{1}{3} \varPhi^{-1}\left(\frac{\sqrt[p]{2\varPhi(3C_0)-1}+1}{2}\right) \qquad (i=1, 2, \cdots, p) \qquad (2-59)$$

对于该多变量工序能力指数的直接应用，可以参照表 2-4 的计算值。

在实际中，生产厂商为了配合消费者的需求，通常会将产品设定成不同的等级。在维持生产合格产品的前提下，如何准确地掌握各生产工序的变动，如何为产品等级分类，是一项重要的课题。基于此理由，我们可依实际产品等级的要求，设定其工序能力区间（process capability zone），并依此来判断产品是不合格产品、合格产品或超合格产品（如表 2-5 所示）。

表 2 - 5　产品的工序能力要求

要　求	工序能力指数值	建　议
不合格产品	$MC_{yp} < z_1$	未达到要求，需改善工序能力水平
合格产品	$z_1 \leqslant MC_{yp} \leqslant z_2$	符合工序能力的要求
超合格产品	$MC_{yp} > z_2$	超出工序能力的要求，可选择较低成本的生产方案

所以我们可以将合格产品工序能力要求的上下界限值视为产品等级分类的依据，并依产品实际的工艺参数个数，配合前面所述的数学关系式，将该产品的多变量工序能力区间界限转换成单变量工序能力指数值，从而更好地对工序进行评价和分析。例如，当取多变量工序能力区间为 $[1, 1.67]$ 时，对应的单变量工序能力指数的界限值（p 小于 15）如表 2 - 6 所示。

表 2 - 6　多变量工序能力区间的 C_{pi} 界限值

工艺参数个数	单变量工序能力指数 C_{pi} 值	
	区间下限	区间上限
1	1.000	1.670
2	1.068	1.714
3	1.107	1.739
4	1.133	1.757
5	1.153	1.770
6	1.170	1.781
7	1.183	1.791
8	1.195	1.799
9	1.205	1.806
10	1.214	1.812
11	1.222	1.818
12	1.230	1.823
13	1.236	1.836
14	1.243	1.840
15	1.248	1.843

2. 变量不相互独立

工艺成品率是表征工艺水平高低的关键指标，也是产品高可靠性水平的一种标志，在 6σ 设计水平下，通常以 μ 和 T_0 之间偏离量为 1.5σ 情况下 6σ 设计达到的工艺成品率作为评价工艺是否满足 6σ 设计要求的参照标准，按照这一思路，在 μ 与 T_0 之间偏离 1.5σ 的条件下，假定工艺规范范围对应为 $\pm p\sigma$，则可以根据工艺成品率值得到 p 值，p 就可以作为设计水平的标志，同时工艺不合格品率也可以作为评价设计水平的标志。此时就可以说该工艺达到 $p\sigma$ 的设计水平。表 2-7 表示了不同设计水平下工艺成品率和工序能力的评价。

表 2-7 不同设计水平下工艺成品率和工序能力评价

设计水平 $p\sigma$	工艺成品率 η	C_{pk}（$\lvert \mu - T_0 \rvert = 1.5\sigma$）
$p\sigma > 6.5\sigma$	$\eta > 99.999971\%$	$C_{pk} > 1.67$
$5.5\sigma < p\sigma \leqslant 6.5\sigma$	$99.99683\% < \eta \leqslant 99.999971\%$	$1.33 < C_{pk} \leqslant 1.67$
$4.5\sigma < p\sigma \leqslant 5.5\sigma$	$99.865\% < \eta \leqslant 99.99683\%$	$1 < C_{pk} \leqslant 1.33$
$3.5\sigma < p\sigma \leqslant 4.5\sigma$	$97.725\% < \eta \leqslant 99.865\%$	$0.67 < C_{pk} \leqslant 1$
$p\sigma \leqslant 3.5\sigma$	$\eta \leqslant 97.725\%$	$C_{pk} \leqslant 0.67$

从表 2-7 可以看出，尽管高设计水平对应高成品率，但设计水平并非越高越好，提高设计水平可能要承担非常高的经济成本。设计水平为 4σ 时，可能会有 4.55%（$1-95.45\%$）的不合格品率，在现代电子元器件的生产中，生产工艺一般包括有几十甚至上百道工序，在器件失效率降至几个 FIT 及元器件不合格品率已很低的情况下，为了满足这种高质量和高可靠水平元器件的生产要求，单道工序的工艺不合格品率只能为几个 PPM。很明显 4σ 设计水平对生产来说不合格品率过高，工序能力不足，不利于厂家产品的市场拓展。设计水平为 8σ 时，对应 0.006% 的不合格品率，从工序能力的评价标准来看，8σ 设计水平其工序能力过剩，它和 6σ 设计水平对应的不合格品率 0.27% 相比，技术要求提高幅度为 2σ，但是企业为了降低这 0.264%（$0.27\%-0.006\%$）的不合格品率，可能需要投入巨大的人力、物力和财力，因此在经济上可能得不偿失。根据实际情况，不同行业考虑应用的差异可能要求不同的设计水平，6σ 设计水平作为基本要求，能满足目前对高质量高可靠性产品生产的需要，因而成为一个被不同行业所广泛接受的标准，成为工艺生产努力要达到的目标。实际的工艺生产中，衡量此情况下的设计水平，就采用 $p\sigma$ 来量化实际的设计水平。

1）设计水平 $p\sigma$ 与成品率的关系

$p\sigma$ 设计水平假定工艺规范范围为 $\pm p\sigma$，同时以 μ 与 T_0 偏离为 1.5σ 作为参照件，计算

这时的工艺不合格品率作为设计水平为 $p\sigma$ 的评定标志。不妨设 T_0 大于 μ

$$T_0 - \mu = 1.5\sigma$$

$$T_U - T_L = 2p\sigma$$

由此得出

$$T_U = \mu + 1.5\sigma + p\sigma$$

$$T_L = \mu - 1.5\sigma + p\sigma$$

$$\eta = \int_{T_L}^{T_U} N(\mu, \sigma^2) dx = \Phi(1.5 + p) - \Phi(1.5 - p) \tag{2-60}$$

工艺成品率的高低直接反映了工序满足工艺规范要求的能力，即工艺水平的高低。在 μ 和 T_0 一定的偏离量下，工艺成品率与设计水平唯一对应。工艺参数分布中心 μ 与工艺规范要求中心值 T_0 偏离 1.5σ 时，不同的 $\pm\sigma$ 值即 p 值表示的设计水平与工艺成品率 η 之间的关系如图 2-11 所示。

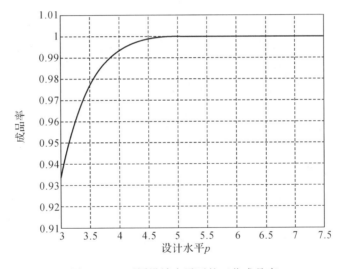

图 2-11 不同设计水平下的工艺成品率

2）设计水平 $p\sigma$ 与工序能力指数的关系

工序能力指数用来评价工艺线是否具备生产质量好、可靠性高的元器件所要求的工艺水平，以及表征正常生产状况下工艺成品率的高低。一般情况下，工艺参数分散程度 σ 越小，工艺参数的均匀程度越高，也就是说，包括原材料、设备、工艺技术、操作方法等因素在内的该工序在工艺参数的集中性方面综合表现好，工序能稳定生产合格产品的能力强。因此，工序能力指的是工序在一定时间内处于统计控制状态下质量波动的经济幅度。目前采用的评价指标是要求生产线上关键工序的工序能力指数 C_{pk} 不小于 1.5。工艺不合格品率不大于 3.4PPM。如果达不到这一要求，很难保证生产出的元器件能满足大型整机厂对元器件质量和可靠性的要求。

设计水平与工序能力指数 C_{pk} 的关系如下：

$$C_{pk}(\mid \mu - T_0 \mid = 1.5\sigma) = C_p - 0.5 = \frac{p}{3} - 0.5 \qquad (2-61)$$

图 2-12 说明了设计水平与工序能力指数的正比关系。

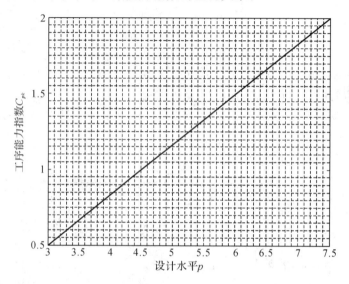

图 2-12　设计水平与工序能力指数

3）设计水平 p 的计算

由式（2-60）计算设计水平值 p 是一个非线性方程的求解问题，且 η 的精度较高，必须选用能控制误差的计算方法，这里选用二分法来计算 p，二分法思想简单、逻辑清楚。只要确定含根区间，则一定能求得 $f(x)=0$，因而算法安全可靠，在机器字长允许的条件下，可达到很高的精度。

将方程的含根区间 (a, b) 重复分半，得到一个含根 x 的区间套：

$$(a, b) \supset (a_1, b_2) \supset \cdots \supset (a_k, b_k) \supset \cdots$$

取 $x_k = \dfrac{a_k + b_k}{2}$ 作为 $f(x)=0$ 的根，则有

$$\mid x - x_k \mid \leqslant \frac{b_k - a_k}{2} = \frac{b-a}{2^k} \qquad (k \geqslant 1)$$

给定求根的精度 ε，即 $\dfrac{b-a}{2^N} \leqslant \varepsilon$，则迭代的次数 N 满足：

$$N \geqslant \frac{\ln(b-a) - \ln b}{\ln 2}$$

4）基于成品率的多变量工序能力指数的计算步骤

步骤 1：由工艺参数测量数据，分析数据是否满足正态分布，如果数据满足正态分布，则拟合出正态分布参数值并转步骤 3，否则转步骤 2。

步骤 2：如果数据不满足正态分布，则采用函数分布拟合出描述工艺参数分布的概率密度函数 $f(x)$（皮尔逊分布拟合作为使用较多的分布函数拟合，已讨论），并转步骤 3。

步骤 3：根据工艺参数规范要求，通过对概率密度函数 $f(x)$ 积分计算工艺成品率 η：

$$\eta = \int_{T_{L_1}}^{T_{U_1}} \cdots \int_{T_{L_p}}^{T_{U_p}} f(x) \mathrm{d}x_1 \cdots \mathrm{d}x_p \tag{2-62}$$

相应的不合格品率为：$(1-\eta) \times 10^6 \mathrm{PPM}$。

步骤 4：通过设计水平 $p\sigma$ 与成品率 η 的关系，利用计算精度较高、能控制误差的二分法来计算得到 p，然后利用 p 和工序能力指数关系，得到实际的多变量工序能力指数，并记为 MC_{ypk}。

2.4.3　基于权重系数的多变量工序能力指数模型

从多元统计角度出发，结合主成分分析和因子分析，提出了权重系数的多变量工序能力指数计算模型，并结合实际例子，分析工艺水平的变动，结果表明通过权重系数模型计算所获得的结果能表征工艺的变化。

1. 因子分析

对于多个质量特性，因子分析的目的是用少数几个因子去描述多个质量特性之间的协方差关系，基本方法是根据相关性大小实现因子分组，使得同组内质量特性间的相关性较高，不同组内的质量特性间的相关性较弱，这样每组代表一个因子，假定 X 是 $p \times n$ 的矩阵，p 表示产品的质量特性，n 表示被检测的样本个数。即：

$$X = \begin{bmatrix} x_{11} & x_{12} & \cdots & x_{1n} \\ x_{21} & x_{22} & \cdots & x_{2n} \\ \vdots & \vdots & \vdots & \vdots \\ x_{p1} & x_{p2} & \cdots & x_{pn} \end{bmatrix} \tag{2-63}$$

k 因子模型定义为 $X = Lf + \varepsilon$，f 是 $k \times 1$ 矩阵，$k < p$，f_i 是第 i 个公共因子，L 是 $p \times k$ 矩阵，其中 a_{ij} 是第 i 个变量在第 j 个因子上的载荷。$\varepsilon_{p \times 1}$ 矩阵是 X 的特殊因子，ε_i 是第 i 个特殊因子。则有：

$$\begin{cases} \mathrm{cov}(F, \varepsilon) = 0 \\ V(F) = 1, V(\varepsilon) = \begin{bmatrix} \sigma_2^2 & & 0 \\ & \ddots & \\ 0 & & \sigma_n^2 \end{bmatrix} \end{cases} \tag{2-64}$$

2. 主成分分析法计算矩阵 L

矩阵 X 的样本协方差矩阵 S 为

$$S = \begin{bmatrix} s_{11} & s_{12} & \cdots & s_{1p} \\ s_{21} & s_{22} & \cdots & s_{2p} \\ \vdots & \vdots & \vdots & \vdots \\ s_{p1} & s_{p2} & \cdots & s_{pp} \end{bmatrix} \tag{2-65}$$

S 是一个 $p \times p$ 对称，非奇异矩阵，其中 s_{ii} 是 X_i 的标准差，s_{ij} 是 X_i 和 X_j 的协方差。

$$s_{ij} = \frac{1}{n-1} \sum_{k=1}^{n} (x_{ik} - \overline{x}_i)(x_{jk} - \overline{x}_j) \tag{2-66}$$

$$\overline{x}_i = \frac{1}{n} \sum_{j}^{n} x_{ij} \tag{2-67}$$

通过标准正交化处理 $D = E_x^T S E_x$，得到对角阵 D，D 中的对角元素 λ_1、λ_2、$\cdots$、λ_p （$\lambda_1 > \lambda_2 > \cdots > \lambda_p$）是矩阵 S 的特征值，E_1、E_2、$\cdots$、E_p 是这些特征值所对应的特征向量。E_i 就是各变量在第 i 个因子上的载荷。计算每个因子的贡献率如下：

$$r_i = \frac{\lambda_i}{\sum\limits_{i=1}^{p} \lambda_i} \qquad i = 1, 2, \cdots, p \tag{2-68}$$

则因子分析的载荷矩阵 L 为

$$L = (E_1, E_2, \cdots, E_p) \begin{bmatrix} \sqrt{\lambda_1} & 0 & 0 \\ 0 & \ddots & 0 \\ 0 & 0 & \sqrt{\lambda_p} \end{bmatrix} \tag{2-69}$$

3. 因子分析的工序能力指数

为了计算每个因子对应的工序能力指数，首先要转换质量特性的上下规范限：

$$T_{LFA} = L^{-1}(T_L - \varepsilon) \tag{2-70}$$

$$T_{UFA} = L^{-1}(T_U - \varepsilon) \tag{2-71}$$

特殊因子 ε_i 可以用 $\varepsilon_i = 1 - \sum\limits_{j=1}^{k} l_{ij}^2$ 来估计，T_L 和 T_U 分别是质量特性的下规范限和上规范限，T_{LFA} 和 T_{UFA} 分别是对应各因子的下规范限和上规范限，那么第 i 个因子的工序能力指数可以计算如下：

$$C_{p,FAi} = \frac{T_{UFAi} - T_{LFAi}}{6\sqrt{\lambda_i}} \tag{2-72}$$

$$C_{pk,FAi} = \min\left(\frac{T_{UFAi} - \hat{\mu}_{Fi}}{3\sqrt{\lambda_i}}, \frac{\hat{\mu}_{Fi} - T_{LFAi}}{3\sqrt{\lambda_i}}\right) \tag{2-73}$$

有 $\hat{\mu}_{Fi} = \dfrac{1}{n}\sum\limits_{j=1}^{n} Fi_j \ (i=1,\,2,\,\cdots,\,p)$。

4. 基于权重系数的 MPCI

考虑到每个公共因子对随机向量 $\boldsymbol{X}$ 的贡献率不同，工艺变量在工艺过程中的波动反映为公共因子的波动，而公共因子的波动对整体质量作用的大小可用贡献率来度量，据此我们提出了基于权重系数的多变量工序能力指数：

$$\mathrm{MC}_p = \sum_{i=1}^{m} r_i C_{p,\,\mathrm{FA}i} \qquad\qquad (2-74)$$

$$\mathrm{MC}_{pk} = \sum_{i=1}^{m} r_i C_{pk,\,\mathrm{FA}i} \qquad\qquad (2-75)$$

其中 r_i 为公共因子的贡献率，$i=1,\,2,\,\cdots,\,p$。

2.4.4　多变量应用建议

前面分别讨论了几种不同的计算模型。根据不同的类型和数据特点，下面讨论模型与算法的选择性：

（1）如果变量个数为 2 或者 3 个，则应根据数据情况选择基于空间定义的多变量工序能力指数或者基于成品率的多变量工序能力指数。如果数据均值与规范中心偏离不大且数据容易使用 χ^2 进行分布处理，可选择基于空间定义的多变量工序能力指数。该指数模型是基于一维工序能力指数定义扩展而成的，具有很好的几何性。否则选择基于成品率的多变量工序能力指数模型中的函数积分计算法。

（2）如果变量个数大于 3 且为相互独立的，则应选择基于成品率的多变量工序能力指数计算模型。该模型理论与一维情形的工序能力具有可比较性，能直接反映出工序的成品率，体现工序能力指数分析的内在含义。

（3）如果变量个数大于 3 且相互之间不独立，则应选择基于权重系数的多变量工序能力指数计算模型。该模型不会因为变量个数多而导致计算困难，适合变量个数大于 3 的情形。

2.5　高精度正态分布

计算单变量工序能力指数和多变量工序能力指数时，经常需要使用正态分布函数，包括一维正态分布函数和多维正态分布函数，正态分布函数积分值对计算工序能力指数有很大影响，如多维正态分布计算结果对基于成品率的多变量工序能力指数计算影响很大。随着工序水平的进一步发展，工艺水平的不合格品率已达到 PPM 的水平，对这些分布函数的函数值和计算精度有了更高的要求，常规的函数结果精度已无法满足现代电子元器件水平评价的要求，因此需要获取更高精度的正态分布函数积分值。目前已有资料中，可供查询的标准正态分布的函数积分自变量最高为 4 左右，且计算精度有限。这里给出高精度正态分布计算过程。

2.5.1 一维正态分布积分限与精度的提高

首先针对一维正态分布进行讨论

1. 函数关系

$F(x) = \int_{-\infty}^{X} \dfrac{1}{\sqrt{2\pi}\,\sigma} e^{\frac{(\mu-X)^2}{2\sigma^2}} dX$ 为正态分布函数，记为：$X \sim N(\mu, \sigma^2)$。该函数关系可以转换为

$$F(x) = \Phi\left(\frac{x-\mu}{\sigma}\right)$$

$\Phi(x) = \dfrac{1}{\sqrt{2\pi}} \int_{-\infty}^{x} e^{-\frac{t^2}{2}} dt$ 是标准正态分布函数，把正态分布转换为标准正态分布函数来计算。

$\Phi(x)$ 与误差函数 $\mathrm{erf}(x) = \dfrac{2}{\sqrt{\pi}} \int_{0}^{x} e^{-t^2} dt \, (x > 0)$ 有如下关系：

$$\Phi(x) = \begin{cases} 0.5\left(1 + \mathrm{erf}\left(\dfrac{x}{\sqrt{2}}\right)\right), & x \geqslant 0 \\ 0.5\left(1 - \mathrm{erf}\left(\dfrac{|x|}{\sqrt{2}}\right)\right), & x < 0 \end{cases} \qquad (2-76)$$

利用分布积分法将 $\Phi(x)$ 级数展开，得到展开式：

$$\Phi(x) = \frac{1}{2} + \varphi(x)\left[x + \frac{x^3}{3} + \frac{x^5}{3 \cdot 5} + \cdots + \frac{x^{2k+1}}{(2k+1)!!} + \cdots\right] \qquad (2-77)$$

$$\Phi(x) = 1 - \varphi(x)\left[\frac{1}{x} - \frac{1}{x^3} + \frac{3}{x^5} + \cdots + (-1)^k \frac{(2k-1)!!}{x^{2k+1}} + \cdots\right] \qquad (2-78)$$

其中 $\varphi(x) = \dfrac{1}{\sqrt{2\pi}} e^{-\frac{x^2}{2}}$。

由于上面的式子含有高次方，为了便于计算，把它们转化为有限连分式形式，分别如下：

$$\Phi(x) = \frac{1}{2} + \frac{\varphi(x)x}{1} - \frac{x^2}{3} + \frac{2x^2}{5} - \cdots + (-1)^k \frac{kx^2}{(2k+1)} + \cdots \qquad (0 \leqslant x \leqslant 3) \quad (2-79)$$

$$\Phi(x) = 1 - \frac{\varphi(x)}{x} - \frac{1}{x} + \frac{2}{x} + \cdots + \frac{k}{x} + \cdots \qquad (x > 3) \qquad (2-80)$$

实际计算时，其中的 $\dfrac{1}{\sqrt{2\pi}}$ 作为常数直接算出，可节省运算量。将 $e^{-\frac{1}{2}x^2}$ 在点 x 处展开为泰勒级数，并截取适当精度。

$e^{-\frac{1}{2}x^2}$ 在任意点 a 的展开公式为

$$e^{-\frac{1}{2}x^2}=e^{-\frac{a^2}{2}}-e^{-\frac{a^2}{2}}a(x-a)+\left(-\frac{1}{2}e^{-\frac{a^2}{2}}+\frac{1}{2}e^{-\frac{a^2}{2}}a^2\right)(x-a)^2$$

$$+\left(\frac{1}{2}e^{-\frac{a^2}{2}}a-\frac{1}{6}e^{-\frac{a^2}{2}}a^3\right)(x-a)^3+\left(\frac{1}{8}e^{-\frac{a^2}{2}}-\frac{1}{4}e^{-\frac{a^2}{2}}a^2+\frac{1}{24}e^{-\frac{a^2}{2}}a^4\right)(x-a)^4$$

$$+\left(-\frac{1}{8}e^{-\frac{a^2}{2}}a+\frac{1}{12}e^{-\frac{a^2}{2}}a^3-\frac{1}{120}e^{-\frac{a^2}{2}}a^5\right)(x-a)^5+o(x-a)^6 \qquad (2-81)$$

我们不难发现这个展开式相当复杂,不适合程序化。所以令 $u=\frac{1}{2}x^2$,则 $e^{-\frac{1}{2}x^2}$ 就转化为 e^{-u}。对 e^{-u} 在点 a 做泰勒级数展开得到下面的表达式:

$$e^{-u}=e^{-a}-e^{-a}(x-a)+\frac{1}{2}e^{-a}(x-a)^2-\frac{1}{6}e^{-a}(x-a)^3$$

$$+\frac{1}{24}e^{-a}(x-a)^4-\frac{1}{120}e^{-a}(x-a)^5+o(x-a)^6 \qquad (2-82)$$

这个表达式的形式明显比较简单,但是值得注意的是展开点的选取。关于展开点 a 的选择,选取靠近 u 的整数作为展开点,这样也有利于计算 e^{-a} 的数值。具体办法是使 u 与 a 的整数部分相同,当 $u-a$ 小于 0.5 时在 a 点展开,当 $u-a$ 大于 0.5 时在 $a+1$ 点展开。

上面的计算方法中截有限连分式 400 项,精度可达 10^{-90} 以上。

2. 计算结果

计算结果如表 2-8 所示,对于变量小于 5.0 的,一般书籍中可以找得到且和已有资料的结果一致,则可验证算法的准确性,因此这里列出函数积分自变量大于等于 5.0 以后的计算结果。

表 2-8　$\Phi(x)$计算结果

计算结果	变量=5.0	变量=6.0	变量=7.0	变量=8.0
0.0	$0.9^6 7\ 133\ 4$	$0.9^9 0\ 134\ 1$	$0.9^{11} 8\ 720\ 1$	$0.9^{15} 3\ 779\ 1$
0.1	$0.9^6 8\ 301\ 7$	$0.9^9 4\ 696\ 5$	$0.9^{12} 3\ 761\ 6$	$0.9^{15} 7\ 252\ 1$
0.2	$0.9^7 0\ 035\ 5$	$0.9^9 7\ 176\ 8$	$0.9^{12} 6\ 989\ 0$	$0.9^{15} 8\ 670\ 0$
0.3	$0.9^7 4\ 209\ 8$	$0.9^9 8\ 511\ 7$	$0.9^{12} 8\ 561\ 1$	$0.9^{15} 9\ 560$
0.4	$0.9^7 6\ 667\ 9$	$0.9^{10} 2\ 231\ 1$	$0.9^{13} 3\ 194\ 3$	
0.5	$0.9^7 8\ 101\ 0$	$0.9^{10} 5\ 984\ 0$	$0.9^{13} 6\ 813\ 6$	
0.6	$0.9^7 8\ 928\ 2$	$0.9^{10} 7\ 944\ 2$	$0.9^{13} 8\ 523\ 4$	
0.7	$0.9^8 4\ 009\ 6$	$0.9^{10} 8\ 957\ 9$	$0.9^{14} 3\ 227\ 6$	
0.8	$0.9^8 6\ 684\ 2$	$0.9^{11} 4\ 769\ 0$	$0.9^{14} 6\ 891\ 3$	
0.9	$0.9^8 8\ 182\ 4$	$0.9^{11} 7\ 399\ 8$	$0.9^{14} 8\ 605\ 5$	

注:表中 9^6 表示有连续 6 个 9,其他同理。

2.5.2 二维正态性检验

正态性检验是使用正态分布的前提。对于一维的正态性检验，已经有一些比较成熟的方法，比如 χ^2 检验法、偏峰检验法及 $Q\text{-}Q$ 图检验法等，但是在多维情形下，要构造一个优良的整体性检验是十分困难的。一般而言，虽然存在具有边缘正态分布的二维非正态分布，但是在实际的工作中，这种病态数据不是常常能遇到的，许多种类型的非正态性往往反映在它们的边缘分布和数据图形上，因此在实际工作中，对边缘分布的研究是足够的。

1. 边缘正态拟合优度检验

判断总体分布类型是否为原假设的分布类型属于拟合的优度检验问题，常用而且具有"通用性"的拟合优度检验方法有 χ^2 检验法、Kolmogorov 检验、A-D 检验等。考虑到 χ^2 拟合优度检验方法实用面广，Kolmogorov 检验在每一点上都考虑了经验分布与理论分布的偏差，它不像 χ^2 拟合优度检验只在各分点上考察原假设是否成立，容易犯第 II 类错误。而且 Kolmogorov 检验对分布的中部拟合检验功效较高。A-D 检验对输入数据与拟合分布的尾部拟合好坏较敏感，因此同时采用了三种拟合优度检验方法。

1) χ^2 检验法

χ^2 检验法又称为皮尔逊(Pearson)检验法，它是根据总体 X 的样本值 x_1，x_2，$\cdots$，x_n 来检验总体分布的假设

$$H_0: F(x) = F_0(x)$$

其中 $F_0(x)$ 是已知的某种类型的分布函数。χ^2 检验的基本思想是把随机试验结果的全体分为 k 个互不相容的事件 A_1，A_2，$\cdots$，A_k。在 H_0 成立的条件下，计算概率 $p_i = p(A_i)$，$i = 1$，2，$\cdots$，k。显然，在 n 次实验中，事件 A_i 出现的频率 v_i/n 与概率 p_i 有差异。一般说来，若 H_0 真，这种差异就小，否则这种差异就较大，基于这种思想，皮尔逊使用统计量

$$\chi^2 = \sum_{i=1}^{k} \frac{(v_i - np_i)^2}{np_i} = \sum_{i=1}^{k} \frac{v_i^2}{np_i} - n \qquad (2-83)$$

来检验 H_0，K. Pearson 认为：χ^2 的值越小，拟合就越好，χ^2 的值越大，拟合就越不好，并证明了若 n 充分大($n \geq 50$)，则不论总体是什么分布，统计量公式(2-83)总是近似地服从自由度为 $k-r-1$ 的 χ^2 分布。其中 r 是 $F_0(x)$ 中被估计的参数个数。

于是，若在 H_0 成立的条件下，由式(2-83)算得

$$\chi^2 > \chi^2_{1-\alpha}(k-r-1)$$

则在显著水平 α 下拒绝 H_0，否则就接受 H_0。

在 χ^2 检验中，关键问题是 k 取多大，通常来说，取 $k = 1 + 3.3\lg n$。χ^2 拟合优度检验用途广泛，不仅适用于离散型分布，也适用于连续型分布。它可以作为分布类型检验，也可以作为列联表的独立性检验。但有时 χ^2 检验结果会受到分组数目与分点的影响，按理说这是不

应该的，这正是 χ^2 检验的缺点。

2）柯尔莫哥洛夫（K－S）检验法

设 X_1，X_2，$\cdots$，X_n 是来自总体 $F(x)$ 的样本，欲检验假设

$$H_0: F(x) = F_0(x), \; H_1: F(x) \neq F_0(x)$$

其中 $F_0(x)$ 为完全确定的连续型分布函数。由 X_1，X_2，$\cdots$，X_n 可以构造一个经验分布 $F_n(x)$，令

$$D_n^* = \sup_{-\infty < x < +\infty} |F_n(x) - F_0(x)| \tag{2-84}$$

当 H_0 成立时，由格里汶科定理知

$$P(\lim_{n \to \infty} D_n^* = 0) = 1 \tag{2-85}$$

对给定的 α，查得 D_n^* 的极限分布 $D_n^*(\alpha)$，若 $D_n^* > D_n^*(\alpha)$，则否定原假设 H_0，否则接受原假设 H_0。

柯尔莫哥洛夫检验在每一点上都考虑了经验分布与理论分布的偏差，它不像 χ^2 拟合优度检验只在各个分点上考虑原假设是否成立。但 K－S 检验只适合于理论分布完全已知的连续型分布的情况，如果理论分布中包含未知参数，未知参数用其估计量代替，极限定理不成立。它同 χ^2 拟合优度检验一样几乎能检验各种分布类型，具有"通用性"。

3）A－D 检验

K－S 检验使用经验分布函数 $F_n(x)$ 和总体分布函数 $F(x)$ 之差的上确界作为二者差别的一种度量。从函数空间的观点来看，用下面的量来度量二者之间的差别更加自然，即

$$Z = n \int_{-\infty}^{\infty} [F_n(x) - F(x)]^2 \psi(x) f(x) \mathrm{d}x \tag{2-86}$$

这里总体的分布是连续型，$f(x)$ 是其概率密度函数；若总体是离散型的，则式（2-86）成为

$$Z = n \sum_{k=1}^{\infty} [F_n(x_k^*) - F(x_k^*)]^2 \psi(x_k^*) p_k \tag{2-87}$$

两式中的 $\psi(x)$ 是某个适当的函数。

若令 $\psi(x) \overset{\Delta}{=} [F(x)(1 - F(x))]^{-1}$，则相应的统计量称为 A^2 统计量，即

$$A^2 = n \int_{-\infty}^{\infty} [F_n(x) - F(x)]^2 [F(x)(1 - F(x))]^{-1} f(x) \mathrm{d}x$$

或

$$A^2 = n \sum_{k=1}^{\infty} [F_n(x_k^*) - F(x_k^*)]^2 [F(x_k^*)(1 - F(x_k^*))]^{-1} p_k$$

但是用这两个公式计算 A^2 并不方便，为此需导出易于计算的简便形式。

令 $X \sim F(x)$，$Z \overset{\Delta}{=} F(x)$，若 $F(x)$ 为单调升函数，则得到

$$A^2 = -n - \frac{1}{n} \sum_{i=1}^{n} (2i-1) \left[\ln Z_i^* + \ln(1 - Z_{n+1-i}^*) \right]$$

或

$$A^2 = -n - \frac{1}{n} \sum_{i=1}^{n} \left[(2i-1)\ln Z_i^* + (2n+1-2i)\ln(1 - Z_i^*) \right]$$

若计算出的统计量之数值大于相应 α 置信水平，则拒绝原假设 H_0，否则接受 H_0。

2. 二维正态数据的图形检验

1）立体直方图

对于一维工艺参数观测数据，可以通过绘制直方图来直观反映母体参数的分布规律。同理，对于多维数据，则可以采用立体直方图，其不同的柱面顶部反映了概率密度曲面的大体形状，绘制立体直方图的基本步骤如下：

步骤 1：记随机变量 x_1、x_2 的观测值为 $(x_{1i}, x_{2i})(i=1, 2, \cdots, n)$，取

$$x_{1\min} = \min(x_{11}, x_{12}, \cdots, x_{1n}) - 1, \quad x_{1\max} = \max(x_{11}, x_{12}, \cdots, x_{1n}) + 1$$
$$x_{2\min} = \min(x_{21}, x_{22}, \cdots, x_{2n}) - 1, \quad x_{2\max} = \max(x_{21}, x_{22}, \cdots, x_{2n}) + 1$$

步骤 2：然后把区域 $[x_{1\min}, x_{1\max}] \times [x_{2\min}, x_{2\max}]$ 均分成 $5 \times 5 \sim 7 \times 7$ 个网格，统计每个网格中的数据个数 V_i，称为该网格中的频数。

步骤 3：计算每个网格中数据个数所占的比例 $f_i = V_i/n$，称为该网格中的频率。

步骤 4：以网格所在平面为 xoy 平面，以频数或频率为 z 坐标，绘制立体直方图。

2）二维数据散点图

已知二维正态分布的等概率密度线呈椭圆状，工艺参数观测数据应是不同概率水平下一系列同心椭圆上的一些点，因此，二维数据的散点图在 xoy 平面上大致呈椭圆状，根据这点可以大概判断工艺参数是否服从二维正态分布。

3）χ^2 图检验

定义广义平方距离

$$d_j^2 = (x_j - \bar{x})' S^{-1} (x_j - \bar{x}) \qquad (j=1, 2, \cdots, n) \tag{2-88}$$

其中 $x_1, x_2, \cdots, x_n$ 为样本观测值，S 为协方差矩阵。当总体是多元正态分布，而且 n 和 $n-p$ 都同时大于 25 或 30 时，其平方距离 $d_1^2, d_2^2, \cdots, d_n^2$ 就是近似服从 χ^2 分布的随机变量，尽管这些距离不是独立的，也不是精确的 χ^2 分布，但它们的图形还是可近似作为对正态性的检验。

绘制 χ^2 图的步骤如下：

步骤 1：对所有的工艺观测数据点计算广义平方距离，并将其从小到大排列，即

$$d_{(1)}^2 \leqslant d_{(2)}^2 \leqslant \cdots \leqslant d_{(n)}^2$$

步骤 2：作 $(d_{(j)}^2, \chi_p^2((j-0.5)/n))$ 的图，其中 $\chi_p^2((j-0.5)/n)$ 是自由度为 p 的 χ^2 分布的 $100(j-0.5)/n$ 百分位数。

χ^2 图应该近似于一条直线，如果图形呈系统性的曲线类型，这就表明数据缺乏正态性，否则认为输入数据呈正态分布。

2.5.3　正态分布参数的拟合计算

本节以服从二元正态分布的两个工艺参数为例，讨论二维正态分布参数的拟合计算。

1. 相关系数对二维正态分布的影响

二维正态分布函数包含 5 个参数 μ_1、σ_1、μ_2、σ_2、ρ。前 4 个参数的意义和一维情形相同，相关系数 ρ 表示了两变量之间的线性关系的密切程度。相关系数的绝对值接近 1，就说明两变量之间的联系紧密，即一个变量的变动必然导致另一个变量发生近似于线性状态的变动。而相关系数愈接近于 0，则说明两变量之间的联系越松散，在实际工艺过程中，相互制约的不同工艺参数共同对整个工序质量输出起作用，因此，有必要考察相关系数对工艺成品率的计算以及工艺数据分布形态对成品率的影响。

相关系数对分布函数形态的影响由下面几个二维正态概率密度函数的曲面图可以得到较为直观的理解，下面 4 个图中 ρ 分别等于 0、0.4、0.7、0.9。相关性的增大使得概率沿着一条线更加集中。而且，每一个等密度椭圆的轴都在 $\boldsymbol{\Sigma}^{-1}$ 的特征向量方向上，且其长度与 $\boldsymbol{\Sigma}^{-1}$ 的特征值方根的倒数成正比。每个椭圆的方程为：

$$(\boldsymbol{X}-\mu)'\boldsymbol{\Sigma}^{-1}(\boldsymbol{X}-\mu)=c^2 \tag{2-89}$$

椭圆中心在 μ，且其轴为 $\pm c\sqrt{\lambda_i e_i}$，$i=1$、2，$\lambda_i$ 和 e_i 是 $\boldsymbol{\Sigma}$ 的特征值和对应的特征向量。

由图 2-13 至图 2-16 可以看出，当 $\rho=0$，二维正态的概率密度轮廓椭圆的长、短轴分别平行于 x、y 轴，当 $\rho\neq0$ 时，椭圆的位置发生偏离，长、短轴不再平行于 x、y 轴了，另外，曲面的坡度也随着 ρ 的增大逐渐变得陡峭。

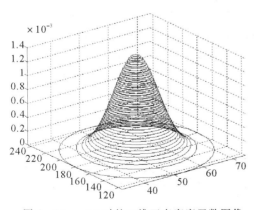

图 2-13　$\rho=0$ 时的二维正态密度函数图像

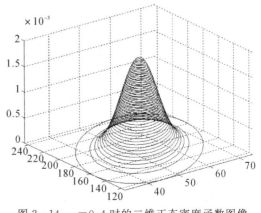

图 2-14　$\rho=0.4$ 时的二维正态密度函数图像

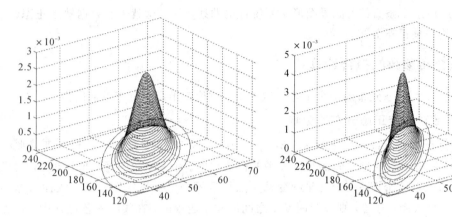

图 2-15 $\rho=0.7$ 时的二维正态密度函数图像　　图 2-16 $\rho=0.9$ 时的二维正态密度函数图像

现在讨论相关系数对二维正态分布函数值的影响，由图 2-16 可以看出，随着 ρ 的增大，二维正态密度曲面变得更为陡峭，但是当 ρ 接近 1 时，两变量之间近似呈线性关系，积分值增量加剧。如图 2-17 所示，横坐标表示相关系数，纵坐标表示二维正态分布在第三象限 $[-\infty, 0] \times [-\infty, 0]$ 的积分值。

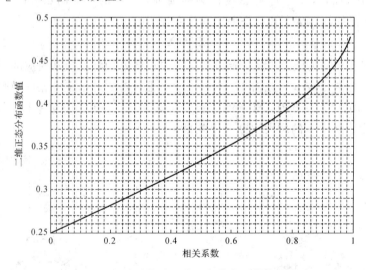

图 2-17　相关系数对二维正态分布函数值的影响

2. 二维正态分布参数的提取

从观测得到二维工艺参数数据出发，确定这些正态参数的值大小有如下两种方法：

第一种方法：对所有的参数采用点估计法得到。

$$\hat{\mu}_1 = \bar{x}_1 = \frac{1}{n} \sum_{j=1}^{n} x_{1j} \tag{2-90}$$

$$\hat{\mu}_2 = \bar{x}_2 = \frac{1}{n} \sum_{j=1}^{n} x_{2j} \qquad (2-91)$$

$$\hat{\sigma}_1^2 = s_1 = \frac{1}{n-1} \sum_{j=1}^{n} (x_{1j} - \bar{x}_1)^2 \qquad (2-92)$$

$$\hat{\sigma}_2^2 = s_2 = \frac{1}{n-1} \sum_{j=1}^{n} (x_{2j} - \bar{x}_2)^2 \qquad (2-93)$$

$$s_{12} = \frac{1}{n-1} \sum_{j=1}^{n} (x_{1j} - \bar{x}_1)(x_{2j} - \bar{x}_2) \qquad (2-94)$$

$$\hat{\rho} = \frac{s_{12}}{\sqrt{s_1 s_2}} \qquad (2-95)$$

采用点估计法得到的参数精度较低，可以粗略地对工序能力指数做一判断。

第二种方法：对部分参数采用最小二乘拟合法得到。

二维正态分布的边缘分布都是一维正态分布，因此可以优化拟合与一维正态分布相关的参数，假设两个正态边缘分布分别为 $N_1(x_1, \mu_1, \sigma_1^2)$、$N_2(x_2, \mu_2, \sigma_2^2)$。其中 μ_1、σ_1、μ_2、σ_2 就可以根据点估计法得到。相关系数 ρ 采用拟合的方法计算，以获取更高的精度。

3. 相关系数 ρ 的拟合估计

二元正态密度函数 $\varphi(x_1, x_2; \mu_1, \mu_2, \sigma_1^2, \sigma_2^2, \rho)$ 经标准化后化为

$$\varphi(x_1, x_2; \rho) = \frac{1}{2\pi \sqrt{1-\rho^2}} \exp\left[-\frac{x_1^2 - 2\rho x_1 x_2 + x_2^2}{2(1-\rho^2)} \right] \qquad (2-96)$$

相应的分布函数为

$$\phi(x_1, x_2; \rho) = \int_{-\infty}^{x_1} \int_{-\infty}^{x_2} \frac{1}{2\pi \sqrt{1-\rho^2}} \exp\left[\frac{s^2 - 2\rho st + t^2}{2(1-\rho^2)} \right] dt ds \qquad (2-97)$$

若自变量 (X_1, X_2) 的样本值为 (x_{1i}, x_{2i})，$(i = 1, \cdots, n)$，每个样本点对应的经验累积分布函数值为 $Z = (z_1, z_2, \cdots, z_n)$，假定

$$e(\rho) = [Z_1 - \phi(x_{11}, x_{21}), Z_2 - \phi(x_{12}, x_{22}), \cdots, Z_n - \phi(x_{1n}, x_{2n})]' \qquad (2-98)$$

目标函数为

$$F(\rho) = \frac{1}{2} \| Z - \phi(x_1, x_2; \rho) \|^2 = \frac{1}{2} \sum_{i=1}^{n} [z_i - \phi(x_{1i}, x_{2i}, \rho)]^2 = \frac{1}{2} e'(\rho) e(\rho) \qquad (2-99)$$

求 $\hat{\rho}$，使得 $F(\rho)$ 在 $\rho = \hat{\rho}$ 处达到最小值。

此问题转化为无约束最优化问题：

$$\min \frac{1}{2} e(\rho)' e(\rho) \qquad (2-100)$$

对于式 (2-97)，存在如下的关系式

$$\frac{\partial^2 \phi}{\partial x_1 \partial x_2} = \frac{\partial \phi}{\partial \rho} \tag{2-101}$$

$$\frac{\partial \phi}{\partial \rho} = \int_{-\infty}^{x_1} \int_{-\infty}^{x_2} \frac{\partial \varphi}{\partial \rho} \mathrm{d}s\mathrm{d}t = \int_{-\infty}^{x_1} \int_{-\infty}^{x_2} \frac{\partial \varphi}{\partial x_1 \partial x_2} \mathrm{d}s\mathrm{d}t = \varphi(x_1, x_2; \rho) \tag{2-102}$$

目标函数 $F(\beta)$ 在 $\rho = \rho^{(k)}$ 处的导数为

$$g(\rho^{(k)}) = \frac{\partial F}{\partial \rho} \bigg|_{\rho = \rho^{(k)}} = -e(\rho)' \varphi(\rho) \big|_{\rho = \rho^{(k)}}$$

如此问题转化为一元约束最优化问题,为计算速度和精度考虑,采用 0.618 迭代法求得最优解。

数据拟合时初值的选取如果接近最优值,则运算的效率高,迭代次数少,而且收敛快精度高。对于正态分布拟合时可采用样本数据的均值和协方差矩阵作为分布参数的初值,因为其比较接近拟合分布参数的最优值。

4. 二维数据经验分布函数的确定

在确定观测数据的经验分布函数值之前,先对数据进行如下过程的预处理,记随机变量 x_1、x_2 的观测值为 $(x_{1i}, x_{2i})(i=1, 2, \cdots, n)$,其中 n 为样本容量,预处理过程如下:

取

$$x_{1\min} = \min(x_{11}, x_{12}, \cdots, x_{1n}) - 1$$
$$x_{2\min} = \min(x_{21}, x_{22}, \cdots, x_{2n}) - 1$$

然后对于每个观测值,计算

$$s_i = (x_{1i} - x_{1\min})(x_{2i} - x_{2\min}) \quad (i=1, 2, \cdots, n)$$

将 s_i 按由小到大顺序排列,由 (x_{1i}, x_{2i}) 与 s_i 的关系将 (x_{1i}, x_{2i}) 的每个数据对也由小到大顺序排列。以下在确定试验数据的经验分布函数值时,假定已经过该过程的处理。

方法一: 由试验数据来确定其分布规律时,首先需要将试验数据转化为经验分布函数值。这些观测值在 xoy 平面上表现为一系列离散的点,每一点 (x_{1i}, x_{2i}) 的累积经验分布函数值定义如下:

$$F_i(x_{1i}, x_{2i}) = \frac{k}{n} \tag{2-103}$$

k 表示两个随机变量的观测值同时小于 x_{1i}、x_{2i}($\{x_{1j} \leqslant x_{1i}, x_{2j} \leqslant x_{2i} | j=1, 2, \cdots, n\}$)的个数。

方法二: 参照一维数据的经验分布函数定义,可定义二维数据的累积经验分布函数。随机变量 x_1 的观测值 $(x_{11}, x_{12}, \cdots, x_{1n})$ 由小到大进行排序得到 $(x_{1(1)}, x_{1(2)}, \cdots, x_{1(n)})$,同理 x_2 的排序结果为 $(x_{2(1)}, x_{2(2)}, \cdots, x_{2(n)})$。如此每个样本观测点 (x_{1i}, x_{2i}) 都对应着一个序号对 (p, q),其中 p 是 x_{1i} 在 $(x_{1(1)}, x_{1(2)}, \cdots, x_{1(n)})$ 中的顺序号,q 是 x_{2i} 在 $(x_{2(1)}, x_{2(2)}, \cdots, x_{2(n)})$ 中的顺序号,n 为样本容量,则二维数据的经验分布函数定义为

$$f_i(x_{1i}, x_{2i}) = \frac{pq}{n^2} \tag{2-104}$$

2.5.4　二维正态分布函数高精度实现

二维正态分布的概率密度函数的形式如下：

$$\varphi(x,\ y;\ \rho)=\frac{1}{2\pi\sigma_x\sigma_y\sqrt{1-\rho^2}}\mathrm{e}^{-\frac{1}{2(1-\rho^2)}\left[\frac{(x-\mu_x)^2}{\sigma_x^2}-\frac{2\rho(x-\mu_x)(y-\mu_y)}{\sigma_x\sigma_y}+\frac{(y-\mu_y)^2}{\sigma_y^2}\right]} \qquad (2-105)$$

其中 ρ 为随机变量 x、y 的相关系数。可以发现这是一个不可积函数，只有通过数值积分的方法来求出数值解。由于其在使用基于成品率的多变量工序能力指数模型时的重要应用，尤其是 PPM 水平下工序能力的分析需要高精度的正态分布计算结果，目前已有相关研究工作，但是计算结果精度有限，还不能满足 PPM 水平下工序能力评价的要求。本节建立一个高精度正态分布计算算法，并实现以高精度计算二维正态分布函数的计算程序。

1. 建立大数存储结构

由于 C/C++ 中自带的数字类型 double 和 long double 无法精确表示浮点数的值，这是由计算机的处理字长有限而实数的实际数值是无限的矛盾造成的。当需要计算 100 位左右的有效数字的各种函数运算时，就需要高精度的浮点数的四则运算。

1) 以数组存储十进制数

以数组存储具体的实现形式主要依靠数组，建立一个一维数组，长度可以由使用者自定义。其中数组的每一个元素表示一个十进制位。这样就把数组表示的一组数字转化成了一个十进制数字。这样的表示方法理论上可以表示任意大的数字。唯一的问题就是由于重新定义了数据类型，不能使用 C/C++ 的自带函数库，所有需要用到的数学函数都必须自己编写。而根据高等数学和数值分析的知识任何函数只要限定计算精度都可以表示为有限次的四则运算形式，所以问题就转化为实现数组型十进制数的四则运算问题了。数组结构如图 2-18 所示。

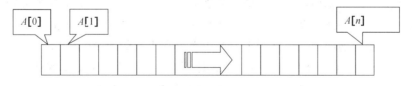

图 2-18　数组结构

由于所要求的计算中没有涉及负数运算所以没有设计负数运算部分，但是如果要求负数运算也很好解决，只要再在前面添加一个符号位并且对四则运算做相应的修改就好了。

2) 小数点位置控制

约定使用数组的首位也就是 $A[0]$ 来表示个位数字在数组中的位置，$A[0]$ 可以为正、负或者 0。特别当 $A[0]=0$ 时表示数字 0. ……，而当 $A[0]=-1$ 时表示数字 0.0 ……。

这样就可以很方便地实现浮点数的小数点位置控制，而且根据算术理论可以得到如下的结论：

（1）加法在不考虑进位的情况下，先小数点位置对齐然后相加。相加后的小数点位置与大数的小数点位置一致。

（2）在不考虑负数和借位问题时，减法的小数点位置和加法运算时相类似，其小数点以大数为准。

（3）乘法一般是用单个位乘被乘数，然后错位相加的算法实现的，有点类似于数电中的乘法器。在不考虑进位的条件下可以用公式 $C[0]=A[0]+B[0]-1$ 来计算出最后的小数点位置。

（4）除法一般利用减法实现，但注意这里的减法是整数的减法与上面的减法不同，不考虑小数点位置。这意味着要重新编写整数减法的程序。除法的小数点位置在不考虑减法借位的情况下可以用公式 $C[0]=A[0]-B[0]+1$ 来计算。

上面的小数点位置公式都是在不考虑进位或者借位的前提下进行计算的，如果存在有进位或者借位，将在后面的四则运算具体实现方法中解决。

2. 算法实现

当随机变量 x,y 都服从标准正态分布且相互独立时，其概率密度函数表达式可以简化为如下形式：

$$\varphi(x,\ y)=\frac{1}{2\pi}e^{-\frac{1}{2}(x^2+y^2)}$$

对其求二重积分，即可得到二维正态分布函数

$$\Phi(x,\ y)=\iint_D \frac{1}{2\pi}e^{-\frac{1}{2}(x^2+y^2)}dxdy=\int \frac{1}{\sqrt{2\pi}}e^{-\frac{1}{2}x^2}\ dx * \int \frac{1}{\sqrt{2\pi}}e^{-\frac{1}{2}y^2}dy \quad (2-106)$$

可以发现这个二重积分可以分成两个分别关于 x 和 y 的一维正态分布函数。而一维正态分布函数的求法由前面的介绍已知。所以可以分别求出关于 x 和 y 值再取其乘积。那么求二维正态分布函数的问题就归结为求一维正态分布函数的问题（方法见 2.5.1 小节）。

当 x,y 符合标准正态分布但不相互独立时，则其分布函数为其概率密度函数的二重积分，（对于不满足标准正态分布的数据可以转换为正态分布）先将其转化为一重积分：

$$\Phi(x,\ y)=\iint_D \frac{1}{2\pi\ \sqrt{1-\rho^2}}e^{-\frac{1}{2}\cdot\frac{(x-\rho y)^2+y^2(1-\rho^2)}{1-\rho^2}}dxdy \quad (2-107)$$

整理得

$$\Phi(x,\ y)=\iint_D \frac{1}{2\pi\ \sqrt{1-\rho^2}}e^{-\frac{1}{2}\cdot\frac{(x-\rho y)^2}{1-\rho^2}}e^{-\frac{1}{2}\cdot y^2}dxdy \quad (2-108)$$

所以

$$\Phi(x,\,y) = \int_{-\infty}^{y} \Phi\left(-\frac{x+\rho y}{\sqrt{1-\rho^2}}\right)\varphi(y)\mathrm{d}y \qquad (2-109)$$

其中 $\Phi(x) = \int_{-\infty}^{x} \varphi(t)\mathrm{d}t$，$\varphi(x) = \dfrac{1}{\sqrt{2\pi}}\mathrm{e}^{-\frac{1}{2}\cdot x^2}$。

利用前面的正态分布算法，当参数 x、y、ρ 都有确定值时，可以方便地计算出 $\varphi(x)$ 和 $\Phi(x)$，那么就可以对 $\Phi(x,\,y)$ 的变形式作数值积分。可以发现上面的积分为半无限积分，做数值积分时主要考虑的是对有限区间上的定积分，对于这类半无限积分主要采用 n 阶拉盖尔多项式的 n 个零点值进行近似。

根据关系 $\dfrac{\partial^2 \Phi}{\partial x \partial y} = \dfrac{\partial \Phi}{\partial \rho}$，那么式(2-109)也可以变形为如下形式：

$$\Phi(x,\,y,\,\rho) = \Phi(x)\Phi(y) + \int_{0}^{\rho} \frac{1}{2\pi}\frac{1}{\sqrt{1+t^2}}\mathrm{e}^{-\frac{1}{2}\cdot\frac{x^2+y^2-2xyt}{1-t^2}}\mathrm{d}t \qquad (2-110)$$

这样就把一个对 x、y 的半无限积分转化成了对 t 的$[0,\,r]$的定积分。尽管从理论上讲两式等价，但在实际计算中还需注意当 ρ 接近 -1 时 $\Phi(x,\,y,\,\rho)$ 的值要比 $\Phi(x)\cdot\Phi(y)$ 小好几个数量级，这是因为对后面的积分项的积分精度要求比较高导致的。然而我们不要求 ρ 取负数，所以这个问题不存在。

考虑用较简单的辛普森公式进行数值积分：

$$T_n = \frac{h}{2}\sum_{k=0}^{n-1}\left[f(x_k) + f(x_{k+1})\right] \qquad (2-111)$$

$$T_{2n} = \frac{h}{2}\sum_{k=0}^{n-1}\left[\frac{f(x_k)+f(x_{k+0.5})}{2} + \frac{f(x_{k+0.5})+f(x_{k+1})}{2}\right] = \frac{1}{2}T_n + \frac{h}{2}\sum_{k=0}^{n-1}f(x_{k+0.5})$$

$$\qquad (2-112)$$

$$|T_{2n}-T_n| < \varepsilon$$

实际计算后发现收敛速度过慢，耗时很长。可以对 T_n 和 T_{2n} 做线形组合来加快收敛的速度。利用下面三个公式来加速收敛：

$$S_n = \frac{4}{3}T_{2n} - \frac{1}{3}T_n \qquad \text{复化辛普森公式}$$

$$C_n = \frac{16}{15}S_{2n} - \frac{1}{15}S_n \qquad \text{复化柯特斯公式}$$

$$R_n = \frac{64}{63}C_{2n} - \frac{1}{63}C_n \qquad \text{龙贝格公式}$$

经过以上公式加速收敛后，在保证精度要求不变的情况下极大地提高了程序的计算速度。

根据实际的需要，二维正态分布计算结果取为小数点后 20 位，如表 2-9 所示。

表 2-9　二维正态分布计算结果与已有计算结果的比较

x	y	r	本节的高精度解						对比值
0.0	0.0	0.0	0.25	000	000	000	000	000 000	$2.50\ 00\times10^{-1}$
		0.5	0.33	333	333	333	333	333 333	$3.33\ 34\times10^{-1}$
		0.9	0.42	821	685	343	564	686 462	$4.28\ 22\times10^{-1}$
1.5	2.5	0.0	0.00	041	485	036	123	137 535	$4.14\ 85\times10^{-4}$
		0.5	0.00	285	218	212	329	248 122	$2.85\ 22\times10^{-3}$
		0.9	0.00	610	980	534	422	310 532	$6.10\ 98\times10^{-3}$
1.0	3.5	0.0	0.00	003	690	782	560	622 221	$3.69\ 08\times10^{-5}$
		0.5	0.00	019	582	333	283	538 311	$1.95\ 82\times10^{-4}$
		0.9	0.00	023	262	905	446	433 484	$2.32\ 63\times10^{-4}$
2.5	3.5	0.0	0.00	000	144	454	872	585 413	$1.44\ 46\times10^{-6}$
		0.5	0.00	005	523	272	783	630 398	$5.52\ 33\times10^{-5}$
		0.9	0.00	022	525	062	549	789 851	$2.25\ 50\times10^{-4}$
3.5	3.5	0.0	0.00	000	005	411	628	841 291	$5.41\ 16\times10^{-8}$
		0.5	0.00	000	737	678	516	258 961	$7.37\ 68\times10^{-6}$
		0.9	0.00	009	076	191	961	617 061	$9.07\ 62\times10^{-5}$

　　表 2-9 给出了 5 组二维正态分布函数高精度计算值的计算结果和已有的低精度计算值的对比。对比美国统计年鉴数据，由表 2-9 的结果可以看出本节的计算值精度相当的高，而且如果需要更高精度，只需少许修改还可以继续提高计算精度。在 P4 2.4 的 PC 机上每计算一个高精度值大约需要 2~3 分钟时间。本算法在 VC++6.0 中编译实现。

2.6　样　本　容　量

　　分析工艺的水平使用工序能力指数，首先需要得到能表征工艺水平的数据。从理论上而言，获取的数据越多，计算出来的工序能力结果越准确。但是实际中这仅仅为理想情况。实际上往往获取的数据量不多。原因可能是从测量数据的成本因素考虑，或者是测量工具影响无法得到全部数据。但是，至少需要多大的样本容量才能得出可以评价工艺水平的工序能力指数成为实际使用中的具体问题。针对这个问题，下面分完整样本容量和非完整样本容量两种情况，分析了样本容量对工序能力指数的影响，并建立了相应的数据拟合算法。

2.6.1　完整样本容量

现代电子元器件工业生产中，都采用工序能力指数来表征生产工艺水平。对于服从正态分布的工艺参数，计算工序能力指数的关键是计算数据的标准偏差，而传统的计算标准偏差的方法主要有四种：总体方差法，分组极差法，分组方差法，均值方差法。从数学角度考虑，这些方法都是可行的，但估算结果与样本容量的大小、数据起伏以及测量误差等多种因素密切相关。本节针对这四种方法，从估算精度、计算的方便程度、实用性等角度，分析完整样本容量大小对工序能力的影响。要作此讨论，首先要有大量的数据作基础(以模拟的方法产生的正态随机数为例)。我们先讨论正态随机数的产生、检验，然后把这些数据作为某工艺参数数据，模拟分析几种标准偏差估算公式的适用条件。

1. 正态随机数的产生、检验

要产生正态随机数，首先应产生大量相互独立的[0，1]区间上均匀分布的随机数 $U(0，1)$，其他形式分布(如正态分布、指数分布、Gamma 分布等)都可以用 $U(0，1)$ 随机数经变换得到。

产生均匀随机数的方法有很多种，移位寄存器法、组合法、数据加密法都是较好的[0，1]均匀随机数发生器。对于用上述方法产生的随机数序列，还要进行统计检验，才能确定是否可作为独立同均匀分布随机数。对所生成的随机数序列分别进行参数检验、独立性检验、均匀性检验及组合规律性检验，只有通过上述几种检验的随机数序列，才能近似为相互独立的[0，1]均匀随机数，进而用其产生其他分布的随机数。

得到均匀随机数后，采用中心极限法、Hasting 有理逼近法、舍选抽样法等产生正态随机数。得到的随机数序列还要进行正态性检验。最直观、简单的方法是画出直方图，把直方图与正态分布的密度函数曲线相比，考察随机数序列的正态性。利用概率纸检验分布的正态性也比较简单、方便。此外，还可用偏峰度检验、D 检验等方法定量地进行正态性检验。这里所采用的大量正态随机数是用 Hasting 有理逼近法产生的标准正态随机数。

2. 均值、标准偏差的计算方法

均值的估算方法

若在某工序中连续采集 k 批工艺参数，每批有 m 个数据 $X_j(j=1，2，\cdots m)$，可采用下式计算母体分布的均值：

$$\overline{X} = \frac{1}{k \times m} \sum_{j=1}^{k \times m} X_j \tag{2-113}$$

数理统计的理论已经证明，对于母体为正态分布，用这个公式所作的估计是母体均值 μ 的无偏估计。所以，用该公式进行均值 μ 的估算可得到很好的结果。

计算母体分布标准偏差 σ 时，可选用下述四种公式中的一种计算出的 S 作为 σ 的近似值。

(1) 总体方差法：直接用 $k \times m$ 个数据计算母体的标准偏差 S，

$$S = \sqrt{\frac{1}{k \times m - 1} \sum_{j=1}^{k \times m} (X_j - \overline{X})^2} \qquad (2-114)$$

这是使用最多的一种方法。计算中将所有的数据汇总在一起代入公式计算,对这些数据是否通过分批采集获取无任何要求。

(2)均值方差法:由每批数据均值之间的标准差计算母体的 S,

$$S = \sqrt{m} \times S_{\overline{X}} \qquad (2-115)$$

其中 m 为每批数据的个数。首先计算每批 m 个数据的均值,得到与 k 批数据对应的 k 个均值。然后计算这 k 个均值之间的标准偏差 $S_{\overline{X}}$,根据均值标准偏差与母体标准偏差的关系,即得出 S。

(3)分组极差法:由每批数据极差 $R_j(j=1,2,\cdots k)$ 的均值计算母体的 S,

$$S = \frac{\overline{R_j}}{d_m} \qquad (2-116)$$

其中 $1/d_m$ 是与每批数据个数 m 有关的常数,可查表 2-10 获得。

(4)分组方差法:由每批数据的标准偏差 $S_j(j=1,2,\cdots k)$ 的均值计算母体的 S,

$$S = \frac{\overline{S}}{C_2} \qquad (2-117)$$

其中 C_2 是与每批数据个数 m 有关的常数,可查表 2-10 得到。$\overline{S}$ 是 k 个标准偏差的均值。

表 2-10 d_m,C_3 与样本量关系表

m	d_m	C_3	m	d_m	C_3
2	1.128	0.6028	12	3.258	0.2107
3	1.693	0.4632	13	3.336	0.2019
4	2.059	0.3888	14	3.407	0.1942
5	2.326	0.3412	15	3.472	0.1872
6	2.534	0.3076	16	0.532	0.1810
7	2.704	0.2822	17	3.588	0.1754
8	2.847	0.2621	18	3.640	0.1702
9	2.970	0.2458	19	3.698	0.1655
10	3.078	0.2322	20	3.735	0.1611
11	3.173	0.2207	>20		$\approx \frac{1}{\sqrt{2m}}$

对于同一批子样,即数据的总数一定,每组数据个数越多,k 越小,由均值方差法估算总体标准差产生的误差越大。由这种方法估算标准差产生的误差相对较大,所以在实际应用中应注意。

（1）通过计算机产生随机数，并对结果进行分析处理，得出如下所述结果。

图 2-19 和图 2-20 分别画出当每批数据个数 m 不同时（这里取 5 和 20），改变数据批次数 k，得出的完整样本容量与相对标准偏差之间的关系。横坐标为完整样本容量，纵坐标为标准偏差的相对偏差值。从图中可以看出，用总体方差、分组极差、分组方差所估算出的

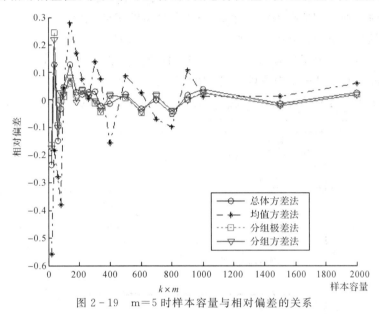

图 2-19　m＝5 时样本容量与相对偏差的关系

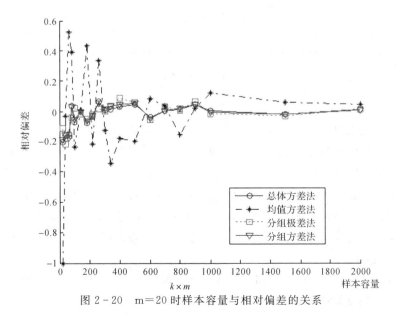

图 2-20　m＝20 时样本容量与相对偏差的关系

标准偏差比较接近，而用均值方差法估算出的标准偏差明显与其它的估计值有较大的变动。这在一定程度上反映了均值方差法估算标准偏差会产生较大误差。

（2）下面采用某实际生产线的键合工序中所采集的数据，继续讨论四种标准差估算公式。从图 2-21 可知，随着 m 值的增大，由均值方差法估算的 σ 明显增大。所以，在实际应用中，应尽量避免使用均值方差法估计 σ。而对于分组极差法，由数理统计的理论已知，当 $m > 10$ 时，用这种方法估计 σ 产生的误差较大，这一点在图 2-21 中已经得到证实。因此，在实际应用中，若采用分组极差法进行标准差的估算，在采集数据时，应使每批数据个数 m 小于 10。同时，从图 2-21 中可以看出，用分组方差法计算 σ 时，标准偏差估计值几乎不随 m 值变化。因此，总体方差法和分组方差法是两种精度较高的标准偏差估算法。

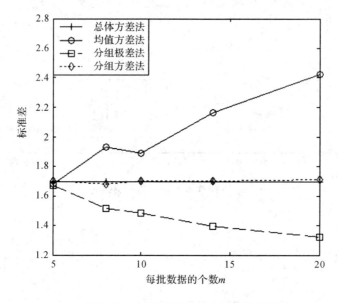

图 2-21　每批数据个数与标准差的关系

当样本总数较多和较少时，用前述所有方法分别估算总体均值、标准偏差，并用所得结果计算残差，数据个数与残差的关系如图 2-22 所示。从图中可看出，在数据个数较少时，由均值方差法所估算的标准偏差与其他方法所得结果差距较大，而由其所算得的残差也是最大的。很明显，这表明：在数据个数较少时，用均值方差法估算标准偏差误差较大，这一点与前面的结论相同。而当数据个数逐渐增大时，均值方差法与其他方法所得结果越来越接近，同时残差也明显变小。这表明对于数据个数较多的总体，用上述所有方法估算的结果比较接近。

另一方面，由图 2-22 还可看出，总体方差法和分组方差法所计算得到的残差较小，这表明它们的估算精度较高。

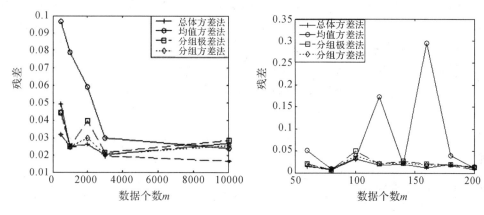

图 2-22　数据个数与残差的关系

前面已经提到过，利用所得的均值和标准偏差可以计算出工序能力指数 C_{pk}、工艺成品率及不合格品率。对于一般的生产工艺，通常要求 C_{pk} 在 1.0 到 1.5 范围内，工艺成品率大于 99%。下面分析采用不同方法计算出的 C_{pk} 以及不合格品率，其中不合格品率用 PPM 值来表征，即用百万分之几的方式表示不合格品率。例如将 480 个数据分成 20 组，每组 12 个数据。对这一批数据，采用不同方法计算其标准偏差及 C_{pk}，并假设规范中心与参数分布中心偏离 1.5σ，运算结果如表 2-11 所示。

表 2-11　各种计算方法结果及 C_{pk} 比较（480 个数据）

计算方法	样本均值	标准偏差	C_{pk}	工艺成品率	不合格品率
总体方差法	−0.0579	1.0199	1.336	99.9973%	27 PPM
均值方差法	−0.0579	1.1603	1.174	99.9787%	212 PPM
分组极差法	−0.0579	0.9789	1.392	99.9988%	12 PPM
分组方差法	−0.0579	1.0001	1.363	99.9981%	18 PPM

可以看出，当用上述四种方法分析几百个数据的 C_{pk} 以及不合格品率时，均值方差法所得的 PPM 值和其它方法相差很多，其他三种方法的计算结果差别相对较小。从多次计算结果来看，均值方差法计算出的 C_{pk} 和 PPM 值与其它方法所得结果相差太多。当数据总数不太多时，采用总体方差法较为合适，当数据总数多于几千个时，除均值方差法外，其它几种方法结果通常很相近。

综合上面的模拟结果，可得到如下几条结论：

（1）总体方差法和分组方差法是精度较高的两种估算方法，而且它们最突出的特点是计算比较方便，计算量也不是很大。所以，在精度要求不是很高的条件下，可选用这两种方法。

（2）对于分组极差法，数理统计的基本知识已经告诉我们：当 $m > 10$ 时，用这种方法估计 σ 产生的误差较大。所以在实际应用中，要注意适用范围。

（3）均值方差法是五种估算方法中精度最低的，因此在实际应用中要尽量避免使用这种方法。

（4）在样本量很大的情况下，上述几种方法的差别较小。这是一种理想状态，实际中很难实现。

2.6.2 非完整样本容量

进行工序能力指数计算的过程中，经常遇到这样的问题：由于一些外在的因素，只能获取部分样本容量，或者是实际中不可能得到所有的数据，例如使用工具测量某一变量，由于量程上限的制约，使得大于测量工具最高数值的数据无法经过测量获得。这种情况下，以部分的数据代表全部数据，部分样本容量至少需要多少可以得到准确的工序能力指数，使用传统的方法无法实现工艺线的准确评价，需要针对这个具体情况提出相应的方法。本节针对这个问题提出了合适的数据拟合方法，得出的结果为实际使用提供了一定的参考值。

1. 非线性最小二乘拟合方法

针对上述问题，采用优化拟合的方法来确定母体分布的均值和标准偏差。母体正态分布函数为 $F(\mu, \sigma^2)$，其中均值 μ 和标准偏差 σ 是待定的两个参数。令总体样本容量为 N，根据实际采集的工艺参数数据 $X_i (i=1, 2, \cdots n)$ 计算得到与 X_i 对应的累计分布函数值 F_i，即可构造一个无约束最优化问题。

1）累计分布函数的计算

在实际生产中，由直接测得的有限的 n 个工艺参数数据，可采用下述方法确定与这些数据对应的累计分布函数值 F_i。将 n 个测量数据按照从小到大的顺序排列为 $X_i (i=1, 2, \cdots n)$，其中 i 为其顺序编号。采用下述三个公式之一，就可以确定数据 X_i 对应的经验分布函数值。

Hansen 公式： $$F_i = \frac{i}{N}$$

数学期望公式： $$F_i = \frac{i}{N+1}$$

近似中位值公式： $$F_i = \frac{i-0.3}{N+0.4}$$

采用不同的公式确定数据 X_i 对应的经验分布函数，结果也会有一些差异。从表 2-12

可知，无论是标准偏差还是残差，用 Hansen 公式所得结果最小，而用数学期望公式所估算结果最大，近似中位值公式所得结果居于前两者之间。

表 2 - 12　采用不同公式计算经验分布函数值的估算结果比较

公式 ＼ 数据个数	60 个数据		500 个数据		1000 个数据	
	标准偏差	残差	标准偏差	残差	标准偏差	残差
Hansen 公式	0.9693	0.0110	0.9721	0.0191	0.9708	0.0168
数学期望公式	0.9824	0.0123	0.9748	0.0192	0.9722	0.0172
近似中位值公式	0.9785	0.0115	0.9732	0.0191	0.9714	0.0170

2）拟合计算

给定数据 $(X_i, F_i)(i=1, 2, 3 \cdots n)$，设其拟合函数为 $F(a, x)=F(a_1, a_2, \cdots, a_l; x_i)$，$a$ 为待确定的拟合函数的非线性参数（这里为 μ 和 σ）。记

$$L(a) = \sum_{i=1}^{n} \left[F_i - F(a; x_i) \right]^2, \ f(a) = F_i - F(a; x_i) \tag{2-118}$$

对获取的数据按从小到大的顺序排序，确定每个数据的顺序对应为 i，计算累计分布函数。非线性最小二乘拟合问题就是求 $\hat{a}=(\hat{a}_1, \hat{a}_2 \cdots \hat{a}_l)^{\mathrm{T}}$，使 $L(\hat{a}) = \min\limits_{a} \sum\limits_{i=1}^{n} f_i^2(a)$。

对于正态分布工艺参数，就是确定母体分布的 μ 和 σ。设母体正态分布函数为 $F(\mu, \sigma^2)$，其中均值 μ 和标准偏差 σ 是两个待定的参数。根据采集的工艺参数数据 $X_j(j=1, 2, \cdots)$，计算得到与 X_j 对应的累积分布函数值 F_j 以后，即可构造下述优化问题：

$$\min \sum (F(\mu, \sigma^2, X_j) - F_j)^2 \tag{2-119}$$

这是一个无约束优化问题。可以根据工艺参数数据 $(X_j, F_j)(j=1, 2, \cdots)$，优化提取母体分布的均值 μ 和标准偏差 σ。

解非线性最小二乘问题最常用的方法是 Gauss - Newton 法，其迭代公式为

$$a^{(k+1)} = a^{(k)} - \left[(\boldsymbol{J}^{(k)})^{\mathrm{T}} \boldsymbol{J}^{(k)} \right]^{-1} \left[(\boldsymbol{J}^{(k)})^{\mathrm{T}} f(a^{(k)}) \right] \tag{2-120}$$

但是 Gauss - Newton 法有两个缺点：其一，有时 $\boldsymbol{J}^{\mathrm{T}} \boldsymbol{J}$ 矩阵是病态的（奇异的或近似奇异的），这时求 $\boldsymbol{J}^{\mathrm{T}} \boldsymbol{J}$ 矩阵的逆阵很困难甚至不能实现；其二，搜索方向与函数的梯度方向接近正交，因而迭代进展缓慢或出现假收敛。为克服这两个缺点，就希望搜索的方向向负梯度方向倾斜，以改变 $\boldsymbol{J}^{\mathrm{T}} \boldsymbol{J}$ 矩阵的病态并使搜索方向和梯度交角变小，于是采用了 Levenberg - Marquarat 算法，取迭代公式为

$$a^{(k+1)} = a^{(k)} - \left[(\boldsymbol{J}^{(k)})^{\mathrm{T}} \boldsymbol{J}^{(k)} + \mu_k \boldsymbol{I} \right]^{-1} \left[(\boldsymbol{J}^{(k)})^{\mathrm{T}} f(a^{(k)}) \right] \tag{2-121}$$

其中 μ_k 称为阻尼因子，μ_k 必须大于零，I 为单位矩阵。μ_k 越大收敛速度越慢，因此 μ_k 不能选得太大。另一方面，若 μ_k 选得太小保证不了迭代后的数值满足迭代要求。因此，对于每次迭代都存在适当选取阻尼因子的问题。

2. 数据的拟合

总体样本容量为 200，对部分数据进行排序，然后采用非线性最小二乘拟合方法拟合结果，拟合的结果使用误差百分数－数据个数坐标平面图表示，分别如下：

横坐标为不同的样本容量，最大数值为样本容量拟合误差为 5%、10% 和 20% 对应的数据个数作为分析参考点，纵坐标为误差百分数。在固定的样本总容量下分析拟合的结果和误差百分数之间的关系。对标准偏差的分析结果如下：

图 2－23 横坐标为拟合数据的数据个数，纵坐标为标准偏差拟合结果的误差百分数。其中图 2－23(a)、(b) 和 (c) 分别对应标准偏差误差百分数为 5%、10% 和 20%，其中对应的样本容量分别取为 80、50 和 36。分析图 2.23 中的曲线，对于样本容量 80，拟合数据为 55 到 80 之间，误差的百分数在 10% 左右波动；但是对于较小的样本容量比如 50 和 36，不同的数据个数对应的误差百分数基本都在 10% 以上。

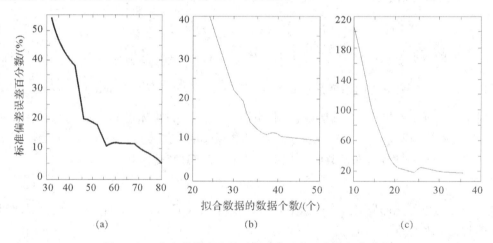

图 2－23　非完整样本容量时标准偏差的百分数拟合分析

对均值采用同样的方法分析，当误差百分数为 5%、10% 和 20% 时取波动曲线的平均值。分析结果如图 2－24 所示。

图 2－24(a)、(b) 和 (c) 分别对应均值误差百分数为 5%、10% 和 20% 的分析曲线。同样的因素，受到产生随机数的均匀性和较小样本容量的影响，均值分析时的曲线有些波动，但曲线趋势满足总体规律。当样本容量较大时，波动的幅度就很小。

基于非线性最小二乘数学拟合方法，针对元器件厂家进行工序能力指数 C_{pk} 计算时，在受到某种原因不能获得完整数据的情况下无法使用传统方法完成 C_{pk} 的评估问题，建立相

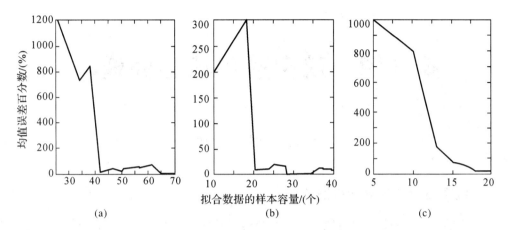

图 2 - 24　非完整样本容量时均值的误差百分数拟合分析

应的数据处理模型，采用 Levenberg - Marquarat 算法解决了 Gauss - Newton 算法中的矩阵病态问题。

　　通常使用中以 10% 作为参考点来确定完整样本容量和完整样本容量下的非完整样本容量最小数据，如果厂家本身对 C_{pk} 有特定的要求可以根据曲线提供的信息选取不同的容量和完整样本容量下的最小数据个数。

第3章 航空通用核心处理器

3.1 引 言

3.1.1 航空电子系统对处理器的要求

与通常的嵌入式系统相比，航空电子系统的任务处理有着强实时性、高安全性的特征。强实时性的系统一般关注三种实时要素：周期、最后完成期限、最坏执行时间（Worst Case Execution Time，WCET）。多数航电任务都是周期性任务或者事件触发的任务，强调在一个周期或者有限的时间内完成计算。周期性任务的最坏执行时间一般在数十个毫秒到数百个毫秒不等，为保留一定设计余量，设计时一般使执行时间小于执行周期。而事件触发任务的最坏执行时间最低可达数十个微秒。

从任务处理特点的角度讲，航空电子系统的任务可以粗略地分为两类：一是实时高性能计算，如雷达、电子战系统的处理，这类处理往往由多个处理单元根据处理算法特点组成并发或者流水的高性能处理系统完成同一任务的处理，它关注处理单元之间的协作能力以提高处理效率；二是高安全实时控制，如显示控制、机电控制、综合维护等，在综合化航电中往往多个这类的处理通过时间空间分区的操作系统共享同一处理单元，它关注多任务共享同一处理单元的过程中任务的安全性和任务处理之间的相互影响。

3.1.2 核心处理器分类

1966 年，斯坦福大学教授 Michael J. Flynn 提出了经典的计算机结构分类方法，从最抽象的指令和数据处理方式进行分类，通常称为 Flynn 分类。Flynn 分类法是从两种角度进行分类，一是依据计算机在单个时间点能够处理的指令流的数量；二是依据计算机在单个时间点能够处理的数据流的数量。任何给定的计算机系统均可以依据处理指令和数据的方式进行分类。图 3-1 所示为 Flynn 分类下的几种不同的计算模式。

SISD （单指令流单数据流）	SIMD （单指令流多数据流）
MISD （多指令流单数据流）	MIMD （多指令流多数据流）

图 3-1 Flynn 分类法

1）单指令流单数据流（Single Instruction stream and Single Data stream，SISD）

SISD 是传统串行计算机的处理方式，硬件不支持任何并行方式，所有指令串行执行。在一个时钟周期内，处理器只能处理一个数据流。很多早期计算机均采用这种处理方式，例如单核 ARM 处理器。

2）单指令流多数据流（Single Instruction stream and Multiple Data stream，SIMD）

SIMD 采用一个指令流同时处理多个数据流的方式。最初的阵列处理机或者向量处理机都具备这种处理能力。计算机发展至今，几乎所有计算机都以各种指令集形式实现 SIMD。较 为 常 用 的 有，Intel 处理器中实现的 MMXTM、SSE（Streaming SIMD Extensions）、SSE2、SSE3、SSE4 以及 AVX（Advanced Vector Extensions）等向量指令集。这些指令集都能够在单个时钟周期内处理多个存储在寄存器中的数据单元。SIMD 在数字信号处理、图像处理、多媒体信息处理以及各种科学计算领域有较多的应用。TI 公司的 DSP 处理器和 Nvidia 公司的 GPU 处理器属于此类 SIMD。

3）多指令流单数据流（Multiple Instruction stream and Single Data stream，MISD）

MISD 采用多个指令流处理单个数据流。这种方式实际很少出现，一般只作为一种理论模型，并没有投入到实际生产和应用中。

4）多指令流多数据流（Multiple Instruction Stream and Multiple Data Stream，MIMD）

MIMD 能够同时执行多个指令流，这些指令流分别对不同数据流进行处理。这是目前最流行的并行计算处理方式。目前较常用的多核处理器以及 Intel 最新推出的众核处理器都属于 MIMD 的并行计算模式。FPGA 处理单元也可以归此类。

针对航空电子系统的任务需求，实时高性能计算目前采用 DSP、FPGA、GPU 等来实现，而高安全实时控制采用 CPU 来实现。

3.2　核心处理器的发展趋势

通用处理器的发展趋势是异构化、众核化。与单核和少量多核处理器相比，具有几百个到几千个处理器核心的众核处理器具有功耗效率更高、复杂性更低和扩展性更好等多方面的优势，已经被工业界和学术界认为是未来的主流微处理器体系结构。处理器结构的发展加剧了"存储墙"问题，将片外存储带宽变成一种稀奇的资源。为了节省宝贵的存储带宽，高性能处理器不可避免地需要通过片上 Cache 存储系统为众多的处理器核提供大量的数据。众核处理器的设计不是多个处理器核在芯片内部的简单排列和组织，其中的一个设计难题就是存储系统的设计。

3.2.1 多核/众核处理器的产生背景

计算技术的前景已经发生了根本性的变化,随着集成电路制造工艺的发展,集成电路特征尺寸逐渐缩小,芯片设计所遭遇到的"频率墙"、"功耗墙"、"指令级并行墙"、"散热问题"和"不可靠性"等问题越来越严重,迫使计算机架构师放弃了以往单纯依靠提高处理器频率、增加处理器核流水线深度及增加功能部件并行度等提高微处理器性能的方式,转而依赖线程级的并行(TLP)获取持续的性能提升。2005年,Intel因此取消了Pentium 4处理器的研制计划,从2006年起,处理器结构开始从只有单个顺序处理器核发展到集成多个并行处理器核。"多核"处理器结构就是开发线程级并行的一种结构典型,在这样的结构中,单颗芯片上能够集成大量的计算和存储资源,消除了单处理器扩展的障碍,随着工艺的进步获取了持续增长的吞吐量和性能。目前,多核结构已经在通用计算领域、高性能计算以及嵌入式领域取得了较大的成功。随着新技术的产生,摩尔定律继续有效,为了获取持续性能增长,单个芯片上集成的处理器核逐渐增多,如今已经出现了几百个核到几千个核的众核处理器(Many - core Processor)。一般认为,众核处理器比多核处理器具有更多的处理器核心。关于多核处理器和众核处理器的界定并不明确,在工业界,当多核处理器的处理器核的数目大于8时,则可称之为众核处理器。而学术界认为,几核到十几核的处理器可以称为多核处理器;而当处理器核的数目增加到几十、成百、上千的时候,可以称为众核处理器。图3-2展示了一个众核处理器芯片的典型概念模型。在众核处理器中,几十到几百个处理器使用NoC(Network on Chip)与相邻的处理器相连,组成2D - mesh的网络拓扑结构。每个核通过网络接口控制器(Network Interface Controller,NIC)连接到router,存储控制器也连接到对应的router。

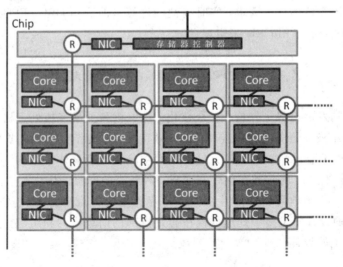

图3-2 众核处理器的概念模型

　　2007 年，根据工艺尺寸等比例缩小带来的多方面限制以及应用软件的变化，Intel 公司的 Shekhar Borkar 预言了众核时代的到来，认为未来处理器将集成 100 到 1000 个轻量级小核，这种设计方式更加具有面积和功耗优势。2008 年，MIT 的 Ajay Joshi 等人也预测 2010 到 2020 年是众核处理器时代，并且分析了众核系统的片上互联结构所面临的设计挑战。与单核和少量多核处理器相比，具有几百个到几千个处理器核心的众核处理器具有性价比更高、功耗效率更高以及复杂性更低，扩展性更好等多方面的优势，已经被工业界和学术界认为是未来唯一的主流微处理器体系结构。

　　在大规模并行领域，例如网络、图像处理、Web 服务应用，其性能计算具有大量的并行计算和高性能计算需求。如果只关注原始性能，即单位时间执行的指令条数，在一定的功耗预算下，大量简单处理器核的处理器芯片相比具有较少数量复杂核的处理器芯片具有吞吐量大、功耗低的优势，使得众核处理器成为一个诱人的前景，也使得片上众核处理器开始成为研究的重点。微软公司 2007 年 6 月在美国西雅图召开了第一个以"众核"为主题的研讨会，标志着众核设计已经成为技术发展的趋势和学术研究的热点。目前，一些与众核相关的研究和设计取得了一些成果，这些众核产品比同样面积的多核处理器性能更高，功耗更低，这些设计作为体系结构领域令人振奋的前驱，引起了商业界和学术界的普遍兴趣。

3.2.2　多核/众核处理器的理论基础

　　1967 年，在假设问题规模固定的前提下，Amdahl 定律预测了并行计算系统对单个负载的加速比，加速比指的是对执行时间的节省。依据 Amdahl 定律，当串行部分的比率为 s 时，加速比的上限即为 $1/s$，也就是说，即使并行系统中的处理器数目无限多，系统的加速比只与串行部分所占的比率有关。按照此推论，大规模并行机就没有被研究和制造的必要性。这是一种过于悲观的结论，原因在于 Amdahl 定律的假定不合理：因为没人会使用大规模处理器执行固定问题规模的负载。在实际中，问题规模总是随着处理器数目的增大而增大，当出现一个高性能处理器时，问题规模总是相应扩大，充分利用了处理器所增加的那些能力。而且问题的规模所增长的部分，主要为并行部分，那些 s 的组成部分并不随着问题规模的增长而变大。由于对 Amdahl 定律存在置疑而且对高性能的渴求促使对大规模并行机存在研究动机，1988 年，J. L. Gustafson 定律得出了与之不同的结论，认为任务的加速比与处理器数目成正比，而且使用实验手段在 1024 个处理器的并行系统上执行程序，收集所得到的执行时间说明 Amdahl 定律不适用于预测大规模并行系统的性能。在 J. L. Gustafson 的公式中，问题规模是可以扩展的，虽然 s 固定，但是加速度是线性增大的。这两个模型本质上是一样的，只是处理器的使用效率不同。当负载尺寸可以扩展而不是固定尺寸时，确保并行系统所增加的处理器有事可做，能持续保持一个较高的使用效率。这些计算能力不被浪费，完成整个工作的时间缩短了，整个系统的加速度就增大了。基于此，如今出现了 IBM 的 Roadrunner 大型机，具有 25 200 个处理器，SUN 公司的 Ranger 超级计算机，具有

15744 个双核处理器。

到了单片多核处理器时代，探讨多核处理器的性能能否随着处理器核的增长而扩展成为研制单片众核处理器的理论问题，因此性能预测模型也成为学术界热烈讨论的课题。2008 年，Hill 以及 Marty 将 Amdahl 定律应用到多核处理器领域，在固定硬件设计限制条件下，得出了比较悲观的结论，认为多核的扩展性存在问题。2009 年，Sun Xian‐he 等人在固定时间以及存储限制的条件下，从数据访问的角度，也就是"存储墙"的角度研究了多核的扩展性，得到较为乐观的性能模型，将"可扩展计算原则"引入到 Amdahl 定律，认为多核处理器结构不存在内在的扩展性障碍，而且不受 Amdahl 定律的限制。他们认为如果能保证数据的存储访问延迟恒定和存储带宽不受限制，多核处理器的性能可以随着处理器个数的增多而持续地增大。根据此研究得知，众核处理器系统的性能为了实现可扩展，必须消除"存储墙"效应，减少数据访问延时，保证数据的访问延迟不随工作集增大而增长，也不随处理器核的增多而增大。硬件/体系结构级消除数据访问延迟的办法包括很多种，例如，DRAM Cache、Cache 压缩技术、预取技术、应用程序专用的数据访问系统，以及智能存储控制器。工艺集成层面的方法包括 3D 芯片及光互连结构。应用程序级别的技术包括：工作集合的压缩技术，局部性提升，软件流水技术，计算/通信转换等。为了评估"带宽墙"在多大程度上限制多核处理器的扩展性，2009 年，Brian Rogers 等人使用一个分析模型预测多核处理器的带宽限制。他们认为在芯片设计中使用带宽管理技术能缓解"带宽墙"给多核处理器系统的扩展带来的限制。

3.2.3　多核/众核处理器对航空电子系统的挑战和机遇

嵌入式操作系统生产商风河公司技术专家 Larry M Kinnan 认为，在航空电子系统中应用多核处理器，其挑战同时来自技术和商业两个方面：在技术方面，多核处理器资源的共享给实时性和安全性的航空电子任务设计带来了前所未有的挑战；在商业方面，机载嵌入式计算机作为整个嵌入式计算机市场的极小部分，多核处理器厂商不专门面向航空设计生产多核产品，使得多核处理器的基础架构缺乏专门针对实时性和安全性的优化设计。

应用多核/众核处理器对系统实时性的影响，体现在资源的共享使得影响程序执行时间的因素变得复杂，使得 WCET(Worst Case‐Execution Time，最坏执行时间)难以预测，甚至在极端情况下，存在 WCET 趋向于无穷大的可能。

在可靠性方面，在同等规模、工艺和运行环境下，多核处理器与单核处理器的硬件可靠性没有不同。但在故障隔离能力方面，多核处理器面临的情况更加复杂，并且往往由于处理器厂商更关注高性能计算方面的优化，从而带来了一些新的问题。

但另一方面，多核/众核处理器提供了更多的计算核心，异构多核处理器还提供了更多的计算选择，合理应用多核/众核处理器可以实现容错机制和更高的能效比。

3.2.4　多核/众核处理器的研究现状

　　按照使用目的分类，众核处理器可以分为两类：一类是从通用 CPU 发展而来的通用众核处理器，另一类是众核加速器。前者是在一个芯片中集成多个通用 CPU 核心，而后者使用的核心则往往要简单得多，使用的架构也更加激进。众核 CPU 使用的处理器核心往往都是传统的 CPU 设计，基本上不做过多的更改。也有一些众核处理器采用简单的核心，比如TILE64。采用简单的核心可以增加芯片上可集成的核心个数，增加芯片整体的吞吐率。而众核加速器往往是面向特殊的领域设计的，它们集成的核心数量比众核处理器更多，在设计上与处理器差别比较大。众核处理器和众核加速器之间的差异一方面是由于两者的定位不同而产生的，另一方面存在历史原因。随着技术的发展，两者都在相互借鉴各自的优点。众核处理器为了获得更高的峰值性能，开始加入一些加速器的设计理念，比如使用长SIMD 单元。而众核加速器为了更好地编程，也开始加入 Cache 等原本只在 CPU 上使用的功能，例如现代 GPU 有的集成了 Cache。尽管如此，因为它们在应用上的差别，在可预见的将来，众核 CPU 与众核加速器之间仍将存在较大的差别。

　　按照所集成的"处理器核"的类型对众核处理器实施分类，众核处理器可以分为同构众核处理器和异构众核处理器。同构众核处理器具有非常好的规整性和可扩展性，由大量相同的微处理器核执行相同或类似的任务。异构众核处理器除了包含全定制、通用计算的微处理器之外，还包含针对特定应用的 DSP、ASIC、媒体处理器 VLIW 处理器以提高计算的性能。最近几年国际上出现的众核处理器研究的典型代表有：Tilera 公司的 TILE GX 系列，IBM 公司的 Cyclops - 64，PicoChip 公司的 PicoArray，NVIDIA 公司的 GPU，以及Intel公司在 2010 年公布的 MIC 芯片，ClearSpeed 公司的芯片，Cisco 公司的代号为CRS - 1的 Metro 芯片，Berkeley 大学的 AsAP 芯片等。其中，TILE 和 Cyclops64 是同构众核处理器的代表；NVIDIA 的 Femi 架构的 GPU、AsAP 和 PicoArray 就是异构众核的典范，PicoArray具有 1 个通用核以及 248 个 DSP 核。本节接下来的内容详细介绍国外和国内关于众核处理器研究的研究现状，着重介绍它们的存储子系统的结构特点。

1. 学术界的研究

1）德克萨斯大学

　　TRIPS 是德克萨斯大学提出的万亿次运算可靠智能自适应处理系统，处理器的结构如图 3 - 3 所示。TRIPS 的处理核粒度较粗，每个处理核具有 16 个同构的执行节点和存储系统，具有片内传感系统。硬件可以根据不同应用软件和不同负载对自身进行重构，实现数据级并行、指令级并行和线程级并行。该系统称为多态系统。另外，TRIPS 的分布式计算也对存储系统有深刻的影响，具体包括：分布式的 Cache 组织方式、复杂的访存相关解决方案和高效的片上互联网络。

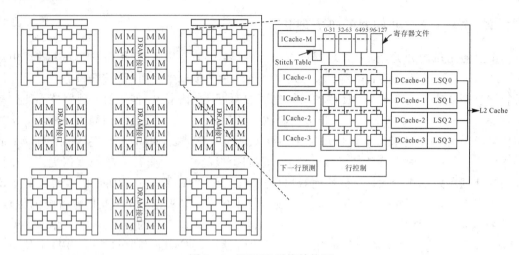

图 3 - 3　TRIPS 系统结构图

2）伯克利大学

2008 年，伯克利大学 Davis 分校的 AsAP（Asynchronous Array of Simple Processors）处理器是一个异步众核处理器，执行 DSP 负载和科学计算负载，开发负载中大量的线程级细粒度并行性。包含 36 个工作在不同时钟域的同构处理器核，形成一个全局异步局部同步（Globally Asynchronous Locally Synchronous，GALS）的芯片，如图 3 - 4 所示。AsAP 的主要特色是片上小容量存储器，GALS 定时策略和"邻近"通信。处理器使用可配置的 mesh 网络实现了一个分片结构的 6×6 处理器阵列。每一个处理器核是一个 RISC 可编程单发射 DSP 处理器，含有一个 40 位的累加器（MAC）、一个 16 位的算术逻辑单元（ALU）、4 个地址产生器以及控制单元。为了减少功耗，每个处理器核仅含少量的存储器——64 字的 32 位指令存储器和 128 字的 16 位数据存储器。

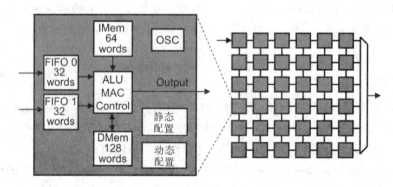

图 3 - 4　AsAP 处理器

3）马里兰大学

2007 年，马里兰大学推出研究型的 XMT(eXplicit Multi-Threading)通用异构众核处理器结构。具有一个共享存储器并行系统，包含 1 个复杂的串行处理器，很多轻量级的并行处理器(Thread Control Unit，TCU)，TCU 的个数从 64 至 1024 不等。处理器负责执行图像处理类应用和科学计算应用，例如 Jacobi、LU、Conv 等。从编程模型角度看，支持编程人员将应用的并行性显式地表现出来。XMT 使用一种 C 的扩展语言 XMTC 实现 PRAM 算法到 XMT 的映射。如图 3-5 所示，处理器包含多个 TCU 的簇，这些簇通过高带宽的 MOT(mesh-of-trees)连接，具有指令和数据广播机制、全局寄存器文件、前缀加法单元。L1 Cache 被共享，Cache 被分割成互相独立的 Cache 模块，共享几个片外 DDR2 存储器通道。为了避免存储热点，TCU 的 LSU 单元对使用的哈希函数实施地址变换。Cache 模块可以处理并行的存储请求，提供缓冲功能和存储请求的重排序。在每个 TCU 簇中，有一个编译器管理的只读 Cache（Read Only Cache，ROC），用来存储线程间的常量（constant）。编译器发布各种类型的指令：一般指令、可缓存的读存储器指令、TCU 预取指令、可缓存的 TCU 预取指令、一般的写存储器指令（阻塞）、非阻塞的写存储器指令、存储器冲刷指令。编程人员利用这些指令控制数据在寄存器、TCU 预取缓冲器、只读缓冲器、L1 共享 Cache 以及片外 DRAM 之间的数据搬移。芯片中没有私有 Cache，所以无需维护 Cache 的一致性，从而节省了维护一致性所导致的各种开销。

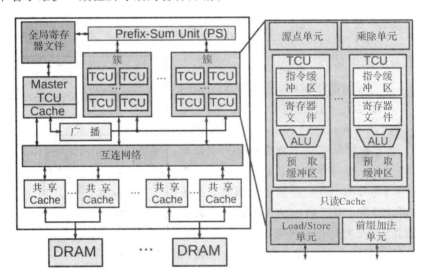

图 3-5　XMT 处理器

4）加州大学圣地亚哥分校

2011 年，为了加速运行 Android 系统的移动手机的软件，加州大学圣地亚哥分校的团队提出了一款"智能手机"处理器的研究原型。该异构众核处理器包含 100 多个专用低功耗 C-core 核，用于执行移动应用程序中最经常被使用的那部分代码。图 3-6 即为 GreenDroid 原型处理器示意图。图(a)为 GreenDroid 原型处理器结构，包含 16 个不完全相同的 tile。图(b)为单个 tile 结构，每个 tile 包含 CPU、片上网络(OCN)、共享的 L1 数据 Cache，以及 10 个 C-core。每个 tile 中的 C-core 通过 L1 数据 Cache 和专用接口与 host CPU 直接相连。每个 C-core 包含数据 Cache、指令 Cache 和 FPU。

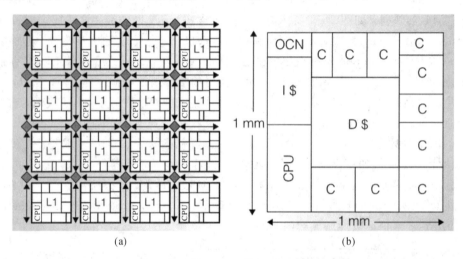

(a)　　　　　　　　　　　(b)

图 3-6　GreenDroid 原型处理器结构

5) 以色列理工学院

2008 年，针对存储墙问题，以色列理工学院的 Zvika Guz 等人提出了一种众核处理器 Cache 结构。如图 3-7 所示为 8 核心的 Nahalal 众核处理器结构示意图，芯片布局具有以下特点：被 8 个处理器核所共享的 Cache 存储体位于芯片中央位置，为各个处理器核所私有的 Cache 存储体分别位于离各个处理器最近的位置。基于数据使用模式，将数据分为"共享数据"和私有数据，再通过这种"共享数据"访问距离优化的物理布局模式实现对共享数据的快速访问。

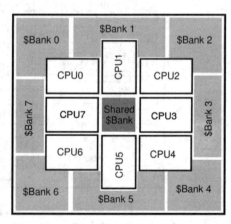

图 3-7　Nahalal 处理器

6) 中科院计算技术研究所

中科院计算技术研究所研发了 Godson-T 众

核处理器，每个 Godson - T 芯片均包含 64 个瓦片(tile)节点，具体为 64 个计算节点和 1 个专用于同步管理的中央节点(Sync Manager)，64 个节点通过 8×8 的 2D Mesh 网络连接，节点间采用静态路由策略。在存储设计上，Godson - T 芯片由处理器核寄存器组、节点内 SPM 和 L1 Cache、节点间共享 L2 Cache 和片外存储器四级构成。每个计算节点包含 1 个处理核，L1 数据 Cache，一个 SPM，1 个 16 KB 的私有 L1 指令 Cache。SPM 和 L1 数据 Cache 都是 16 KB，L2 Cache 的总容量为 2 MB，共有 16 个 Bank，每个 Bank 容量为 256KB，分布在芯片四周。Godson - T 芯片通过 4 个存储控制器连接 4 个片外 DDR3 存储器。

7）国内其他研究机构

以下简要介绍国内各个研究机构近年来对众核处理器的研究情况。

2010 年，吉林大学的王旭通过对片上众核系统的结构分析，研究了众核片上通信模型的特点，通过网络压力、延迟和平衡等方面的统计评估，获得了片上互联结构的设计规律。

2010 年，浙江大学的陈剑等人调研了多核/众核架构下和编程技术支持的并行技术提出了基于分段的块级硬件调度众核体系结构。

2011 年，中国科学技术大学的任永青等人，针对众核结构上串行程序线程级推测执行面临的处理器核资源分配问题，他们提出一种基于硬件的推测执行能力的监测和评估机制，设计了一种线程级推测执行能力评估器。

2011 年，国防科学技术大学的郭御风等人研究了众核处理器设计所面临的 I/O 一致性问题。他们认为传统的一致性模型往往站在处理器的角度研究存储器和 CPU 之间的一致性，缺乏指导 I/O 一致性处理器设计的完整的 I/O 一致性模型。为了改善 I/O 处理的性能，他们在 SPARC 的 TSO 和 PSO 模型的基础上，提出了扩展 I/O 的广义一致性模型 GIOTSO模型和 GIOPSO 模型。国防科技大学的陈书明、陈小文等人对同构众核处理器的片上存储管理和同步机制也做了深入研究。

2011 年，基于 CELL PS3 处理器，江南计算所的刘勇等人提出一种众核多级访存资源作为静态数据布局优化模型，实现软件显示管理应用程序中的数据存储和传输。2012 年，江南计算所的余崎絷等人基于众核处理器，实施三维 FDTD 算法在众核中的并行化设计与实现。他们认为多核架构传统的高性能计算机系统逐渐面临成本高、功耗大等问题，认为通用众核处理器与专用图形图像处理器(GPU)因其具有低成本、低功耗等优势而将成为未来高性能计算的一个重要发展方向。

2011 年，清华大学的洪春涛等人研究了众核处理器编程模式。他们认为众核处理器的可编程性和程序可移植性问题都比较差。众核处理器的编程模式是近年来工业界和学术界的研究热点，为了解决众核处理器的可编程性和程序可移植性问题，本文提出了一种使用高级编程模式进行众核处理器编程的思路。

2011 年，复旦大学的陈钢研究了众核 GPU 体系结构相关技术。研究了众核 GPU 体系结构的性能评估和优化方法，为适应 GPU 开发通用计算和面向其他众核体系结构的优化编译器方面提供理论参考。

2012 年，中国科学技术大学的许牧从编程模型、重构模式和指令执行模型指令集以及硬件微结构等方面较为系统地研究了可重构众核结构的相关技术问题，提出和验证了一种基于类数据流驱动模型的可重构众核流处理器结构，为设计众核结构的高性能流处理器提供参考。

2012 年，西北工业大学的李叶繁、张凯龙、周兴社等人面向复杂嵌入式应用领域研究了众核处理器的体系及架构，在 GPU 的基本计算形态基础上，进一步研究和构建了相应的众核组织和处理模式。

2013 年，中山大学的吴俊峰、许跃生等人提出一种并行编程语言，目的是解决分布式众核并行计算机的编程困难。

2. 工业界

1) Tilera 公司

Tile 64 是 Tilera 公司于 2007 年推出的众核处理器芯片，处理器的结构为如图 3 - 8 所示的 Tile 众核处理器结构。Tilera 公司基于 RAW 的研究开发了 Tile 64 处理器，它具有 64 个处理核，每个 Tile 包含一个处理器核，采用 iMesh 片上网络结构。Tile 系列处理器的目标应用负载是高级网络、数字视频以及远距离通信。iMesh 实际上由被用于不同用途的 5 个不同的网络组成：应用处理通信模块、I/O 通信模块、存储通信模块、Cache 一致性模块、静态通道分配通信模块。每个 Tile 数据传输的时延是 1 到 2 个时钟周期，依赖于数据的传输方向。每个 Tile 都是一个全功能的通用处理核，包含 1 个寄存器文件、3 个功能单元、L1 Cache 和 L2 Cache，通过非阻塞交叉开关将 Tile 连入 iMesh。Tile 64 具有易用性和高性能，因此适合多个领域的计算密集型应用。2009 年 10 月，Tilera 公司推出了 Tile - Gx

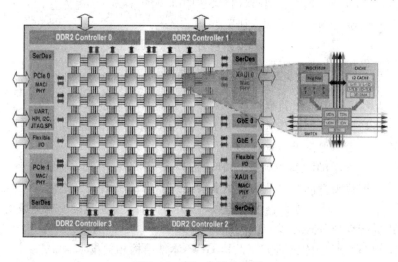

图 3 - 8　Tile 众核处理器

系列处理器。其中的 Tile-Gx100 是全球第一款 100 核的处理器。Tile-Gx 系列的处理器具有以下特征：在一块芯片上集成多个下一代三发射 64 位通用内核以及完整的虚拟内存系统。每个内核拥有 32KB 的一级指令 Cache，32KB 的一级数据 Cache，256KB 的 L2 Cache 以及大约 26MB 的共享 L3 Cache。

2）IBM 公司

2007 年，IBM 公司 Cyclops 64 项目的目标是构建每秒千万亿次浮点计算（petaflops）的超级计算机（属于 Blue Gene 系列），该项目的核心是研制 Cyclops 64 众核处理器芯片。Cyclops 64 众核处理器结构如图 3-9 所示。Cyclops 64 芯片包括 80 个处理器核，每个处理器核是一个 64 位单发射 RISC 处理器，指令集较小，运行频率为 500 MHz。每个处理器由一个浮点单元（FP）、2 个线程单元（TU）和 2 个便签式存储器（SP）构成，因此 Cyclops 64 具有 160 个处理器核。和传统的 RISC 处理器不同，运行在 Cyclops 64 上的线程是非抢占式的。Cyclops 64 芯片的峰值速度可达 80 GFlops。Cyclops 64 芯片使用 96×96 crossbar 连接所有片上资源。在存储设计上，Cyclops 64 芯片具有 512 KB 的指令 Cache，每 10 个处理器核（也是 5 个处理器）共享一个 32 KB 的指令 Cache 存储体（Bank）。Cyclops 64 芯片没有数据 Cache，而是为每个核配备了 32 KB 的 SRAM，共计 2.5 MB 的片上 SRAM，它们可以被当成 SP（便签存储器）或者 GM（全局存储器）来使用，这种使用方式由编程人员配置系统的寄存器来达到目的。总之，Cyclops 64 是一个芯片级的共享存储多处理器系统，除了其存储空间的异构性，Cyclops 64 和传统的共享内存 SMP 机器很相似，最适合 Cyclops 64 的编程模型是 Open MP。

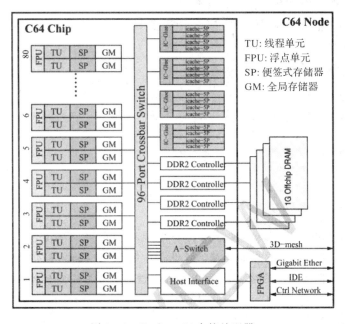

图 3-9 Cyclops 64 众核处理器

3）Picochip 公司

Picochip 公司基于 PC205 芯片推出了 PicoArray 处理器（该公司于 2012 年被 Mindspeed Technologies 公司收购），这是一款多指令流多数据流（Multiple Instruction Multiple Data，MIMD）的异构众核高性能信号处理器芯片，由 248 个 DSP 芯片以及 1 个通用处理器组成。该芯片作为通信芯片面向嵌入式领域应用，例如，高速无线数据通信标准、城域网（WiMAX），以及手机网络中的高速下行数据分组介入访问（HSDPA），宽带码分多址（WCDMA）及无线传输协议。这些处理器节点对大量实体（消息、电话呼叫、数据链接）执行相同以及相对简单的操作序列，这种结构在可编程性和高效率之间做到了一种平衡。处理器的结构如图 3-10 所给 PicoArray 众核处理器所示。PicoArray 芯片可集成 250～300 个 VLIW 的 DSP 核，DSP 核通过 PicoBus 互连，PicoBus 是一个 32 位宽的 2D-mesh 网络，这种互联网络是一种与 Tilera 公司 iMesh 类似的互联结构。PicoArray 结构的芯片具有少量的存储器和简单处理器核，所以具有较低的功耗。例如，248 个 DSP 核运行在 160 MHz 下，一个 ARM 核运行在 280 MHz 下，再加上几个加速器，系统的性能是每秒 1200 亿个基本算术操作，仅消耗 1W 能量。每个 DSP 核采用 3 路超长指令字（Very Large Instruction Word，VLIW），拥有本地私有的 16 位分离的指令存储器和数据存储器。

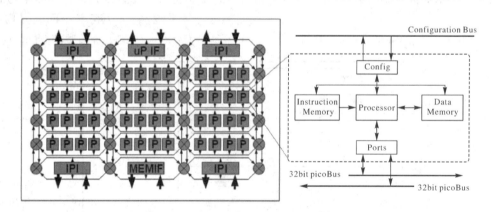

图 3-10　PicoArray 众核处理器

4）Intel 公司

Intel 公司于 2009 年推出实验芯片 SCC（single-chip cloud computer），这是 Intel 促进众核处理器发展和研究并行编程的开端。SCC 芯片包含 48 个 P54C 奔腾处理器核心，使用 4×6 的 2D mesh 实施互联，具有 4 个 DDR3 存储控制器。芯片具有 24 个 tile，每个 tile 包含两个处理器核心和一个消息传递缓冲器（MPB）。2010 年 Intel 正式发布了他们第一个商用的众核芯片，代号 Knights Corner。该芯片基于 Intel 公司的超多核心（Many Integrated

Core，MIC)结构，采用 22nm 的工艺，集成 50 多个 x86 处理器核。如图 3-11 所示为 Intel 的 MIC 结构。该芯片是 Intel 多个研究项目的衍生、综合产物，包括 x86 架构多核心图形项目 Larrabee、48 核心的单芯片云计算机 SCC 等，主要面向勘探、科研、金融、气候模拟等高性能计算(HPC)领域。第二代 MIC 芯片 Knights Ferry 的参数是：具有 32 个核心的 MIC 处理器，其中每个核的 L1 为 32 KB，L2 为 256KB，L2 的总容量是 8MB，不存在 L3 Cache，所有的 Cache 和协处理器的存储器维护一致性。Intel 将 MIC 芯片定位成协处理器，通过与主处理器共享相同的 ISA，传统的服务器芯片可以通过卸载的方式将应用的一部分交付给 MIC 芯片做加速运算。从很多方面看，Intel 的 MIC 是结合了 GPU 技术和 Tilera 类型的众核结构。MIC 芯片基于向量 Intel 体系结构的处理器核(Vector Intel Architecture Cores)，强调数据并行处理，包含共享的 Tile 结构、片上一致性 Cache、硬件加速器和固定功能单元。MIC 的设计元素继承了 Larrabee 项目，包括 x86 指令集，512 位的 SIMD 单元，维护一致性的 L2 Cache，连接处理器和存储的超宽(ultra-wide)环形总线，支持共享存储器编程模型。

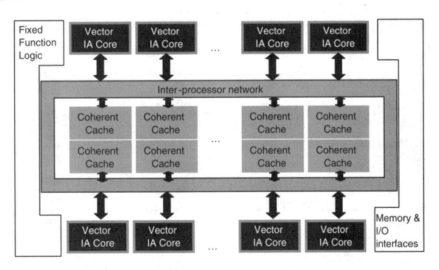

图 3-11　Intel 的 MIC 结构

5) NVIDIA 公司

Tesla S1070 计算系统是 NVIDIA 公司的第一个 Teraflop 的众核结构。本款处理器面向并行计算领域，是一种多线程计算系统。S1070 由 4 个 tesla 处理器组成，支持异步数据传输，具有 16 GB 的极速(ultra-fast)存储器，内存结构宽度为 515 位，内存带宽为 408 GB/s，每个处理器具有 4 GB 的本地专用存储器，一个 4×512 位的内存结构。每个 tesla 处理器具有 240 个处理器核，系统共计具有 960 个计算核。处理器使用标准的 C 编译器，简化了应用程序的编写。NVIDIA 的 Fermi 架构 C2075 是目前 C 系列中的 Tesla 芯片，图 3 - 12 所示为 NVIDIA Fermi 结构。Tesla C2075 具有 448 个 CUDA 核，6GB 的内存，148 GB/s 的带宽。Tesla 处理器通过执行 CPU 卸载的并行计算任务，达到加速应用程序的目的。2010 年 3 月，基于 Fermi 架构的 GF100 是第一个真正意义上拥有片上 Cache 的 GPU。对于那些无法提前预知数据访问地址的算法，例如物理解答器(physics solvers)、光线追踪(raytracing) 和稀疏矩阵乘法(sparse matrix multipication)等算法都可以从 Cache 结构受益，所以 Fermi 架构增加了共享 L2 Cache，可读/可写，而且实现写回替换策略，支持所有 Load 操作，为 GPU 实现高速的数据共享访问。过滤器操作以及卷积核心算法需要多个 SM 读取相同的数据，也可以通过 Cache 系统获益。Fermi 结构具有 32 个 SM 处理器核心，每个 SM 具有私有 L1 Cache，SM 之间共享 768KB 的 L2 Cache，支持 Cache 的一致性，用于众核环境下共享资源和通信。处理器中还含有一块 64KB 的高速共享存储器(shared memory)，这些内存可以被配置成 48KB 的共享内存和 16 KB 的 L1 Cache，也可以被配置成为 16 KB 的共享内存和 48 KB 的 L1 Cache，这个存储区域对内部所有的 SP(Stream Processor，SP)都可见，具有与寄存器相同的访问延迟，并且是软件可管理。基于该架构的 Tesla GPU 最新款 NVIDIA Tesla C2090 处理器拥有 30 亿颗晶体管，512 个计算内核，双精度计算的性能提升了 8 倍，带有 ECC 校验功能，增加了 L1 和 L2 两级缓存。

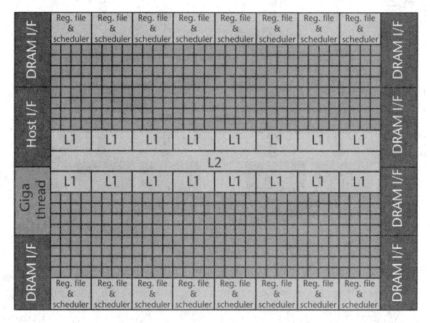

图 3 - 12　NVIDIA Fermi 结构

6）Adapteva 公司

2012 年，Adapteva 公司在 28nm 工艺下开发了一款 64 核的 RISC 芯片 Epiphany IV。其 L1 存储器的容量为 2MB，带来 102 GFLOPS 性能的同时功率仅为 2W。但这并不是一个主 CPU，而是作为移动设备的加速器引擎负责配合 ARM 或 Intel 的芯片协同运算，因此无法作为一个独立芯片出现在移动设备上。Epiphany IV 采用网状结构设计，带来了大量的运算接入点和大带宽。Adapteva 公司提供 Epiphany 多核架构的 IP 核，根据不同性能等级可做裁剪。最基本的 16 核的设计可达到每瓦峰值速率为 19 GFLOPS。配置为协处理器时，Epihpany 在典型移动设备的一定功耗范围内能大幅提升浮点处理能力。

7）Cavium 公司

随着集成度的增大，SoC 的设计也发生了变化，很多 SoC 芯片集成了 8 个以上的处理器核心。Cavium 的第三代芯片 Octeon 融合 CNF71xx 可以达到 48 核，同时实现软件兼容。面向商用网络、云计算、安全数据中心以及无线设备等应用。芯片包含一个高相联度、大容量、维护一致性的共享 L2 Cache，L2 Cache 被 4 个 MIPS - 64 核与多个硬件加速器所共享，芯片包含 6 个 DSP 核组，每个 DSP 核组都配备了加速器，使用共享存储互联结构，具有 4 个存储器控制器。因此这款处理器算是一种异构的众核 SoC。多核 SoC 一般将线程静态分布给处理器核。随着处理器核数目的增多，CPU 和 DSP 将计算流分割，各自形成虚拟流水线，每个核执行复杂任务的一部分，整体上形成一个数据流结构的机器。或者所有处理器核共用一个任务队列，当某个处理器空闲时，则领取一个任务。让多个处理器核协同执行同一个任务，这种数据处理导致计算方式发生转变，有人认为这是多核与众核的边界。

8）AMD 公司

AMD 的 Opteron 6180 处理器具有 12 个核心，12MB 的 L3 Cache。AMD/ATI 公司的 GPU 可以看作是由若干个 SIMD 引擎构成的多处理器，是一种众核结构。以 2009 年 AMD/ATI 公司的 HD5850 GPU 为例，其最高性能达到 1.3 TFLOPS。包含 18 个 SIMD 引擎，每个 SIMD 引擎由 16 个多线程处理器构成，每个多线程处理器则由 5 个标量流处理核心构成，组成一个 5 路 VLIW 体系结构。HD 5850 GPU 一共有 1440 个流处理核心，512 KB 的 L2 Cache。虽然 GPU 只有几百个核，但是同时执行的线程往往达到几千个以上。

3.2.5　众核处理器的发展趋势

1. 计算核数目越来越多，趋向于简单化、低频率、低复杂度

处理器芯片的设计使用线程级并行性代替了频率扩展和处理器核复杂度的增长，处理器的发展也因此进入众核时代。众核处理器结构的设计主要受以下几方面因素的影响：

第一，随着应用需求的提升，需要在单个芯片上集成更多的资源，获取更强的处理能力；

第二，随着集成电路设计和制造技术的发展，使得在单个芯片上能够集成大量的同构或异构处理器核或者专用计算逻辑；

第三，多个处理器核并行执行程序，具有较高的指令级/线程级并行性，能够获取更大的性能提升；

第四，并行执行的多处理器核比顺序执行的单处理器核具有更低的功耗；

第五，简单核有利于实现更加有效的设计。简单核所使用的投机技术少，处理器核的面积小，所以功耗更低，带宽效率更高，有利于芯片上集成更多数目的处理器核。

图 3-13 所示的 ITRS(International Technology Roadmap of Semiconductor)预测的片上处理器核数目的变化趋势给出了消费电子移动设备和固定设备中处理器核数目的发展蓝图。在未来几年内，消费电子固定设备中处理器核数目将由约 20 个增加到约 250 个，消费电子移动设备中处理器核数目则由约 90 个增加到约 900 个。

图 3-13　ITRS 预测的片上处理器核数目的变化趋势

2. 片上存储资源的组织方式趋向于分布式结构

存储系统组织方式和大小对于众核处理器系统的性能、功耗和开销至关重要。Cache 系统的设计以及资源管理仍旧是众核处理器设计的关键。众核处理器的片上存储系统将呈现出以下设计特点。

首先，芯片上将集成相当大容量的存储资源。片上存储系统采用新的存储技术。集成电路工艺技术的发展使得在单个芯片上集成的存储器的容量由 1999 年的 20% 显著地增加到 2011 年的 90%，预计 2014 年将达到 94%，并且将在未来保持继续增加的趋势。简单核所占的芯片面积少，所节省的面积可以用来容纳大量的片上存储器，有利于提高片上 Cache 命中率和减少片外存储通信量。除了每个处理器核集成了少量的 L1 Cache，多核/众核处理器一般都集成了大容量末级 Cache。如图 3-14 所示为多核/众核处理器中 LLC 的容量变化情况，从 2006 年开始，第一款 Intel 的 Conroe 多核处理器集成了 2MB 的末级 Cache；2007 年，Tilera 的第一款 64 核的众核处理器集成了 4MB 的末级 Cache；2009 年，中科院 64 核的 Godson－T 众核处理器具有 2MB 的末级 Cache；2010 年，Tilera 公司 100 核的 Tile－Gx100 处理器具有大约 26MB 的片上末级 Cache；2011 年，Intel 推出的 50 核 MIC 处理器具有 12.5MB 末级 Cache；NVIDIA 公司的轻量级众核加速器 Tesla C2090 也包含了 0.75MB 的 Cache，用于辅助一些非规则存储访问应用程序的执行。Tile 64 以及 Tile－Gx100 这些芯片面向高吞吐率的应用，这些应用具有相当的局部性，因此也需要大容量的 Cache。

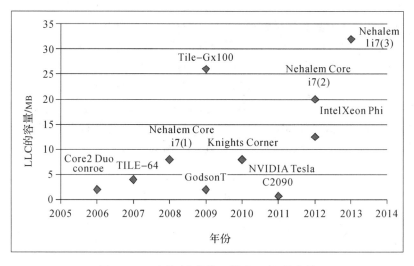

图 3-14　多核/众核处理器中 LLC 的容量

其次，片上大容量存储资源呈现为分布式组织方式。随着片上存储资源的增多，对这些存储资源的组织和管理就成为众核处理器设计的重要问题之一。传统设计采用层次化和集中式的方式组织片上存储资源，层次化组织方式能够有效地隐藏通信延迟并能极大地增强系统性能。然而，随着系统规模的扩大和片上资源的增多，集中式的存储组织方式由于访问延迟过大、访存竞争严重和可扩展性差而成为片上系统性能和功耗的瓶颈，导致 Cache、片上 SRAM 和片外存储器的单一集中式组织方式缺乏可扩展性。对于同等大小的 Cache 规模来说，将 Cache 组织成多个并行的 Cache 存储体，支持并发访问具有可扩展性好、访问竞争少和延迟均衡等优点。因而，在众核处理器中，随着系统规模的增大，越来越多的存储资源将更多地以分布式的形式集成在单芯片中。

3. 芯片将集成多个存储控制器

尽管片外存储延迟改变不大，但是片外带宽增大的速度相对比较快。过去几十年，使得存储总线的频率从 66MHz 增长到 1 GHz（双倍数据率），将理论带宽从 544 MB 增大到

17 GB/通道,最新的服务器处理器具有多个独立的存储器通道。如今很多处理器芯片集成了多个存储控制器(Memory Controller, MC),将多个处理器核对片外单一物理存储空间的访问分割到多个 MC 中。例如,Tilera 的 Tile 64(4 个 MC),AMD 的 Opteron 系列处理器的芯片(2 个 MC),HP 的 256 核的 Corona 芯片具有 64 个 4 核簇集,每个簇集具有一个本地的 MC。这些处理器不仅将存储器的控制逻辑集成到芯片中而且具有多个存储控制器和单一的存储地址空间。这种设计方法既开发 MC 的局部性,又有利于存储访问的并行性,达到了减少片外存储访问的延迟和提高系统的整体吞吐量的效果。然而,ITRS 路线图提示未来 10 年芯片中的管脚数目增长缓慢,管脚的个数大约每 18 个月增长 10%。如图 3-15 所示给出了 Intel 和 AMD 公司芯片封装的管脚数目随着年份增长的情形(截止 2013 年Intel 和 AMD 公司芯片管脚个数的变化情况)。Intel 的最大封装管脚个数为 2011 个,AMD 的最大封装管脚个数为 1974 个。摩尔定律预测处理器核个数的增长为 2 倍,由此看来存储设备的扩展性限制来自芯片管脚的个数,这些存储器端口的增长幅度没有芯片中处理器核数目的增长幅度快。封装的限制主要表现为可用的管脚数目,而管脚数目限制了存储控制器的个数。很明显,MC 的个数不能随着处理器核个数的增长而线性地增多。未来的现实是,众核处理器芯片具有一定数量的 MC,每个 MC 只负责为部分的处理器核提高存储访问能力服务。这就要求存储带宽的提高应通过借助其它方面的技术来实现。

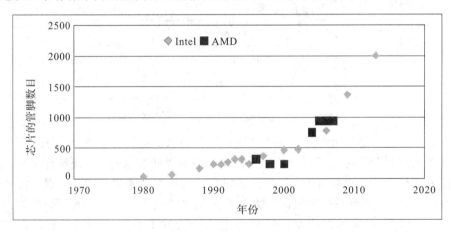

图 3-15　Intel 和 AMD 公司芯片封装的管脚数目随着年份增长的情形

4. 片上资源的互连结构以片上网络(NoC)为主

从发展趋势来看,基于 NoC 的多核/众核处理器已逐渐成为主流,不少集成电路和计算机厂商,如 AMD、Intel、Sun、ARAM、IBM 等,都将他们当前或未来的产品设计投向基于 NoC 的多核系统。例如,Intel 公司 SCC 众核处理器通过 10×8 的 2D Mesh NoC 连接 80 个处理核。除此之外,TRIPS、RAW、TILE 等都是采用 NoC 作为互联结构的。典型的 2D-NoC 结构如图 3-16 所给典型的 NoC 结构所示,该结构由 4 级流水交换(switch)组成，包含输入缓冲器(Input Buffer，IB)、路由(RT)、虚拟通道分配以及交换分配(VA/SA)和 XT(crossbar transverval)组成。每个开关通过其中一个维度和方向与相邻的节点(node)的一个维度和方向相连接。

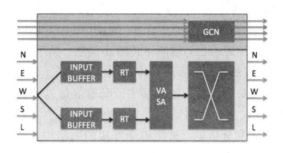

图 3 - 16　典型的 NoC 结构

NoC 之所以成为目前多核/众核芯片发展中互连通信结构研究的热点，其主要技术优势表现在以下几点：

(1) 有利于片内通信带宽的提高。连线网络提供了良好的并行通信能力，从而使得通信带宽增加了几个数量级。

(2) 有利于提升重用设计。由于 NoC 所使用的通信协议本身属于独立的资源，因此提供了支持高效率可重用设计方法学的体系结构。通信和计算完全分离的正交设计技术将重用范围从计算单元的可重用扩展到计算与通信单元皆可重用的层次。

(3) 有利于解决全局同步的难题。纳米工艺所带来的各种物理效应使得片上全局同步越来越困难，时钟偏斜(Skew)变得难以控制，而在基于 NoC 的片内网络通信方式中，资源之间的短线互连和天然的全局异步而局部同步(GALS)的时钟策略特性是解决这一问题的有效途径。

(4) 有利于降低设计风险。NoC 中片上网络可以保证组件所需的带宽和延迟，使得系统的行为和性能可以预期，在系统设计的初期就可以分析系统的性能。

(5) 有利于降低功耗。由于 NoC 采用全局异步、局部同步设计，端到端的通信方式，只有参与通信的组件是激活的，因此大大降低了系统的功耗。

(6) 可扩展性。NoC 通信架构除了极大地提高了通信带宽之外，它所采用的报文交换和模块化设计也使得网络规模的扩大不会对通信性能造成影响。此外，NoC 架构还提供了良好的并行通信能力，极大地提高了通信的并发性。

正是这些技术优势使得 NoC 通信体系技术能满足纳米工艺条件下高集成度众核处理器芯片发展的必然需求而成为研究热点。然而，普通的 NoC 由于面积大、功耗大等缺憾而无法适用于众核处理器，因此面向众核处理器环境的低功耗、低面积开销，网络通信量优化的 NoC 成为研究的热点。NoC 的体系结构研究评价了 NoC 中"缓冲器"对功耗和面积的影响，例如，Intel 认为"缓冲器"消耗大约 30%～40% 的动态和静态功耗，TRIPS 原型芯片中"缓冲器"占到 75% 的 NoC 面积，因此卡耐基梅隆大学的 George Nychis 等人提出无"缓冲器"的 NoC 设计。

2006 年，加州大学伯克利分校的电子工程与计算机学院(EECS)研究小组发现很多大规模并行程序的通信模型表现为两类："集合式"通信(collective communication)和点到点的通信。"集合式"通信需要全局通信，倾向于传输小消息，属于延迟受限的模式。而"点到点"的通信，需要提供高带宽的通信，倾向于传输大消息，属于带宽受限的模式。随着处理器核数目的增大，细粒度以及全局通信消息增多。而通信延迟的优化比通信带宽的优化难度高得多，EECS 工作组建议设计面向延迟优化的网络专门负责处理"集中式"通信。大多数"点到点"的通信都是稳定和分散的，只使用全连接的网络中的部分网络路径。根据并行负载的通信特性，包交换和光互联电路相结合的轻量级"包交换"NoC 是优化并行负载通信特性的一个可行的办法，对于众核处理器，混合电路交换方式消除了无用电路路径，导致一个更加简单、小面积的片上互联结构。光互连结构的 NoC 已经受到 MIT 等学术机构和 IBM 等芯片制造公司的普遍关注。除了提供高速、低功耗、占用面积小等优势之外，光互连结构可以跨越几个物理芯片，因此可以在通过几个物理芯片后产生一个逻辑芯片。MIT 提出了采用 3D 集成技术的 NoC 结构，这种 NoC 将光通信模块和传统的电子 2D - NoC 集成到一起，提高了 NoC 的可用带宽，降低了延迟，而且增加了多播和广播功能，为基于 NoC 的众核处理器实现基于广播的目录一致性提供了硬件基础。这种 3D - NoC 结构能够随着处理器核的数目增多而扩展。基于 NoC 结构，UICC 提出了 1000 核的 rigel、ATAC、TERAFLUX。

5. 芯片设计技术由 2D 集成向 3D 集成发展

随着芯片设计尺寸的进一步缩小，与门延迟相比，线延迟占整个延迟的比重越来越大。虽然增加线的宽度和插入中继器(repeater)能够减少线延迟，然而这在 32 nm 工艺以下很难获得好的效果，并且插入中继器会增加功耗和消耗面积。3D 集成技术是近几年出现的一种最有潜力解决目前 IC 设计与制造领域存在的问题和挑战的新技术手段，尤其对解决"存储墙"问题具有相当大的潜力。3D 集成技术在垂直方向的传输线延时很小，传输带宽又比较大，因而片上存储器的集成度增大，存储器数量和容量都显著增加。3D 集成技术将多层平面器件堆叠起来，并通过穿透硅垂直方向的通孔实现互连的系统级集成方案。它能够缩短系统中互连线的平均长度，增加通信带宽，提高器件集成密度，降低功耗。当前，根据制造方式的不同，主要存在着很多不同的 3D 集成技术，包括线接合法(wire bonding)、微凸块(micro - bump)、无触点(contactless)以及硅通道技术(Through Silicon Via，TSV) 等，其中 TSV 技术能够提供最大的垂直互连密度，因此最具发展潜力。目前，基于 3D 技术，已经有人研究基于众核处理器结构的 3D Cache 结构。

3.3　研究案例：基于航天及空间应用的
单片多处理体系结构

3.3.1　概述

为了更好地使多处理在单芯片中无缝集成、达到更高性能和更高可靠性以及不依赖于具体工艺线上的生产，我们首先研究了基于 SPARC V8 结构的 32 位微处理器 BM 3801 及其性能加速器技术，以及该处理器的容错技术；然后以此处理器核为基础，研究了可动态配置为并行处理结构和双核冗余强容错处理结构的单片双核处理器技术；为了应对我国星际网信息处理更密集的实时数据处理与可靠性，需要更大规模数量的处理器互联，我们还研究了可扩展的高性能及自主容错的片上互连结构技术。

利用 $0.5\mu m$ CMOS 工艺抗辐射工艺库和定制存储器，我们研制了我国第一个辐射加固型 32 位 RISC 微处理器芯片 LSFT 3201(BM 3801)，主频为 25 MHz，抗辐射总剂量指标达到 300 krad(Si)；在 LSFT 3201 的基础上通过集成浮点处理单元，改进流水线纠错结构和故障注入机制，利用 $0.18~\mu m$ 常规 CMOS 工艺，成功研制出能容忍单粒子翻转故障的浮点微处理器芯片 LSFT 3202(BM 3802)，主频达到 175 MHz。

LSFT32 系列容错微处理器的研制成功，对于缓解了我国航天领域对国外抗辐射加固微处理器的依赖，将起到积极的作用。

3.3.2　航天及空间应用微处理器的需求特点

随着天地一体化技术研究的进一步深入，航天及空间计算机不仅仅要对飞行器的姿态能进行准确的控制，而且必须承担全部弹上、星上设备及有效载荷的大量数据采集和处理工作，进行上下行数据和命令的传送，自主地完成故障监测、重构和组态；新的卫星技术，遥感图像的分辨率和采样率越来越高，成像数据率已达到每秒数百兆字节，需要实时完成海量遥感图像数据的存储、处理和传输；从世界航天及空间技术发展的趋势可以看出，基于卫星遥感图像数据的天基综合星际网将是一个涵盖陆、海、空、天四基混合的网络体系结构，星际网要求对获取的数据进行实时处理，有效实现信息的融合和共享。这些都要求航天及空间计算机必须具有很高的处理性能和功能集成度。

另一方面，空间辐射引起的单粒子效应会导致处理器系统故障，其中单粒子翻转(SEU)和单粒子瞬变(SET)是超大规模集成电路中最为敏感和最易发生的单粒子效应。随着超深亚微米技术的发展，器件的特征尺寸越来越小，单粒子效应越来越严重，以前组合电路受到空间辐射较少出现故障的情况将不复存在，这就要求航天及空间应用处理器必须具有更强的抗辐照、抗恶劣环境的能力。

因此，与一般应用领域处理器相比，航天及空间处理器具有更为特殊的需求，主要包括如下几个方面：

（1）高可靠性。在空间恶劣条件或其它干扰下，能够在规定的长时间内稳定、可靠地连续工作，完成指定的任务；即使系统局部受到影响，也能降级执行而完成最基本的任务。

（2）高性能。能够实时地完成控制命令的获得、发出与执行；实时地完成高密集的数据运算与传输。

（3）长寿命。对深空探测任务而言，必须具有足够长的生存期。

（4）高安全性与可信性。由于处理器是航天及空间电子系统最核心、最关键的支撑器件，其自身必须是安全可信的，处理器内部结构和设计是完全可知、可信、完整验证的，确保不会被植入"后门"与"漏洞"。

（5）强鲁棒性。具备很强的健壮性与抗攻击能力。

（6）低功耗。低功耗不仅能节省航天及空间应用中有限而宝贵的能源，而且能提高系统的稳定性和可靠性。高功耗一个直接而严重的后果是导致处理器运行故障显著增多。

（7）高密集功能集成。随着航天及空间应用愈来愈复杂，需要更丰富的处理功能才能满足工作要求，而为了提高有效载荷，必须尽可能减少电子系统的面积、体积和重量。

因此，将多个自主研制的处理器核集成在单一芯片上，构成单片多处理器系统，是满足航天及空间处理器需求的最合适最有效的途径之一。

3.3.3　SPARC V8 系统结构

SPARC(Scalable Processor Architecture)，是 Sun 微系统公司于 1985 年在加州大学伯克利分校的 RISC Ⅱ 体系结构基础上提出的一种性能可随着工艺技术的改进成比提高的处理器体系结构，其目的是为了获得更高的执行效率和更为优化的编译器，并满足其缩短开发周期、迅速投放市场的要求。该公司本身并不进行集成电路的设计和生产，而是由多家半导体厂商以不同的 VLSI 为其进行生产，最终只要求用这些不同芯片构成的系统均能保证程序二进制兼容，这使得厂家能充分发挥自己的特长，进一步改进工艺技术，提高性能。

RISC 的设计思想是为了简化硬件设计，即硬件只执行很有限的最常用的那部分指令，大部分复杂的操作则使用成熟的编译技术，由简单指令合成，使得可以用相对少的晶体管设计出极快的微处理器。一般来说，RISC 处理器比同等的 CISC 处理器要快 50%～75%，同时设计复杂性也大大降低，容错结构的应用与实现也更加方便。总结 RISC 机器的关键特征，主要包括以下几点：① 有限的指令集并具有固定指令格式；② 具有大量的寄存器或利用编译器来优化寄存器的使用；③ 强调对指令流水线的优化。

SPARC 是一种 RISC 类型的 CPU 指令集体系结构，它以 Berkeley RISC Ⅰ&Ⅱ 为基础，主要的改进在于：SPARC 具有较为灵活的寄存器管理模式，不再像 Berkeley RISC Ⅰ&Ⅱ 中那样束缚在进程的调用和返回（CALL，JMPL）中，而是用独立的指令（SAVE，

RESTORE)来进行寄存器管理。作为 RISC 类型的体系结构，SPARC 在其具体定义中充分体现了 RISC 的设计思想。

1. 面向寄存器堆的结构

在传统的设计思想中，从提高所谓"存储效率"出发设置了很多存储器/存储器操作指令，实际上 CPU 每次访问存储器都要在芯片与芯片之间实现数据传送，甚至是在 CPU 板与存储器之间实现数据传送。而片间和板间过低的数据带宽无法满足对操作数快速存取的要求。

RISC 设计思想的最主要的特点是所有的操作都是面向寄存器的。寄存器/寄存器操作的指令充分利用了当今 VLSI 工艺技术带来的高速片上频宽来进行数据传送，从而加快了速度，而且还简化了指令控制逻辑。SPARC 完全遵循了 RISC 的这一思想，在设计中定义了一个大容量的寄存器堆(一般至少有 32 个寄存器，例如 Fujitsu 公司的 MB 86901 芯片中寄存器组的容量为 120×32 位)。所有的寄存器主要分为两种类型：一类是只能由系统访问的系统寄存器；另一类是用于通常操作的工作寄存器。

SPARC 采用"寄存器窗口"的方式对寄存器组进行管理。"寄存器窗口"这一概念是由 UC Berkeley 针对提高编译器效率及大量减少存储器 LOAD/STORE 指令而首先提出的，它将工作寄存器分成若干个窗口，组成一个环形结构，利用重叠寄存器窗口技术来加快程序的运转。可以把窗口看作是一个用于传递参数以及存储局部数据和返回地址的 Cache，利用寄存器窗口的重叠和当前窗口的指针改变可以实现过程调用/返回时传递参数和结果的功能。由于窗口构成环形结构，因此当窗口不够用产生溢出时必须防止破坏最早窗口的内容，为此专门设置一个窗口由系统程序(操作系统)用来进行陷阱处理。上溢陷阱处理把最早的一个或几个窗口的内容保存到存储器中，下溢陷阱处理则反过来对窗口内容进行恢复，这一过程对用户来讲是透明的。

2. 可并发执行的多处理单元

SPARC 在逻辑上定义了 3 个处理单元：整数单元(IU)、浮点单元(FPU)、一个可选的协处理器(CP)，每一单元都有自己的 32 bit 寄存器，这种结构充分考虑了整数、浮点、协处理指令最大限度地并发执行。

IU 完成对包括 FPU 和 CP 在内的整个处理器的控制，完成逻辑运算和整型算术运算功能，包括程序控制、程序计数器及存储器访问控制逻辑，是 SPARC V8 处理器的核心组成部分。IU 还包括了通用寄存器和系统控制/状态寄存器，IU 可设计 40 到 520 个 32 bit 的通用寄存器，这包括 8 个全局(global)寄存器，2 到 32 组 16 个寄存器组成的环形寄存器窗口(SPARC 重要特征)。在一指定时刻，指令可以访问 8 个全局寄存器和一个寄存器窗口。每一窗口有 24 个寄存器，含一组 16 个寄存器——分成 8 个输入寄存器和 8 个局部寄存器、相邻下一组的 8 个输入寄存器(在本窗口作为输出寄存器)。另外，IU 支持用户模式(user)和系统管理模式(supervisor，也称特权模式)两种工作方式。在系统管理模式时，软件可以执行 V8 标准的全部指令，并可访问处理器内的全部资源；在用户模式下，软件只能执行非特权指令，部分系统寄存器资源的访问也会受到限制，如果用户执行了特权指令或访问了受限制的资源，将会使处理器进入特权指令陷阱，并进入系统管理模式进行异常处理。

FPU 是 SPARC V8 处理器中进行浮点运算的一个专门的运算部件，包括了 32 个 32 位浮点数据寄存器和浮点状态寄存器，可存 32 个单精度或 16 个双精度浮点数。浮点寄存器可以在 IU 的控制下直接与存储器及 IU 中的通用寄存器进行数据交换，浮点 Load/Store 指令用于在 FPU 和存储器之间传输数据，存储器地址由 IU 计算。对于浮点操作指令，首先由 IU 进行取指、译码，然后 IU 将操作数及操作代码送 FPU 进行运算处理，等 FPU 将运算处理完成后由 IU 控制将运算结果写回浮点数据寄存器。这是一种串行处理方式，若 FPU 不及时完成运算处理，IU 将会处理挂起等待状态。FPU 也可以采用并行方式实现，即 FPU 直接对 IU 的程序总线进行监视，与 IU 同步完成对指令的译码，快速进行数据运算，运算完成后再通过 IU 将数据写入寄存器。在 FPU 运算期间 IU 可以执行后续代码，只有在出现数据相关时才去等待 FPU，这种实现方式将会大大提高处理器的工作效率。

SPARC V8 浮点数据格式和指令集遵循 IEEE 754 - 1985，但并不要求在硬件上实现所有功能（如不要求硬件实现逐级下溢）。如果没有得到 IEEE 754 标准要求的正确结果，设计可以产生一个特殊的浮点异常——未完成（unfinished）或未实现（unimplemented），软件必须仿效模拟硬件未实现的功能来获得正确的结果。如果没有 FPU，或者 FPU 被禁止，试图执行浮点指令将引入浮点"未使能"陷阱（fp_disabled trap）。这两种情况，必须用软件仿真浮点指令操作。

SPARC 体系结构还支持一个可选的协处理器（CP）。与 FPU 相似，CP 有它自己的寄存器，协处理器 Load/Store 指令用于在协处理寄存器和存储器间传输数据。协处理器识别它的指令，与 IU 并行执行。

3. 独特的窗口寄存器堆

SPARC V8 结构的处理器中要求包括两类寄存器：数据寄存器和控制/状态寄存器，数据寄存器也称为通用寄存器。IU 中的通用寄存器称为 r 寄存器，FPU 中的通用寄存器称为 f 寄存器。IU 中实现了主要的控制/状态寄存器，包括处理器状态寄存器（Processor State Register，PSR）、窗口有效标记（Window Invalid Mask，WIM）、陷阱基址寄存器（Trap Base Register，TBR）、乘法/除法寄存器（Multiply/Divide Register，M/DR）、程序计数器（Program Counters，PC/nPC）、辅助状态寄存器（Ancillary State Registers，ASRs）、陷阱延迟队列（IU Deferred - Trap Queue）等。FPU 中实现的控制/状态寄存器主要用来表示 FPU 的当前工作状态，包括浮点状态寄存器（Floating - Point State Register，FSR）和浮点陷阱延迟队列（Floating - Point Deferred - Trap Queue，FDQ）。

1）寄存器窗口

为加快进程切换速度，减少存储器访问，提高程序执行效率，SPARC 结构中引入了寄存器窗口的概念。在 IU 中可以实现 40～520 个 32 位的数据寄存器，这些寄存器分为一个全局寄存器和多个寄存器窗口，全局寄存器与一个当前窗口寄存器一起组成 32 个当前工作寄存器。全局寄存器包括 8 个寄存器，总是占用寄存器地址 0～7，窗口寄存器包括 24 个寄存器，占用寄存器号 8～31。每个寄存器窗口包括 8 个输入寄存器(IN)、8 个局部寄存器(LOCAL)和 8 个输出寄存器(OUT)，输入寄存器与下一窗口的输出寄存器在物理上相互重叠，用来在窗口切换时进行参数传递，当调用子进程时可以切换到下一窗口，这样 IN 寄存器的内容就可以作为子进程的输入参数，从子进程返回时，子进程的 OUT 寄存器(即当前窗口的 IN 寄存器)又可以用来返回执行结果，从而就可以利用寄存器窗口的切换实现程序进程间的快速上下文切换，避免了常规处理器中利用堆栈传递参数时所需要的大量的存储器访问操作。所有窗口首尾相接构成一个如图 3-17 所示的环形队列结构，这样每个寄存器窗口实际上只有 16 个物理寄存器，也就是说 SPARC V8 结构中的寄存器窗口数量可以根据需要为 2～32 个，以下讨论中假定实现了 8 个寄存器窗口。为此，在 SPARC V8 的机器状态字(PSR)中定义了一个 5 位的当前窗口指针(CWP)，用来确定当前工作寄存器的窗口号，通过对 CWP 进行操作可以在多个寄存器窗口间方便地进行切换。同时 SPARC V8 中还定义了相关的寄存器切换指令 SAVE(切换到下一窗口)和 RESTORE(恢复到上一窗口)，另外在进入异常处理时会自动切换到下一窗口，而退出异常处理指令(RETT)执行后也会自动恢复到上一窗口。

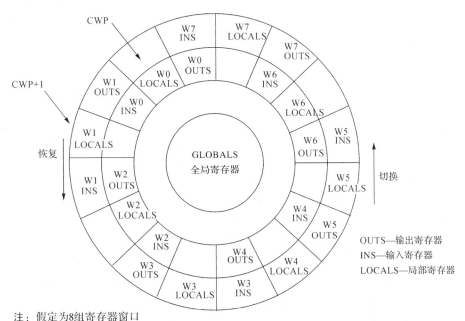

注：假定为8组寄存器窗口

图 3-17　寄存器窗口队列

在处理器工作时，当 CWP 确定后当前的工作寄存器组就是确定的，此时 SPARC V8 寄存器模型如图 3-18 所示，图中虚线隔开的上半部分是系统控制/状态寄存器，不能由用户访问，只能在系统管理模式下进行访问。工作寄存器用于通常的操作，在 IU 中被称作 r 寄存器，在 FPU 中被称作 f 寄存器。r 寄存器包括 8 个全局寄存器和 24 个窗口寄存器，其中 INS 寄存器可以用来向子进程传递输入参数，也可以从子进程获取返回数据；OUTS 寄存器则可以用来从父进程取得输入参数，也可以向父进程传递返回参数；LOCALS 寄存器则只能用来存储局部变量。不论寄存器窗口如何切换，GLOBALS 寄存器（全局寄存器）总是可见的。

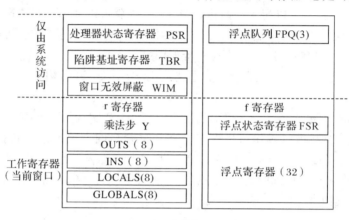

图 3-18　SPARC V8 寄存器模型

2）上下溢处理

不论实现了多少个寄存器窗口，在使用中总有不够用的时候，由于寄存器窗口采用环形队列结构，为防止在窗口切换时破坏以前的内容，必须能够在窗口队列溢出时对以前的内容采取必要的保护措施。为此，SPARC V8 结构中设置了一个专门的寄存器（WIM）用来屏蔽某些窗口，当 CWP 指向这些被屏蔽的窗口时，将产生一个寄存器窗口上溢或下溢陷阱。如果一条 SAVE 指令使 CWP 指向一个被屏蔽的窗口，则上溢发生，若 RESTORE 或 RETT 指令使 CWP 指向被屏蔽的窗口，则发生下溢，当由于进入异常处理程序使 CWP 指向被屏蔽寄存器窗口时并不发生上溢，这主要是为了避免处理器进入错误模式。通过 WIM 可以设置多个屏蔽窗口，这为多任务系统应用提供了重要的支持。由于在全部寄存器窗口中，必须预留一个窗口供陷阱处理程序使用，因此对于 8 个窗口的实现最多只能有 7 个窗口可用于过程调用。上溢陷阱处理程序可以把最早的一个或几个窗口的内容保存到存储器中，下溢陷阱处理程序则反过来将一个或多个窗口的内容从存储器中恢复过来。因为这个过程对应用程序来讲是透明的，因此对应用程序来讲就可以认为有无限多个窗口可以使用。

假设 WIM 位 7 被设置为 1，当前窗口为 W0（即 CWP=0）。当执行 CALL 和 SAVE 指令序列时，CWP 被减为 7，将发生窗口上溢陷阱。上溢陷阱处理程序将使用窗口 W7 进行数据存储，但由于窗口寄存器重叠的原因，此时只能使用窗口 W7 的 LOCALS，否则将会破坏这个 W0 的 OUTS 或 W6 的 INS。

4. 多种类型的陷阱控制

陷阱是由于某条指令执行或结果出现异常引起的程序控制权自动转移，譬如非法指令、非法访问等异常就会引起陷阱。SPARC V8 结构中通过专用的陷阱表来控制陷阱转移的执行。陷阱表中存放有两类陷阱，一种是硬件陷阱，另一种是由软件陷阱指令(Ticc)产生的软件陷阱。陷阱类似异常的进程调用，需中断现行程序的进程、保留现场并转到处理程序中去。陷阱发生时，SPARC V8 将当前窗口指针 CWP 减 1 指向下一个寄存器窗口并由硬件将发生陷阱时的程序计数器(PC、nPC)内容写入新窗口的两个 Locals 寄存器中。通常情况下，陷阱处理程序应将 PSR 的值保存在另外一个寄存器中供返回时恢复现场用，这样新窗口中就只剩另外 5 个可以任意使用的寄存器。同时陷阱也可以由外部中断请求引起，在开始执行每条指令之前，如果有异常或中断请求，IU 将选择其中具有最高优先级的异常或者中断请求来进入相应的陷阱。

1）陷阱类型

SPARC V8 中的陷阱可分为三大类：精确型陷阱、延迟型陷阱和中断。

精确型陷阱是由于特殊的指令而产生的，它发生在机器状态被产生陷阱的指令改变之前。精确型陷阱发生时，在 r[17]（即局部寄存器 1）中保存着 PC 值，它指向产生陷阱的那条指令，在 r[18]（即局部寄存器 2）中保存着 nPC 值，它指向下一条应被执行的指令，在产生陷阱的指令之前的指令已被执行完，在产生陷阱的那条指令之后的指令仍未被执行。

延迟型陷阱也是由于特殊的指令而产生的，它发生在引起陷阱的指令将程序状态改变之后。状态的改变可以是由于执行了陷阱产生指令或是其随后的某条指令。延迟型陷阱在执行完陷阱产生指令之后会执行一条或多条指令，但是延迟型陷阱必须发生在任何一条依赖于陷阱产生指令的指令被执行之前。也就是说，延迟型陷阱不能被延迟到一条与陷阱产生指令可能会改变的寄存器、条件码或是其他软件可见状态相关的指令执行之后。同时除非是浮点异常或协处理器异常，否则延迟型陷阱也不能被延迟到精确性指令之后。

中断既不是精确型陷阱也不是延迟型陷阱。它由处理器核外部的异步事件产生的中断请求引起，受 PSR 中处理器中断级域(Processor Interrupt Level，PIL)和陷阱使能域(Trap Enable，ET)来控制。当满足以下三个条件时，处理器进入中断状态：

- 发生了一个和先前执行的指令无直接关系的外部中断请求；
- 产生中断陷阱时的那条指令之前的指令已被执行完；
- 产生中断陷阱时的那条指令之后的指令还未被执行。

2）陷阱控制

程序员对陷阱的控制是通过几个寄存器来完成的：通过设置 PSR 中的 ET 位可以控制

禁止或使能陷阱，通过设置 PSR 中的 PIL 域可以禁止或使能不同优先级的中断的产生，通过设置 FSR 中的 TEM 域可以控制浮点异常陷阱的产生。当产生陷阱时，若 PSR 中的 ET 位为 1，处理器将会进行以下动作：

(1) 将 ET 清 0，禁止产生进一步的陷阱；

(2) 将当前的用户/特权模式标志 S 送入 PS 暂存，然后将其设为 1，进入特权模式；

(3) 切换到下一个寄存器窗口，若发生了寄存器窗口溢出也不产生新的陷阱；

(4) 将当前程序计数器的值保存到新窗口的局部寄存器中(r[17]←PC，r[18]←nPC)；

(5) 根据 tt 域中写入的特殊值来区分异常还是中断请求，根据 TBR 和 tt 内容转到对应的陷阱处理程序；

(6) 假如是复位(Reset)陷阱，则将控制转移到地址 0。

如果陷阱产生时 ET 为 0，且陷阱为精确型陷阱，则处理器进入错误模式(Error)，并停止执行。若 ET 为 0 时出现中断请求或延迟型异常陷阱，则处理器不予响应。

SPARC V8 支持最多 256 个陷阱，其中 15 个规定为中断，21 个标准定义的陷阱类型，后 128 规定为软件陷阱(通过陷阱指令 Ticc 进入)，其他可在实现时具体定义。

3.3.4 基于 LEON 处理器的 FPU 和 CU 结构

1. LEON 处理器组成结构

LEON 处理器是 SPARC V8 体系结构的 32 位处理器，面向嵌入式应用而设计，其结构如图 3-19。

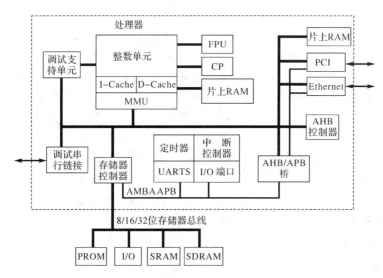

图 3-19　LEON 处理器结构图

处理器含有整数单元(IU)和分离的指令、数据 Cache(Harvard 结构),可外挂浮点处理单元(FPU)和协处理器(CP)。内部采用 AMBA AHB/APB 总线,新增模块很容易加到该总线上。高速总线 AHB 上有片上 RAM、PCI 接口、以太网关、带跟踪缓冲器的调试支持,外围总线上有 2 个 24 位定时器(Timers)、2 个异步收发器(UARTs)、16 位 I/O 口、灵活的存储控制器。地址总线为 32 位且统一编址,存储器数据总线为 8/16/32 位。另外处理器还带有省电功能和看门狗。

整数单元(IU)完全符合 SPARC V8 标准,采用 5 级流水线(LEON2),提供 1 个串行的 FPU 接口、1 个并行 FPU 接口以及 1 个协处理器(CP)接口,可配备 2~32 个寄存器窗口。

2. 核心整数单元(IU)流水结构

LEON 处理器的整数单元(IU)采用单发射 5 级流水结构,如图 3 - 20 所示。

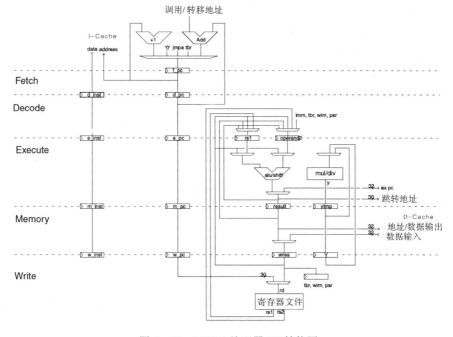

图 3 - 20 LEON 处理器 IU 结构图

(1) 取指(FE - Fetch):从 I - Cache 读取操作指令,如果 Cache 未使能则把取指请求发向存储控制器。该级同时要确定下一指令地址。

(2) 译码(DE - Decode):译码和读取操作数,操作数来自寄存器堆或内部旁路数据;调用(CALL)和转移(Branch)指令的目的地址也在这一级产生。

(3) 执行(EX - Execute):算术/逻辑/移位运算(ALU);产生存储器操作指令(如 Load/Store)和跳转/陷阱返回(JMPL/RETT)指令的地址。送给串行浮点处理单元(FPU)的数据在 DE 级读取后,也在这一级有效送给 FPU。

（4）存储（ME - Memory）：访问 D - Cache，Load 指令从 Data Cache 读取数据，Store 指令把从寄存器读来的数据写入 Data Cache。

（5）写回（WR - Write）：把 ALU 运算结果和从 Data Cache 读取的数据写回到寄存器堆。

IU 的其他特点包括：可配置的乘法器（16×16，32×1，32×8，32×16，32×32），具有 40 位累加器的 16×16 位 MAC（可选），基 2 的不恢复除法器。

3. 浮点处理单元（FPU）结构研究

本节将 FPU 作为 SPARC V8 体系结构的微处理器中的协处理器进行研究与设计，并对其结构进行介绍。

1）SPARC V8 浮点指令

SPARC V8 定义了对三种精度浮点数的 12 种操作，共 38 条指令。表 2 - 1 列出了处理器支持的 24 条单、双精度浮点指令。规格化双精度浮点数相对精度达 $2^{-52}=2.22\times10^{-16}$，在绝大多数应用中足以满足精度要求；128 bit 的四精度浮点数极少使用，在本设计中不予支持。表 3 - 1 中 FMOV 类的三条指令只对操作数符号简单操作，功能直接在 IU 中实现，余下 21 条指令需要在 FPU 中执行。

表 3 - 1　SPARC V8 单/双精度浮点指令表

指令类型	指令名称	操作码	指令功能
基本运算	FMOV	01 FMOVs 05 FNEGs 09 FABSs	Move　数据转移 Negate　取反 Absolute Value　绝对值
	FADD	41 FADDs 42 FADDd	Add Single　单精度加法 Add Double　双精度加法
	FSUB	45 FSUBs 46 FSUBd	Subtract Single　单精度加法 Subtract Double　双精度加法
	FMUL	49 FMULs 4A FMULd	Multiply Single　单精度乘法 Multiply Double　双精度乘法
		69 FsMULd	Multiply Single to Double　单精度与双精度乘法
	FDIV	4D FDIVs 4E FDIVd	Divide Single　单精度除法 Divide Double　双精度除法
	FSQRT	29 FSQRTs 2A FSQRTd	Square Root Single　单精度平方根 Square Root Double　双精度平方根

续表

指令类型	指令名称	操作码	指 令 功 能
转换	Tos	C4 FiTOs C6 FdTOs	Convert Integer to Single　整数转单精度 Convert Double to Single　双精度转单精度
	Tod	C8 FiTOd C9 FsTOd	Convert Integer to Double　整数转双精度 Convert Single to Double　单精度转双精度
	Toi	D1 FsTOi D2 FdTOi	Convert Single to Integer　单精度转整数 Convert Double to Integer　双精度转整数
比较	FCMP	51 FCMPs 52 FCMPd	Compare Single　单精度比较 Compare Double　双精度比较
	FCMPE	55 FCMPEs	Compare Single and Exception if Unordered 单精度比较及异常检测
		56 FCMPEd	Compare Double and Exception if Unordered 双精度比较及异常检测

2) 整数单元(IU)与串并行浮点单元(FPU)的接口设计

LEON 处理器按照 SPARC V8 标准定义了两个协处理器接口——浮点处理单元(称并行 FPU)接口和用户定制的协处理器(CP)接口,另外还定义了一个集成浮点处理单元(称串行 FPU)接口。两个 FPU 接口都可传输单/双精度浮点数。

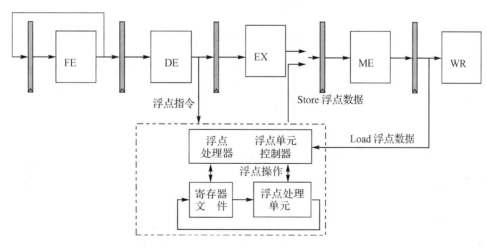

图 3-21　LEON 处理器 IU 结构图

连接协处理器接口的单元——并行 FPU 和 CP，与 IU 并行执行。在没有数据相关和资源冲突的情况下，最快每周期可以发射一条操作指令。以并行 FPU 为例，它与 IU 的连接关系如图 3-21 所示。浮点指令由 IU 读取并在译码(DE)级发射过来。并行 FPU 自己从浮点寄存器读取操作数，把结果写回寄存器，另外还读取 IU 发过来的 Load 数据和存储 Strore 数据传输给 IU。

串行 FPU 与 IU 的连接关系如图 3-22 所示。串行 FPU 接口没有设计浮点队列，执行浮点指令时 IU 流水线暂停。这个端口本来是为直接连接 Sun 公司的 Meiko FPU 而设计的。串行 FPU 的浮点寄存器堆与 IU 寄存器堆统一编址，由 IU 读写数据。IU 在译码(DE)级向串行 FPU 发送操作指令，在 DE 级读取两操作数后于执行级(EX)送给串行 FPU，串行 FPU 操作结束后将结果送回 IU 的 EX 级，经选择后送入 EX 级与存储(ME)级间的级间触发器，在写回(WR)级写入浮点寄存器堆。在这种情况下，FPU 就相当于 IU 的执行(EX)级为执行浮点指令而设计的逻辑。

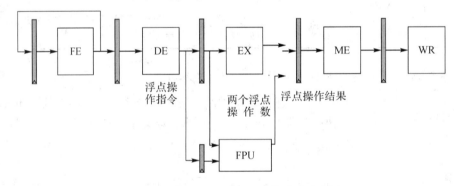

图 3-22　串行 FPU 与 IU 连接关系示意图

并行 FPU 和串行 FPU 的区别在于与 IU 的并行性和对寄存器的读写操作。显然并行 FPU 在性能上更有优势，但设计也更复杂，难度也更大，这主要在于需考虑数据相关性和资源冲突的问题，以及对寄存器的读写操作。

无论哪种执行方式，其执行单元(FPU)功能是相同的，就是对 2 个操作数(op1、op2)按操作指令(opcode)运算得到一个结果(result)。FPU 的执行硬件——为各种浮点运算设计的硬件是基本一致的。在设计 LEON 处理器的 FPU 时，充分考虑了串行、并行可执行性以及可移植性。

为降低设计难度，FPU 先采用串行执行方式，接口信号如图 3-23 所示。但硬件设计按照串行、并行都可执行的方式设计，通过修改控制改变执行方式。

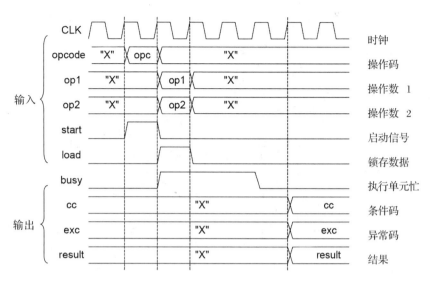

图 3-23　串行 FPU 接口信号波形

4. FPU 结构优化

表 3-1 中所列需要在 FPU 中执行的 21 条单/双精度浮点指令,按其执行过程和操作特点,可以分为三大类进行运算:

(1)加减类运算:包括加、减、转换、比较指令。它们需要完成的操作有右移进行尾数对准、加/减、舍入、左移规格化等。

(2)乘法运算:乘法运算有 3 条指令,需要一个很大的乘法阵列。

(3)除法/开方运算:除法/开方指令可进行多个周期的迭代运算。

为符合 IEEE 754 标准,设计在硬件上支持欠规格化输入数据的操作,也支持输出数据的逐级下溢。所以对乘、除、开方指令,欠规格化的输入数据需要先规格化;如果结果下溢,输出时需要右移位进行逐级下溢,再做舍入。

本节中主要对所设计的 FPU 的除法/开方运算部件进行介绍,在该设计中主要针对除法/开方的两类主要算法——基于加减-移位的递归算法和基于乘法迭代的收敛算法,前一种算法需要独立的除法/开方硬件,采用后一种算法的除法/开方与乘法共用乘法器。针对这两种算法分别设计的 FPU 的结构如图 3-24 和图 3-25 所示,两种结构的主要区别在执行级 EX1、EX2。

除法/开方基于加减-移位递归算法的 FPU 结构分析如下:

在图 3-24 的结构中,采用 SRT 算法进行除法/开方运算,各级功能如下:

PATH:操作指令译码,确定操作属于哪一类,选择执行路径。加减类运算计算对准指数的尾数右移量。乘法/除法/开方运算的欠规格化操作数在本级规格化,且除法和开方运算选择第一个商/根值。各运算计算指数初始值，并产生后续各级的控制信号。

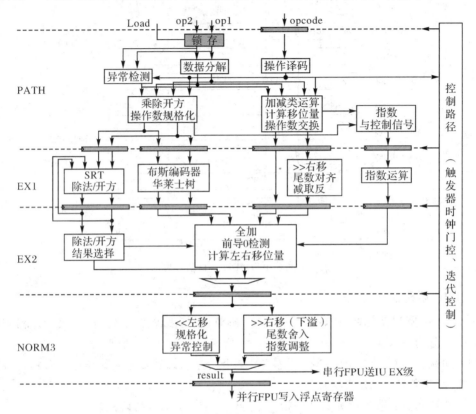

图 3-24　FPU 结构图（除法/开方基于加减-移位递归算法）

EX1：加减类运算的尾数右移对阶；乘法运算的尾数在乘阵列进行 Booth 2 编码和部分积压缩，得到 2 个部分积；除法/开方运算的尾数采用四进制 SRT 迭代计算。若乘/除/开方有欠规格化操作数，指数需要根据操作数尾数前导 0 数目做调整。

EX2：加减类运算对阶后的尾数全加，乘法尾数的 2 个部分积也全加，两者共用加法器。若尾数相减，前部可能出现一连串"0"，需要进行前导 0 个数检测，以提供 NORM3 级对该结果尾数规格化移位量。除法/开方的迭代结束后，在 EX2 级选择一个舍入前结果。本级计算指数，乘/除/开方在该级调整指数偏移量，如果下溢，还要确定逐级下溢的右移位量。

NORM3：本级对欠规格化结果左移，对下溢结果右移，不移或右移的结果共用舍入；调整计算指数，异常结果也在本级控制输出。串并行的 FPU 结果输出略有不同，并行 FPU 经过级间触发器把结果写入浮点寄存器，串行 FPU 送回 IU 的 EX 级经选择后送入 IU 的级间触发器，在 IU 写回级写入统一编址的浮点寄存器。

控制路径：产生各级触发器的时钟门控信号、迭代计算的控制信号。在并行执行方式中，这就相当于浮点单元控制器(FPC)所完成的功能。门控时钟既有效地控制各路径的执行，又关闭了无效路径，降低了功耗。

除法/开方基于乘法迭代收敛算法的 FPU 结构分析如下：

图 3-25 各级功能与图 3-24 各级大部分一样，区别在于 EX1、EX2 级的乘法、除法/开方部分。在基于乘法迭代的除法/开方结构中，除法/开方与乘法共用一个乘法器，在 EX1 级完成部分积产生与压缩，在 EX2 级做全加。除法/开方的乘法迭代还需要一个初值，设计采用分段线性函数拟合的办法，安排在 EX1 级用一个额外周期、独立硬件拟合迭代初值。

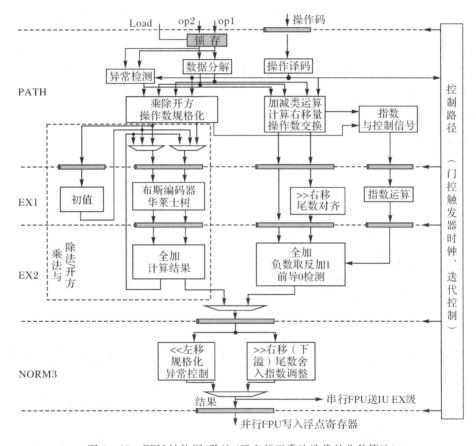

图 3-25　FPU 结构图(除法/开方基于乘法迭代的收敛算法)

FPU 结构的特点及其优化措施有：

(1) 通过门控时钟控制有效路径执行，关闭无效路径，降低电路功耗；

(2) FPU 可以串行执行，也可以并行流水执行，通过编写不同的控制路径来实现。在串行执行方式，只有运算执行到的那一级，时钟才会被开启，否则都将关闭。在并行流水执行方式，各有效执行级的触发器时钟都被开启，即可流水，仍然关闭无效的执行级以降低功耗。执行加减类指令时，将关闭乘、除、开方类指令的路径，反之亦然。时钟门控也为除法/开方迭代运算带来极大好处，通过关闭时钟锁存数据，而免于使用锁存器，节省了时间和面积。

（3）各独立执行模块安排单独的级间触发器，这便于时钟门控，降低功耗，也缩短了数据路径长度，节省了时间。若共用级间触发器，须在级前增加选择器，级后增加与（或）门使能，加上走线开销，面积上难以节省，却增加了路径长度。

（4）最大限度地共用硬件。如各种运算共用舍入、逐级下溢移位、指数运算等硬件，主要在 EX2、NORM3 级。

基于 SPARC V8 全指令兼容的 32 位 RISC 抗空间辐照 BM 3801 微处理器，采用全正向设计方法，应用硬件描述语言进行设计，结合自主设计嵌入式存储器，经逻辑综合、物理设计等阶段完成电路设计，从系统结构级、逻辑级等多层次采用多种可靠性设计技术，很好地满足了航天及空间应用的需求。图 3-26 至图 3-28 为我们设计的抗辐射 32 位微处理器芯片、软件集成开发环境以及加固的计算机整机图。BM 3801 处理器正在航天 704 所、502 所等多个单位试用。

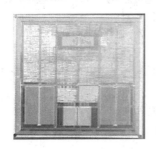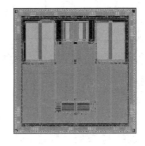

图 3-26　抗辐射微处理器 BM 3801 芯片与版图照片

图 3-27　BM 3801 集成开发环境与开发板

图 3-28　BM 3801 抗辐射计算机与芯片图

BM 3801 微处理器主要技术指标如下：

- SPARC V8 指令兼容，5 级流水；
- 工作频率：100 MHz；
- Cache：36KB 指令 Cache、36KB 数据 Cache；
- 片上 EDAC，实现纠单位错检多位错；
- 片上 AMBA 总线；
- 片上单/双精度浮点处理器，IEEE 754 兼容；
- 片内外设：2 定时器，3UART，16 中断；
- 抗辐射指标(涉密未列出)：包括 γ 总剂量、SEL(抗拴锁)、SEU(抗单粒子翻转)等内容。

3.3.5　可配置为并行与冗余结构的双核处理器

本小节首先研究基于 SPARC V8 结构的处理器 BM 3801 的容错设计，主要解决处理器时序电路由于空间辐射引起的单粒子翻转(Single Event Upset，SEU)效应，该研究也是实现单片双核处理的基础。然后介绍可配置为并行与冗余工作模式的单片双核处理器结构，以满足高性能与强容错的不同应用需求。最后详细介绍了由容错处理器 BM 3801 构成的冗余双级容错结构及其实现机制，同时解决组合电路和时序电路的纠检错。对于双核并行处理模式，由于篇幅限制，在此未详细介绍。

1. BM 3801 中的 SEU 容错策略

单粒子翻转是由于空间单粒子通过电路的敏感区域时造成电路逻辑电平改变引起数据的逻辑错误，一般表现为单个数据错误的独立事件。SEU 故障对计算机系统的影响分为三类：第一类为非法指令，即 SEU 导致计算机所取的指令或指令的顺序不合法，程序将由于非正常指令而异常终止；第二类为系统异常，计算机所取得的指令与指令顺序均合法，但由于 SEU 使得其中一条指令试图执行非法操作，程序因系统异常而退出；第三类是程序正常退出，计算机取得的指令与指令顺序都正确，程序也能正常执行，但输出结果不正确。

SEU 是空间辐照效应最为突出、对时序电路影响最为频繁、破坏力最为显著的现象。因此，专门针对 SPARC V8 的存储电路部分进行了抗 SEU 设计。本节后面结合基于 SPARC V8 的 RISC 微处理器 BM 3801 的具体实现，重点研究以常规体硅 CMOS 工艺为背景的系统结构级的 SEU 容错方法。共采用三种容错结构来实现 SEU 错误的检测和纠正：寄存器文件与存储器接口采用改进的汉明编码的 EDAC 方案，可以实现对 32 位数据的纠一位错检多位错；CACHE 存储器部分分组采用通常奇偶校验检测单位错误，当发现错误后自动作为 CACHE 中的内容缺失而访问外部存储器；对系统的内部工作触发器则采用三模冗余容错结构。采用这些容错措施后，微处理器将可以在发生单个存储单元的 SEU 错误后完全不受影响地正常工作，并且对 2 位错误可以完全检测出来。

1）优化高效的纠检错编码 EDAC 技术

纠检错编码的基本思想是在被传送或存储的信息中附加一些校验位，在两者之间建立一种校验关系，当这种检验关系因传输错误或其它干扰受到破坏后，可以被发现并予以纠正。这种纠错能力和检错能力是通过增加冗余度来换取的。

一个 (n,k) 线性分组码的编码就是建立由 $m(m=n-k)$ 个生成冗余监督位的 k 元方程构成的线性方程组，在此线性方程组上扩展信息位自身的生成方程，就可以构成一个 $k \times n$ 维的生成矩阵 G，将信息码向量（k 维）乘以生成矩阵 G（模 2 加），即得到冗余码字向量 $[C_{n-1} \cdots C_0]$，见式（3-1）。

$$[C_{n-1}, C_{n-2}, \cdots, C_{n-k}, C_{m-1}, \cdots, C_0] = [C_{n-1}, C_{n-2}, \cdots, C_{n-k}] \times G \qquad (3-1)$$

在上述 m 个 k 元方程组上扩展监督位可以构成一个 $m \times n$ 维的监督矩阵 H，在数据读出或解码时如式（3-2）所示，通过监督矩阵 H 与读出的码字向量 $[C_{n-1} \cdots C_0]$ 相乘（模 2 加），实际上相当于根据所有信息位利用生成多项式生成一个监督位向量，将其与读出的监督位向量模 2 加，可得到一个校验子向量 S，用来判断数据是否出错。当 S 是一个零向量时，表示没有出错；否则表示码字在存储之后发生了变化，即有错误发生。

$$S = H \times [C_{n-1}, \cdots, C_0]^{\mathrm{T}} \qquad (3-2)$$

通过构造适当的生成矩阵和监督矩阵，可以使得当码字中某位（单一的位）发生错误时，会得到唯一的非零校验子向量 S，该向量只与码字出错位置的图样有关，而与码字 C 本身无关。这样就可以通过一些冗余的监督位实现对数据中单个错误的纠正。

汉明码是目前编码效率最高的纠单错线性分组码。由编码解码理论可知，监督矩阵 H 中 1 的个数决定了用于产生校验位和综合图样（error pattern）的异或门的数目。我们记检验矩阵 H 中第 i 行中 1 的个数为 t_i，c_i 和 s_i 分别为检验矩阵 H 中第 i 行产生的校验位和综合图样（syndrome）位，则用 v 输入的异或门产生 c_i 和 s_i 需要的逻辑级数分别为 $l_{c_i} = \lceil \log_v^{(t_i-1)} \rceil$，$l_{s_i} = \lceil \log_v^{t_i} \rceil$，其中 $\lceil X \rceil$ 表示不小于 X 的最小整数，因此对于速度要求比较高的应用场合，如存储器的读写，应使逻辑级数尽可能少，即要求 H 的每行中 1 的个数尽可能少，且各行 1 的个数尽可能接近，最好是相等，这样可以保证产生各行的 c_i 和 s_i 门延时几乎相等，整个电路的结构比较规整。

综上所述，我们的目标是要找到这样的校验矩阵 H：

（1）H 由各不相同奇重量列构成；

（2）H 中 1 的个数要最少；

（3）H 中各行 1 的个数要尽可能接近，最好是完全相等。

由这样的校验矩阵 H 生成的纠一检二码称为最优列奇重量纠一检二码（Optimum Odd - weight - column SEC - DED Codes）。

我们通过计算机搜索，构造出 (40，32) 最优列奇重量纠一检二码的监督矩阵如图 3 - 29 所示。而普通的纠一检二码监督矩阵如图 3 - 30 所示。

1	1	0	0	0	0	0	1	0	1	0	1	0	0	0	1	0	1	0	0	0	1	0	1	1	0	0	1	0	0	0	1	0	0	0	0	0	0	0	0
0	1	1	1	0	0	0	0	1	0	1	0	1	0	0	0	1	0	0	0	0	1	1	1	0	0	0	0	1	1	0	1	0	0	0	0	0	0	0	0
0	0	1	1	1	0	0	0	0	1	0	1	0	1	0	0	0	1	1	1	0	0	0	0	1	0	1	0	1	0	0	0	1	0	0	0	0	0	0	0
0	0	0	1	1	1	0	0	0	0	1	0	1	0	1	1	0	0	1	1	0	0	0	0	1	0	1	0	0	1	0	0	0	1	0	0	0	0	0	0
0	0	0	0	1	1	1	0	1	0	0	1	0	1	0	0	1	0	0	0	1	0	0	1	1	1	0	0	0	0	1	0	0	0	1	0	0	0	0	0
0	0	0	0	0	1	1	1	1	1	0	0	1	0	0	0	0	1	0	0	1	1	0	0	0	0	1	0	0	1	1	0	0	0	0	1	0	0	0	0
1	0	0	0	0	0	1	1	0	1	1	0	0	0	1	0	0	0	1	0	1	0	0	0	0	1	0	0	1	0	0	0	0	0	0	0	1	0	0	0
1	0	0	0	0	0	0	1	0	0	1	0	1	0	1	0	1	0	0	1	1	1	0	0	0	0	1	0	0	0	0	0	0	0	0	0	0	0	0	1

图 3 - 29　(40，32) 最优列奇重量纠一检二系统码的矩阵 $H1$

1	1	1	1	0	0	0	0	1	0	0	0	0	1	0	1	1	1	0	1	0	0	0	1	1	1	0	0	0	0	1	0	0	0	0	0	0	0	0	0
0	1	0	1	0	0	0	1	0	0	0	1	0	1	0	0	0	1	1	1	0	1	1	1	0	0	0	1	0	0	0	1	0	0	0	0	0	0	0	0
1	0	0	0	0	1	0	0	0	1	0	0	1	1	1	1	0	0	1	1	1	1	0	1	1	1	0	0	1	0	0	0	1	0	0	0	0	0	0	0
1	1	0	0	1	0	0	0	1	0	1	0	0	1	1	1	0	1	1	0	1	0	1	1	0	0	0	0	0	1	0	0	0	1	0	0	0	0	0	0
0	1	1	0	1	1	1	1	0	0	1	0	0	1	0	1	0	0	0	0	1	1	0	0	0	0	0	0	0	0	0	0	0	0	1	0	0	0	0	0
1	0	0	0	0	1	0	1	0	1	1	0	1	0	0	0	1	1	0	1	1	0	1	0	0	1	0	1	1	0	0	0	0	0	0	1	0	0	0	0
1	1	1	1	0	0	0	1	1	1	0	1	0	0	0	1	1	1	1	0	1	1	0	1	1	0	1	1	0	0	0	0	0	0	0	0	1	0	0	0
0	0	0	0	1	1	1	1	1	0	0	1	1	0	1	0	0	0	1	0	0	0	1	0	1	1	1	1	0	0	0	0	0	0	0	0	0	0	0	1

图 3 - 30　普通 (40，32) 纠一检二系统码的校验矩阵 $H2$

图 3 - 29 的监督矩阵 $H1$ 中 1 的个数为 104，1～32 列每列 1 的个数均为 3，1～8 行每行的 1 的个数均为 13。它对应着 8 位检验位的每一位的产生逻辑都是通过 13 个异或门产生的，非常规整，电路延时一致；图 3 - 30 的监督矩阵 $H2$ 中 1 的个数为 128，比 $H1$ 多出 23.07%；1、2、13、17、22、23、24、28 列每列 1 的个数均为 5，5～8、10～11、15～16、18、20～21、25～26、30～32 列每列 1 的个数均为 4，剩下的列每列 1 的个数为 3，1～8 行每行的 1 的个数为 17。尽管它们都能纠正一个错误同时检测出两个错误，但前者实现电路的规模要小 23.07%，而且检出位的门电路数相同，检出位时延没有瓶颈路径。

2) 整数单元寄存器堆(Regfile)EDAC 机制

在基于 SPARC V8 的 RISC BM 3801 微处理器中实现了 7 组 SPARC V8 寄存器窗口，为支持 RISC 的多操作数处理及数据相关问题，这些寄存器文件使用一个 120×40 位的三端口 SRAM，一个写端口在寄存器写阶段用来向寄存器文件写入数据，两个读端口用来在译码阶段从寄存器中读取操作数。寄存器文件也使用与存储器接口相同的 32 位数据的 EDAC 方案进行 SEU 容错，由于寄存器的操作全部都是按 32 位的字进行的，因此不存在存储器区域的字节或半字访问问题。但是在寄存器文件中使用 EDAC 时有两个问题必须解决：一是如何对三端口 RAM 的两个读出端口同时进行纠检错处理，二是如何缩小 EDAC 引入的逻辑延迟对流水线工作速度的影响。

对于读来讲，由于寄存器文件有两个读端口，它们可以同时从不同的存储单元读取不同的数据，为此必须为每个读端口设置一套 EDAC 纠检错逻辑。设计中是通过在每个寄存器文件读端口上设置独立的 EDAC 检测电路，同时对两个端口的读出数据进行实时校验与纠错。任何一套 EDAC 发现单位错误后都会进行自动回写，发现多位错误后都会向双核处理器容错控制逻辑发送一个多为错状态信号，由该控制逻辑确定后续处理。

由于 32 位数据的 EDAC 校验要使用大量的异或逻辑进行模 2 加运算，而寄存器的访问均在流水级中进行，其校验码生成与纠/检错均需要在单个时钟周期内完成。对于写操作，写入数据可以在时钟周期开始时给出，这样就可以利用整个时钟周期的大部分时间来进行校验码生成，因此在速度上是可以满足要求的。对于读操作则要复杂得多，在时钟周期开始时，译码部件先要根据指令确定寄存器访问地址，然后从存储器中读出数据，再进行 EDAC 校验和纠错。这一过程中各部分的延迟总和不能大于一个时钟周期，若 EDAC 逻辑延迟较大，必然会使得译码部件的工作速度变慢，导致最终实现的芯片的工作频率降低。本项目实现了一种改进的并行校验及流水线重启结构，有效地消除了 EDAC 引入后的组合延迟对整个系统工作速度的影响。

图 3-31 给出了 IU(整数单元)EDAC 的原理结构图，其中主要包括三个模块：IU(整数单元中寄存器堆 EDAC 控制电路)、Regfile_EDAC(寄存器堆 EDAC 核心模块)、Regfile(寄存器堆存储器模块)。

· Regfile 模块：作为存储器，它是 EDAC 的校验对象，它包括 $16×N+8$ 个 32 位寄存器(N 是寄存器窗口数)，每个寄存器都带 8 位校验位。

· Regfile_EDAC 模块：它是寄存器堆 EDAC 的核心模块。一方面，它在对寄存器堆写入数据之前，主要通过 EDAC_gen 子模块产生 8 位校验位，同数据一同写入寄存器堆。另一方面，它在从寄存器堆读出数据之后，主要通过 EDAC_check 子模块对数据进行校验，并给出校验结果报告。

· IU 模块：在这里的电路是有关寄存器堆 EDAC 控制部分电路，它对寄存器堆 EDAC 进行控制和处理。

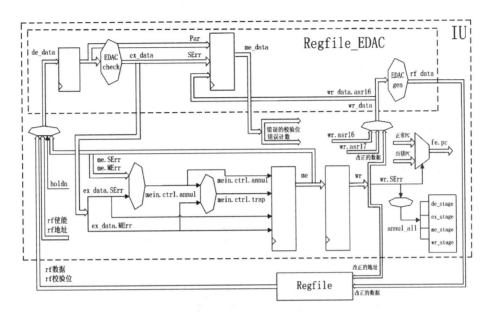

图 3 - 31　整数单元中寄存器文件 EDAC 原理结构

IU EDAC 纠检错与流水线之间并行执行过程如图 3 - 32 所示。

• 译码阶段（fe）：根据指令，产生是否进行纠检错的使能信号；

• 执行阶段（exe）：若纠检错使能，则将读入的 32 bit 寄存器数据和相应的 8 bit 校验码数据进行 EDAC 纠检错运算，确定是否发生错误。无论是单位错还是多位错，都产生本条指令无效控制信号和取消后续指令控制信号。本条指令无效信号通知正常流水线取消，而进入纠错操作；后续指令无效信号禁止后续指令操作，因为要对本指令数据纠正并回写到寄存器堆中之后，后续指令才能按流水线正常执行。

本流水阶段的单错误标志和多错误标志信号都要上传到双核容错结构中的控制逻辑中，由该控制逻辑控制两个处理器纠检错的协调执行。

• 存储器级（mem）：如发生单位错，则纠正并将结果保存，以传递到写回级。

• 写回级（wr）：根据错误信号选择写回寄存器数据。若是单位错，则将写回寄存器堆的内容定向为纠检错的结果数据，并重新执行本条指令；若无错，则按正常流水线操作执行；若多位错，由双核控制逻辑控制下一步的处理方式。

这样安排后，EDAC 校验与指令对操作数的运算在同一个周期中并行进行，即首先假定取自寄存器文件的数据是正确的（在绝大多数情况下也的确如此），不经过校验就直接送给执行单元去进行运算，在运算的同时对操作数的正确性进行 EDAC 检测。若没有错误，流水线正常工作；若有不可校正的多位错误则进行陷阱处理，与流水线的通常的陷阱处理也没有区别(在双核结构中,通知上层容错处理机制来处理);若有可纠正的单位错,则作废流水线中的指令,对寄存器文件进行校正,同时从出错的指令重新开始执行。这样在出现单位数据错误时,由于需要通过写回级重写错误寄存器值,会使得流水线相当于回退四个周期,在最恶劣的情况下(双字运算时所有的源操作数都有单位错)流水线会发生四次这样的回退。虽然这样的回退使得 EDAC 纠错与在译码段读出后直接纠检错相比要多花费 3 个时钟周期(在直接纠检错的情况下若有单位错也需要一个回写周期),但这种方案将 EDAC 数据校验与纠错的逻辑门延迟与 IU 读取寄存器操作数过程完全隔离,使得译码段取操作数的延迟只由必需的操作数地址形成逻辑的延迟和存储器读数延迟两部分构成,可以大大提高译码部件的工作速度,从而提高微处理器的整体工作频率。

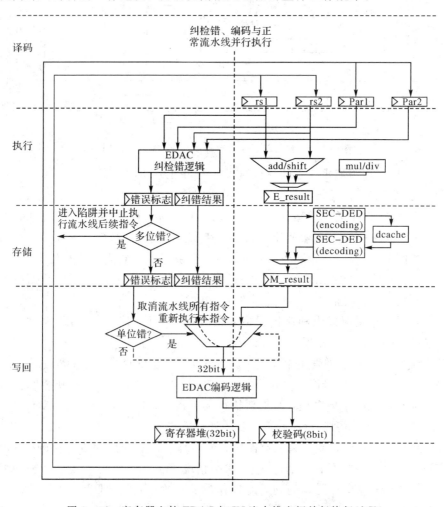

图 3-32　寄存器文件 EDAC 与 IU 流水线之间并行执行过程

3）存储器接口 EDAC 机制

图 3 - 33 给出了存储器接口 EDAC 的原理结构图，其中 MCTRL 模块是外部存储器控制模块，外部存储器的 EDAC 功能主要由此模块来完成。其中包括两个子模块，即 EDAC_check 和 EDAC_gen。EDAC_check 模块用来进行 EDAC 校验，EDAC_gen 模块用来产生 EDAC 校验位。IU 模块是整数单元模块，有关 EDAC 校验出错后的陷阱处理由 IU 模块控制。SRAM 是静态随机访问存储器，是外部存储器的一种，是 EDAC 校验的对象。本 EDAC 机制同样可以对 SDRAM 有效，实现方式大致相同。

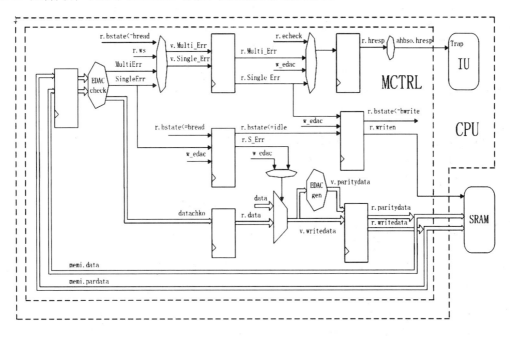

图 3 - 33　存储器接口 EDAC 原理结构

存储器控制器只对 RAM 空间进行 EDAC，而不对 ROM 和 I/O 空间作 EDAC。这里的 EDAC 采用的算法也是最优列奇重量纠一检二码，采用 32 位数据 8 位校验位，可以完成纠一检二，多位错也可以检查到。

当存储器总线处于读状态时，MCTRL 模块从 SRAM 中读取数据和校验位，通过 EDAC_check 模块进行 EDAC 校验。为了实现对存储器中单位数据错误的自动纠正，EDAC 逻辑在检测到一个单错时，将纠正后的正确数据送到 IU 进行处理的同时，将自动启动一个数据回写过程，此回写过程不受存储器写保护的限制，即不论存储器是否设置了写保护，在读出时若发现了可纠正的单位错，都会将纠正后的数据写回到存储器中，并根据纠正后的正确数据经过 EDAC_gen 模块产生数据校验位，一同回写到存储器。

对存储体中的单位数据错误进行回写纠正对保证星载计算机的数据安全性是非常必要的，否则的话，当再次发生 SEU 时就有可能造成无法纠错的两位数据错误。在通常的星载计算机使用的 EDAC 中，都只能完成数据的纠/检错功能，当发现有数据单位错后，虽然可向 CPU 或处理器核提供正确的数据，但不能对存储体中的错误进行纠正，只能向 CPU 或处理器核产生中断或异常请求，由 CPU 或处理器核将正确的数据回写到存储体中。这种作法有两个缺点：一是增加了 CPU 的工作负担；二是当 CPU 处理重要事务时可能不会及时响应中断或异常请求，使得存储体中的数据错误不能在发现后的第一时间里及时得到纠正。若 EDAC 逻辑在检测到单位错后，在对数据进行纠错的同时，能自动控制将纠正后的数据写回到存储体中，将会很好地克服上述缺陷。在 EDAC 逻辑中就利用存储器控制状态机或流水线重启的方式实现了对寄存器文件和外部存储器的单位错误的自动回写校正。

当发生多位错误时，向双核处理器的容错控制模块发出多位错信号，容错控制模块据此将向外发出错误信号，由系统进行适当处理。

4）CACHE 容错机制

CACHE 容错机制采用奇偶校验方法，而不是用最优列奇重量纠一检二码的 EDAC 编码方法，主要是考虑 CACHE 容量较大，访问又很频繁，如果用 EDAC 编码方法，将限制整个处理器的主频，造成非常突出的瓶颈问题。

虽然 CACHE 中存放了当前正在执行和最有可能被执行的程序代码以及最近有可能被访问的数据，但是当 CACHE 不命中时，IU 总是可以从外部存储器中取得欲执行的程序代码或要访问的数据，并更新 CACHE 的内容。那么当 CACHE 存储器发生了 SEU 错误后，如果能够使 IU 不从 CACHE 中取数据而是直接从外部存储器中去取数据的话，就可以避免 CACHE 中的 SEU 错误对处理器的运行造成影响，同时还可以将 CACHE 中的错误内容进行更新，可谓一举两得。

奇偶校验是一种最简单有效的单位数据翻转错误检测方法，当参与校验的码字中只有一位发生错误时，校码码一定会出错。它的实现代价也很小，只需要在信息位的基础上增加一个冗余的校验位就可以了，当然也需要一些异或门进行模 2 加运算。如果直接对 32 位数据进行奇偶校验，其计算校验位的组合逻辑延迟会比 EDAC 还要大。因此考虑分组校验的方法，将一个 32 位的字分成 4 个 8 位的字节，对每个字节设置一个冗余的校验码位，然后对每个字节分别进行奇偶校验。这样一方面只需要很简单的算法及很少的资源代价，另一方面也不需很大的时间延迟（采用二输入异或门时，只要四级门延迟）。

由于 SEU 故障在一个存储器字中同时造成两位以上错误的概率非常小，而且通过布局布线的调整，可以使得一个字中的任意两位在物理上不处于相邻位置，更进一步减少了一个字多位错发生的概率。因此，对 CACHE 进行错误检测时主要考虑对单位故障的检测是符合实际情况的。

存储器的 SEU 容错就是基于上述思想采用分组校验、出错重装的方法进行的。首先将 Cache 数据存储器分成 4 个 8 位的字节，为每字节设置一个校验位，这样每个数据字占用 36 位宽度。将 29 位的标记字也分成三个 7 位和一个 8 位的字节组，分别设置相应的校验位，这样标记字存储器的宽度就是 33 位。在 CACHE 访问时，只是增加了奇偶校验判别。增加容错结构后，在进行 CACHE 地址变换及数据读出时，将标记字和数据字分别进行分组奇偶校验，若有一个奇偶校验发生了错误，不论地址标记是否匹配，都会强制产生 CACHE 不命中，使处理器核从外部存储器中读取数据并更新 CACHE，从而避免了 CACHE 中的 SEU 数据对微处理器的影响，达到了 CACHE 数据校正与错误修复的目的。

图 3-34 给出了 CACHE 容错的原理结构，其中包括 4 个模块：IU（整数单元）、C_ctrl（cache 控制模块）、C_mem（cache 存储器模块）、C_Ectrl（Cache 错误控制模块）。

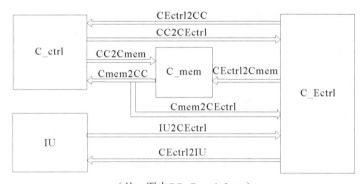

（注：图中 CC=C_ctrl，2=to）

图 3-34　CACHE 容错原理结构

C_mem 模块作为存储器包括指令 Cache 的数据和标签。Cache 的数据和标签共有四个部分，每个部分都带校验位，每 8 位带一个校验位。

C_ctrl 模块在这里产生读写 Cache 存储器的读写使能控制信号和地址信号，并接受来自 C_Ectrl 模块的校验结果，以辅助判断 Cache 是否命中。

C_Ectrl 模块是 Cache 校验的主要模块，它用来产生校验位和进行校验，并将校验结果发送给 C_ctrl 模块和 IU 模块。

当 Cache 控制模块向 Cache 存储器写数据时，由 Cache 控制模块输出的数据信号先经过 Cache 错误控制模块产生奇偶校验位，再与数据信号一同传给 Cache 存储器。

当 Cache 控制模块从 Cache 存储器读数据时，由 Cache 存储器输出的数据信号和校验位经过 Cache 错误控制模块进行奇偶校验，并将校验结果发送给 Cache 控制模块和 IU。校验结果发送给 IU 是用来测试 Cache 的校验情况的。如果 Cache 校验发现错误，校验结果发送给 Cache 控制模块后，会使 Cache 认为不命中，则 IU 会重新从外部存储器读取数据。

Cache 奇偶校验原理可以简单地概括为每 8 位数据使用 1 位奇偶校验，可以检测出发生奇数个数据位错误，不能实现纠错。

2. 可动态配置的并行和冗余双核体系结构

高可靠和长寿命是航天应用信息处理系统的重要指标，为解决这些问题，通常采用冗余备份、编码方法来加强容错能力和长生存能力。正如前面所讨论的，编码技术（如EDAC、奇偶效验码、RS 码等）是目前容错设计中针对时序电路采用的最普遍、也是非常有效的方法，而且性能代价与电路代价都比较小。但是，随着深亚微米工艺技术飞速进步、电路工作电压进一步降低、工作频率越来越高，空间粒子对电路的粒子效应影响不再仅仅表现在时序逻辑，对组合逻辑电路的影响也越来越明显，而且，对时序逻辑电路产生多位错的可能性也在增加。单纯依靠上述单处理器"纠一检多"的编码技术难以解决组合电路出现的错误问题，而且对时序逻辑出现的多位错也难以纠正。

另一方面，航天及空间应用中，空间飞行器在不同的飞行阶段、或者在不同的空间应用领域，有时需要高性能计算，有时需要侧重高可靠的容错能力，甚至在部分电路发生不可恢复的故障危急情况下，能够降级执行最基本的任务，以保证飞行器的生存和安全。

鉴于此，本节提出了可配置的以 BM 3801 为核的双核处理器 BMT_PFTS（Parallel Fault Tolerance System）。该双核处理器不仅可配置为双核并行处理结构，实现处理能力的高性能，而且可配置为自检、自恢复的双核冗余结构，以提高系统的容错能力。如图 3-35 所示，该系统主要由 2 个容错 BM 3801 处理器、片上互联网络和 1 个双核管理模块组成。

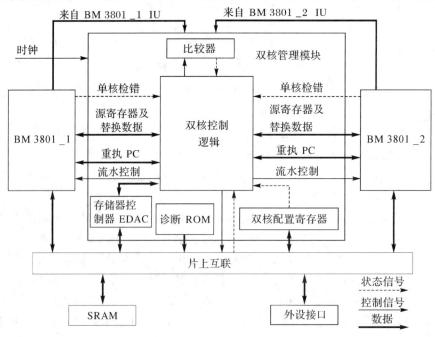

图 3-35　BMT_PFTS 结构示意图

双核管理模块包括：双核控制逻辑、比较器、双核配置寄存器、处理器诊断 ROM、存储器 EDAC 纠检错逻辑，以及互联接口等部分。两个单核处理器按指令级同步执行，即在每个时钟内，两个单核处理器执行的指令是完全一致的。双核控制逻辑根据双核运行状态信息、比较器信息、互联信息，对两个单核处理器的运行进行控制，包括指令级同步控制、纠检错控制、互斥控制、流水启停控制等；比较器比较两个单核处理器的运算结果是否一致，并将结果信息提供给双核控制逻辑；诊断 ROM 存储单核处理器错误诊断程序，当系统发生永久故障时，通过调用该诊断程序分别在不同处理器上执行，判断是哪个单核处理器发生了永久故障。

在双核管理模块中，还设计了一个 BM 3801_1 和 BM 3801_2 两个处理器共用的外部存储器 RAM 控制器。当处于双核容错工作模式时，两个处理器访问外部存储器时不是通过自身的存储器控制器（并行时用），而是通过双核管理模块的公用存储器控制器。这样，当写数据到外部 RAM 时，写直达方式到外部 RAM 的数据，通过双核管理模块后只将其中一个处理器的数据写入到外部 RAM；当从外部 RAM 读入数据时，通过双核管理模块将数据同时分发到两个处理器。外部存储器控制器与单核处理器一样，设计了对存储器纠检错的 EDAC 编码逻辑。

双核配置寄存器用于配置 BMT_PFTS 是工作在并行双核模式还是双核冗余容错模式。该配置寄存器连接在片上互联结构上，具有固定的寄存器编址，可由系统态程序访问，通过对该寄存器的工作模式控制位的设置，动态切换双核的工作模式。该配置寄存器由 5 位组成，5 位以冗余表决方式来确定工作模式，以防止个别位因辐射导致翻转而进入非预定的工作模式。

片上互联根据系统操作要求从外部或内部存储器（如 ROM）读取路由指令和数据（消息）。当系统配置为双核并行模式时，通过它连接两个处理器以及其它资源。同时，双核管理模块内部部分数据通道以及控制信号复用作两个并行处理器之间的消息通信通道及控制信号。

3. 高纠检错覆盖率的两级容错设计思想

实际统计表明，空间中引起单粒子翻转造成存储电路一位错或者相关多位错，是发生概率比较高的一种辐照效应。其主要原因是空间有多种重粒子以足够能量撞击电路，使其中的位发生翻转。存储单元由于其存储特性而被保留下来，从而对计算机的数据安全性造成影响，对数字计算机的运行产生危害。根据目前的研究与实验数据来看，常规工艺的 SRAM 型存储器在空间发生 SEU 的概率约为 0.5～4 次/(Mb·天)，DRAM 型存储器发生 SEU 的概率约为 0.2～1 次/(Mb·天)。可见 SEU 的发生频率很高，因此对星载计算机采取必要的 SEU 容错措施是非常重要的。可供采用的 SEU 防护与容错方法包括了系统结构措施和电路设计、加工工艺等几个方面。从电路设计上，可以采用分流电阻与偏压结构等措施来抑制 SEU 的产生；从加工工艺上来讲可以采用 SOI、外延 CMOS 等特殊工艺。从逻辑设计阶段采用编码方法，能够非常有效地纠正一位时序电路错误，检出多位错误，而且增加的电路面积比较小。

但是，实际空间辐照环境下，还会发生辐照总剂量(TID)、单粒子闩锁(SEL)等其它效应，这些效应也会使电路工作不正常。总剂量效应是体硅 CMOS 电路在辐照环境下由于栅氧化层中的电荷积累造成电路阈值电压、漏电等特性改变引起的电路失效或功能参数退化。从加固角度来说，目前解决方法主要有两种：一种是采用像 SOS、GaS 等专门的加工工艺，这种作法加工难度大、成本高；另一种是在电路版图设计时与加工工艺中同时采取措施，通过减薄栅氧化层的厚度和采用环形栅等加固措施来降低总剂量效应，从而提高电路的抗总剂量损伤能力。

单粒子闩锁是由于空间高能粒子的轰击造成体硅 CMOS 电路中寄生的四层 PNPN 结构正向导通并形成正反馈，使内部电流迅速上升的故障现象，极易造成电路的永久性烧毁和损伤。单粒子闩锁防护以加固方法为措施的，有两种实现方法：一种方法是在电路级采用外延工艺，增加 N＋、P＋ 源/漏区与阱区之间的距离，采用保护环，增加阱和衬底接触孔数以及减少这些孔与闩锁通路的距离等，以显著减少电路的闩锁敏感性，或采用 SOS、SOI 与 DI 等无闩锁工艺；另一种方法是电路或系统级对电路供电电流进行限制，切断闩锁维持条件，从而消除闩锁造成的危害。

从上述空间粒子效应分析和防护方法来看，从物理电路级、器件级以及后端版图级来进行加固，是可以实现的技术途径。加固的方法实质上是通过提高器件的可靠性来提高整个电路的容错能力。但从技术和成本来看，加固方法的实现技术越来越复杂，实现代价越来越高。加固的器件在一定程度上影响了整体电路的性能，而且生产会依赖某个具体的工艺，移植成本大。

随着电路工作频率的提高、电路工作电压的降低，空间辐射以及其它干扰不仅影响时序电路，而且影响组合电路的正常工作。因此，对于空间高可靠应用要求来讲，只是纠正时序电路一位错是不够的，还必须对其他各种影响效应以及时序电路的多位错情况也能够在极大程度上得以纠正。

多核冗余是对时序电路和组合电路错误都能很好纠检的一种方法。但三模冗余由于面积与功耗代价太大在目前国内工艺条件下还不合适。两个处理器构成的冗余是一种可行的结构。但如果以两个自身无容错能力的处理器按照"黑盒子"方式互联，对某些错误也难以纠检，并且运行程序必须要"回卷"到以前所有存储器及寄存器没有被错误改写之前的某个位置重新执行，这势必导致如下不可克服的缺点：一是要完整保存程序"回卷"到正确位置处的所有现场，需要单独设置一个存储器，要很大的面积代价，而存储器本身容易发生单粒子效应；二是为了能正确纠错，程序必须"回卷"足够的距离(指令)，因而纠错时间很长，同时当没有发生错误时，需要不断更新后续"回卷"点，保存新的现场，导致性能大幅下降。

基于上述分析，本文提出了由自身具有容错能力的两个 BM 3801 处理器核，以"白盒子"方式紧密耦合，构成双核冗余的两级容错机制来实时纠检时序电路和组合电路的错误：在底层，每个单核处理器自身具有对时序电路"纠 1 检多"的能力；在高层，该两个处理器以指令级同步执行并对结果进行比较，以检出并纠正组合电路错以及纠正底层单核无法纠正的多位时序电路错。也就是说，对于抗单粒子翻转，主要通过单核采用编码技术实现纠 1 检多错；而对于 SEU 多位错，以及总剂量效应 TID、单粒子闩锁 SEL，以及其它可知与未知原因造成的错误，都统一通过双核两级容错机制检出并与底层容错逻辑共同实现。这样，无论是什么原因导致时序电路单位或多位或组合电路错，该机制能够几乎以 100％纠、检错覆盖率快速检出、快速纠正。而且，当其中一个处理器发生永久故障时，系统能自动降级为单处理器继续执行。

双核两级容错机制是在 VLSI 系统级和逻辑设计级设计实现的。设计的芯片不依赖特殊工艺和单元库，在常规工艺条件下就能够生产。从体系结构来讲，是通过单片多处理来实现强容错目的的。

4. 自检与自恢复的双核两级容错机制的实现

双核处理器两级容错协同处理过程是通过状态机来控制的。图 3-36 显示了系统容错相应操作的状态转移图。系统复位后，先进入初始状态完成初始化操作，初始化操作主要完成双核处理器工作在并行还是冗余容错模式，以及当为双核容错操作时双核的同步，然后进入双核无错操作状态。程序执行过程中，当需要从外部存储器读取指令(数据)时，双核容错控制逻辑部件通过总线控制其向存储器发送地址信号，从存储器读取指令(或数据)，同时分发到 BM 3801_1 和 BM 3801_2，该两个处理器以锁步(lockstep)模式工作。

进入双核无错操作状态后，双核容错系统将按正常流水方式工作的同时，在不同的执行途径并行进行相应纠检错操作：双核分别进行各自寄存器堆 EDAC 和 Cache 奇偶检测；而在容错管理模块中，进行双核运算结果的比较以及存储器访问时的 EDAC 操作。

在双核两级纠检错机制中，对可能发生的各种错误情况进行分析和归类，共有 7 种可能出现的错误表现，分别是：单个 BM 3801 IU 单位错；两个 BM 3801 IU 单位错；单个 BM 3801 IU 多位错；两个 BM 3801 IU 多位错；BM 3801 Cache 错操作(包括同时)；BM 3801 读 RAM 单位或多位错操作，以及所有其它检错结果正常但两个 BM 3801 执行结果不一致。这些错误的纠检错统一由状态机来控制。下面分别介绍。

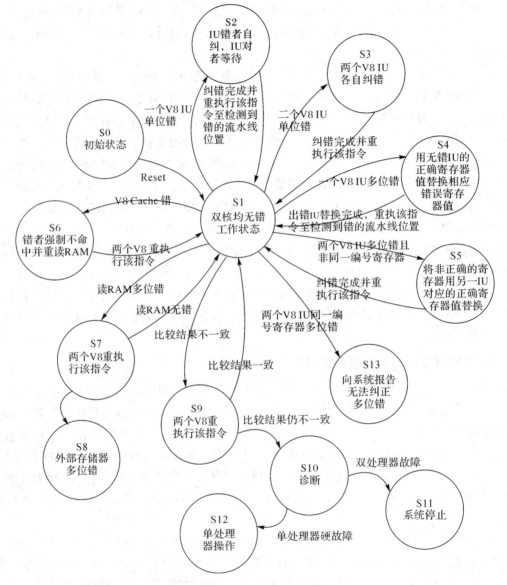

图 3-36 双核冗余两级容错状态机控制转移图

1) 错误标示与纠错优先级

由 BM 3801 IU 寄存器堆 EDAC 纠检错实现机制可知，IU 是在流水线执行级（exe）判断是否发生单位或多位错。在该节拍，其它部件如 Cache、RAM，以及另外处理器也可能发生错误。当发生同时多种（个）错时，双核容错处理器必须按照最合理的顺序将错误一一纠正完毕后才能继续执行指令。为此，在双核管理模块中设计了错误状态寄存器，记录不同处理器不同部件发生的错误，并按照从内到外(IU→Cache→RAM)的纠错顺序规定纠错优先级，IU 优先级最高。当两个处理器同时发生错误时，可以并行纠检错。但如果发现两个处理器同时发生多类错误时(如寄存器堆、Cache 都发生错误)，为了使控制简单，规定两个处理器按串行方式纠检错，并规定 BM 3801_2 的纠错优先级高。图 3 - 37 是错误标示寄存器及纠错优先级示意图。当某种错误事件发生时，在检测到该错误发生的时钟延的下降延将错误标志寄存器相应位置为 1，当该错误纠正完毕后，将该位清零。

为了保证双核处理器发生错误后两个处理器能够协调纠错，对每个处理器定义了三种运行状态，00：正常运行；01：纠错状态；10：等待状态(当另一个处理器纠错时，该处理器处于等待状态，直到纠错处理器纠错完毕后重执行该指令到检错位置)。

图 3 - 37　错误标识寄存器与纠错优先级

2）双级容错故障恢复机制

(1) 单个 BM 3801 IU 单位错：由上节对错误状态记录、优先级定义与处理器运行状态的规定知，当发生单个 BM 3801 IU 单位错时，其纠错控制就比较简单了：发生错误的 BM 3801 按之前纠错方法自身进行纠错，另一处理器在原地等待(IU 流水线的 MEM 级)。当纠错方处理器纠错完重新执行该指令到 MEM 级时，两个处理器又开始同步正常执行新的流水指令了。

(2) 两个 BM 3801 IU 单位错：发生错误的两个处理器各自纠正自己的单位错，然后按照正常流水方式执行新的指令。

(3) 单个 BM 3801 IU 多位错：当 BM 3801 IU 发生多位错时，BM 3801 自身无法纠正该错误，此时双核管理模块将未发生错误的 BM 3801 相应的寄存器值传递到错误的 BM 3801 中，用正确的值替换其错误值(MEM 级)，然后发生错误的 BM 3801 将替换后正确的值写回到寄存器堆中(wr 级)，重新执行该指令到 MEM 级时，两个处理器在双核管理模块控制之下继续执行指令。

(4) 两个 BM 3801 IU 同时多位错：纠正两个 BM 3801 同时多位错相对比较复杂些。当 BM 3801 当从寄存器堆读数据时，一般一条指令一次从寄存器堆读出两个寄存器内容。当两个 BM 3801 读出的寄存器发生的错误不是同一个编号的寄存器时，则分别用未发生错误的寄存器值替换另一个 BM 3801 错误寄存器的值，各自将替换后正确的数据写入各自寄存器堆，然后重新执行指令运行。但当两个 BM 3801 发生的多位错是在同一寄存器编号上时，则无法纠错，将会给系统发出一个不可纠的多位错标志，由系统处理。

（5）一个 BM 3801 读 Cache 错：当一个 BM 3801 读 Cache 发生错误时，情形与单个 BM 3801 IU 发生单位错类似。双核管理模块使得未发生读 Cache 错的处理器处于等待状态，等待发生错误的处理器纠正完该错误执行到等待处理器同一流水线节拍后，两个处理器又开始继续执行。

（6）两个 BM 3801 读 Cache 错：两个 BM 3801 同时读 Cache 错时，只需对其中一个进行纠错即可。因为 Cache 纠错方法是强迫 Cache 不命中，由存储器控制器到外存读取正确数据填充错误 Cache，同时将正确结果传递到 IU。这样就可以利用其中纠错 BM 3801 的数据同时也填充到另一个发生错误的 BM 3801，使另一个 BM 3801 的 Cache 错也得到纠正。

（7）读 RAM 多位错：读 RAM 单位错，存储器控制器接口 EDAC 会自动纠错。当发生单位错时，两个处理器同时等待，直到纠错完成才继续执行。当发生多位错时，双核管理模块使双核同时在执行该条指令，看是否是因为数据总线发生错误，如果是数据总线发生瞬时可恢复的错误，则重执指令会纠正该错误使得程序继续执行。但当该错误发生在存储器自身数据发生多位翻转时，EDAC 是无法纠正的，此时将向系统发送无法纠正的错误信息，由系统处理。

（8）永久错误诊断与重构：空间微处理器故障分为瞬时故障和永久故障。BMT_PFTS 设计有精确的故障恢复机制。恢复机制分两步进行。第一步，当比较器发现比较结果不匹配并且没有任何单处理器发出其错误信息时，认为检测到某个处理器故障发生，首先通过重执指令试图进行瞬时故障恢复。第二步，如果第一步恢复不成功，认为发生了永久故障，将采用永久故障恢复方法进行故障恢复。

永久错误诊断与重构操作，主要是识别哪个处理器发生硬故障，并从硬故障中恢复故障。如果在指令重执下两个处理器的输出结果仍不匹配，系统认为所发生的故障是硬故障。在这种情况下，系统试图进行硬故障恢复。系统状态从重执指令状态（状态 S9）转移到诊断状态。容错管理模块使双核处理器分别执行 ROM 中的诊断程序，以识别哪个处理器发生了硬故障，并把发生硬故障的处理器从系统中移去，将系统配置成单一处理器系统，然后转入单一操作状态。如果容错模块不能识别出故障处理器或诊断出两个处理器都发生了故障，则系统转移到停止状态并且停止操作。

3）系统性能与比较

BMT_PFTS 具有有效的错误检测和错误恢复机制，只使用了比较少的硬件，就完全实现容错功能，并且与单核相比，性能损失很小。系统与 V8 完全兼容，透明地执行 V8 指令集上的任何程序。该设计用 Synopsys 工具在 SMIC 0.18 微米工艺条件下综合，微处理器 BM 3801 约 200K 门，容错管理模块约为 52K 门。通过以软件方式"故障注入"，在 Xilinx Virtext E 的 FPGA 进行仿真，证明达到了设计要求。

用自主设计的自身具有一定容错能力的 BM 3801 以紧耦合方式构成双核处理器，以及配置成双核两级容错工作模式，有着明显的优势：

（1）能够实现并行或冗余容错处理，生产时能集成在一个单芯片上，构成单片多处理器系统。并行处理结构中，单处理器自身具有"纠一检多"容错能力。

（2）能够根据设计目标，对单核结构、双核互联结构、容错处理结构在 VLSI 的系统设计阶段进行整体规划和适应性设计，以适合并行处理和容错处理，而用"黑盒子"方式构成的双核处理器无法完全实现二者之间的无缝结合。

（3）纠检错能力显著提高，并能降级运行。单纯以一个单核方式实现的容错，难以实现多位错和组合逻辑错纠检。而采用自身不具备纠检错能力的处理器构成双核容错系统，无法处理下列错误情况：双核 IU 各有一位出现在同一寄存器编号的单位错，或不同地址编号的多位错；无法检测读 RAM 时发生的多位错（使用同一错误数据源，因而运算后的比较结果一致）。

（4）纠检错实时性强。无论是组合还是时序错误，错误在流水线存储器（exe）阶段前都已检测到，因而可以停流水阻止错误传播，防止改变存储器和寄存器堆内容，转而进行纠错操作。纠错极限情况是当 load（store）双字指令读取的 4 个寄存器内容都有错误发生，IU需要重刷 5 次流水线，5 级流水计算需要 25 个时钟周期才能纠完错并得到最终的正确结果。但如果是由两个"黑盒子"处理器构成的容错系统，需要回卷上千条指令程序才能恢复到没有改变寄存器堆及存储器内容的位置，而且保护现场的代价非常高。按照故障发生概率模型测试，BMT_PFTS 与单核处理器比较，性能损失＜1％，而以"黑盒子"处理器实现的双核容错处理系统，性能损失近 50％。

（5）兼顾了整体高性能。单核处理器设计了性能加速器，适合航天及空间应用条件下数据算法及高密集特点，因此，无论是在并行处理模式还是冗余容错模式，都使综合处理性能得到显著提高。

第 4 章 航空专用加速器及异构处理器

4.1 引 言

硅工艺朝着物理极限的不断迈进，导致了由摩尔定律和登纳德定律组成的集成电路传统缩放模型失效。在芯片功耗墙的限制下，人们发现在后登纳德定律时代，芯片设计中存在使用墙问题以及由此所观察到的暗硅现象。更进一步地，随着工艺的持续进步，暗硅现象会不可避免地急剧恶化，使得芯片设计进入暗硅时代。

在暗硅时代，芯片上可以在极限时钟频率下翻转的晶体管的比例急剧下降，这使芯片上出现了大量无法有效利用的晶体管。这些不断增加的无法使用的晶体管，导致在设计芯片时功耗和能耗与芯片的面积相比更为重要。这种设计思路的转变导致了利用暗硅来换取高能量效率的新型体系结构不断涌现，大量集成异构专用协处理器就是其中之一。

单个专用协处理器与通用处理器相比可以提高 10 倍以上的能量效率，使得集成少量专用协处理器的系统其能量效率大大提高。但常见的系统具有大量不同的应用负载，为了提高这种系统的能量效率，架构师需要集成大量的异构专用协处理器并调度软件到专用协处理器上执行。

4.2 使用墙问题和暗硅时代

深亚微米工艺出现之前的 30 多年，VLSI 的发展几乎严格遵循着经典的摩尔定律和登纳德定律，这也是芯片设计师的美好时代。在这 30 多年中，仅仅凭借 CMOS 工艺的进步，就可以使得各种运算设备的性能越来越强、体积越来越小，甚至功耗也越来越低。工艺每进步一代，就会使得晶体管的面积减小为原来的一半，晶体管的翻转速度也会按照特征尺寸的收缩比例而提升，并且由于供电电压的下降，单个晶体管翻转所需的功耗也会随之成指数下降。这些变化使得在芯片总功耗近似不变的情况下，芯片上可以集成的晶体管数量为原来的 2 倍。

在这 30 多年中，凭借这些越来越多的晶体管，设计师可以在处理器中放置越来越多的执行单元、功能部件，采用更加复杂的机制来不断提升处理器核的性能，比如使用复杂的超标量流水线、乱序执行、线程级前瞻执行、复杂的分支预测等。

近年来，当工艺进入深亚微米之后情况发生了改变。虽然芯片上集成晶体管的密度还在不断成指数增长，但是单个晶体管翻转所需的功耗不再随特征尺寸的降低成指数下降。这导致了在固定的芯片功耗预算下，可以在最高时钟频率下翻转的晶体管数量占比随工艺的进步成比例下降。这就产生了使用墙问题，并由此观察到暗硅的现象。接下来给出使用墙的含义，再从理论分析、工业界产品观察来阐述这个问题的合理性和真实存在性。

学术界所说的使用墙问题（Utilization Wall）是指由于功耗的限制，每一次工艺的更新将导致芯片上可以最高速度翻转的晶体管的比例成指数降低。使用墙问题的产生是由于摩尔定律和登纳德定律共同组成的经典缩放模型中的登纳德定律失效造成的。

DRAM 的发明人登纳德（Robert H. Dennard）在 1974 年指出每一次工艺的更新将带来 S^2（假设晶体管缩放因子为 S，约为 1.4）倍的晶体管，这些晶体管的运行频率可以提高 S 倍，所以在相同芯片面积下潜在的运算能力将提高 S^3（2.8）倍。与此同时，单个晶体管的电容将降低为原来的 $1/S$，内核电压也降低为原来的 $1/S$。由此计算出的芯片上所有晶体管的总功耗不变。总体来看，登纳德定律阐述了两个问题：一是处理器的计算性能提升并不是仅仅受益于数量越来越多的晶体管，也受益于晶体管越来越快的翻转速度；二是登纳德定律表明了使用新工艺后，同样面积的芯片功耗几乎不变。

公式（4-1）给出了单个晶体管的功耗计算公式。晶体管的功耗由三部分组成，等式右侧第一项为动态功耗，第二项是漏流功耗，第三项是短路功耗。由于在 130 nm 工艺之前，晶体管的功耗主要取决于动态功耗，所以使用新工艺实现的单个晶体管功耗降低为原来的 $1/S^2$。但是芯片上可以集成原来 S^2 倍的晶体管，所以芯片的总功耗可以维持不变。这就是登纳德定律的第二个结论。具体计算过程见表 4-1 中登纳德模型列。

$$p = \frac{1}{2}\alpha CV_{dd}^2 f + I_{leakage}V_{dd} + I_{sc}V_{dd} \qquad (4-1)$$

当工艺演进到 90 nm 之后，晶体管的漏流功耗逐渐占据了主导地位。晶体管的漏电流主要由三部分组成：亚阈传导漏流、结漏流和栅极漏流。在低电源电压和低阈值电压的芯片上，亚阈传导漏流是晶体管漏电流的主要部分，而且会随着阈值电压的不断降低而按指数趋势增加。

$$f_{max} \propto \frac{(V_{dd} - V_t)^2}{V_{dd}} \qquad (4-2)$$

公式（4-2）是表征晶体管翻转速度的关系式。可见，晶体管的翻转速度与供电电压和阈值电压的差值成正比。因此为了维持晶体管的翻转速度，V_{dd} 的降低必然引发 V_t 的降低。

$$I_{subrhreshold} \propto \exp\left(-\frac{V_{th}}{T}\right) \qquad (4-3)$$

公式（4-3）表征了亚阈传导漏流的关系式。可见，亚阈传导漏流和阈值电压的变化趋势成反方向的指数关系。也就是说，当阈值电压降低的时候，亚阈传导漏流将成指数增长。

综合公式（4-2）和公式（4-3），为了使亚阈传导漏流维持在可接受的范围以便获得可以承受的漏流功耗，就不能按照工艺收缩的比例降低阈值电压，甚至需要维持阈值电压不变。在这种情况下，为了维持晶体管翻转速度以及获得足够的噪声容限，芯片的供电电压也不能按照传统模型的收缩比例降低。供电电压的缓慢降低甚至维持不变，将导致芯片整体的功耗快速上升，这使得登纳德定律失效。

表 4 - 1　传统缩放参数与后登纳德定律缩放参数的对比

CMOS 晶体管属性	登纳德定律时期	后登纳德定律时期
功耗预算	1	1
芯片面积	1	1
特征尺寸缩小比例(W, L)	$1/S$	$1/S$
晶体管数量变化	S^2	S^2
晶体管频率变化	S	S
晶体管电容变化	$1/S$	$1/S$
芯片内核电压变化	$1/S$	1
单个晶体管功耗 $=\alpha FCV^2$	$1/S^2$	1
芯片总功耗 $=$ 晶体管数 $\times$ 单个晶体管功耗	1	S^2
使用率 $=1/$ 芯片总功耗	1	$1/S^2$

表 4-1 的第三列给出了在深亚微米工艺下登纳德定律失效后，各个参数收缩的状况。这里假设芯片的供电电压维持不变，那么最终芯片上所有晶体管完全翻转的总功耗将变为 S^2。这样在芯片功耗预算维持恒定的假设前提下，芯片上晶体管的使用率将降低为原来的 $1/S^2$。这是使用墙问题出现的理论基础，也由此开启了后登纳德定律时代。

在后登纳德定律时代，摩尔定律仍然发挥作用。这也就是说工艺每进步一代，芯片上的计算资源所提供的潜在能力依旧提高 2.8 倍（晶体管数量增多并且速度变快，$S^2 \times S$）。但是在使用墙的限制下，仅仅只有 1.4 倍的潜在性能可以得到发挥，其他提供额外性能的晶体管或被关断电源，或被彻底关断时钟，由此导致了架构师所看到的暗硅现象。如果假设在当前工艺下，芯片上所有的晶体管同时翻转所需的功耗为芯片的功耗总预算并维持不变，那么根据后登纳德定律时期的收缩公式，8 年后的芯片上（假设经过 4 代工艺）将有 93.75% 的晶体管处于暗硅状态。图 4 - 1 是 ITRS 在 2012 版报告中回顾的其在 2001 年预测的暗硅占芯片面积比例图。这和上述理论分析的结果具有类似的趋势。此外，由于漏电功耗是 CMOS 器件的基本属性，因此如果没有器件的突破性创新，暗硅现象还要继续恶化下去，从而不可避免地使芯片设计进入暗硅时代①。

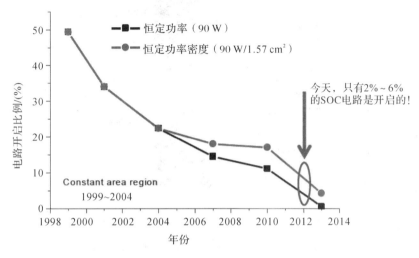

图 4-1　ITRS 2012 年关于暗硅占芯片比例预测回顾

　　体系结构的设计需要跟随芯片所能提供资源的变化而变化。在登纳德定律时期，架构师使用摩尔定律带来的额外晶体管来追逐最高的性能；今天在后登纳德定律时期，架构师将使用这些额外的晶体管来追逐更高的能量效率（energy effciency），以此来适应暗硅时代芯片上的资源。

　　进入后登纳德定律时期的最直接的表现就是工业界的设计在 2005 年开始转向多核。多核的设计思路见图 4-2。65 nm 到 32 nm 的转变经过了 2 代工艺，晶体管的缩放参数 $S=65/32$，即 S 约为 2。那么理论上，芯片上可以集成 4 倍数量的处理器核，并且需要 4 倍的功耗来维持这些晶体管逻辑正常工作。然而芯片的功耗不能无限上涨，在维持芯片功耗大体不变的约束条件下②，从 65 nm 工艺到 32 nm 工艺架构师可以将处理器的核数增加 1 倍，但是要维持处理器频率不变（图中灰色部分），这也是当前工业界大多数的选择。另一种方法是维持核数不变，将处理器的主频提高两倍。其他还有一些基于两者之间的权衡，例如核数增加一半，频率也增加一些。但是不管采用哪种方式，芯片上的大部分资源都是无法有效利用的，这些资源就成为了暗硅（图中黑色部分）。

―――――――――――――――

① 学术界对于"暗硅时代"的英文提法有多种，包括"Dark Silicon Era"、"Dark Silicon Regime"和"Dark Silicon Age"。本书较为倾向于"Dark Silicon Regime"，其想表达的意思是暗硅不可避免，需要体系结构去适应。但是由于没有发现较为恰当合适的汉语词汇与之相对应，所以本书对此所用的中文还是"暗硅时代"。此外，本书所说的解决暗硅问题也是适应暗硅时代的意思。

② 芯片的功耗预算不仅仅取决于芯片本身的散热、稳定性等因素，更取决于所在的系统。例如移动平台的系统总功耗要求为 4 W 左右，无线基站平台要求芯片的最大功耗是 50 W（华为海思）。

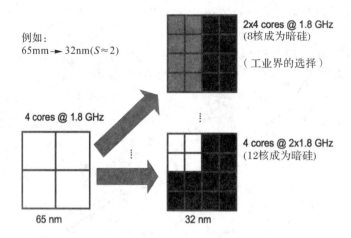

例如：
$65\text{mm} \rightarrow 32\text{nm}(S \approx 2)$

2x4 cores @ 1.8 GHz
（8核成为暗硅）

（工业界的选择）

4 cores @ 1.8 GHz

4 cores @ 2x1.8 GHz
（12核成为暗硅）

65 nm

32 nm

图 4-2　通用多核扩展所带来的大量暗硅

对最新的高端主流商用处理器产品的观察也可以证明这一点。在桌面端，对 Intel 4 代
I7 处理器 Nehalem、Sandy Bridge、Ivy Bridge 和 Haswell 的分析可以看出，I7 架构的发展
基本符合使用墙的理论，即最高端的芯片维持主频缓慢增长的同时，慢慢增加处理器核的
数量，也就是图 4-2 中两者之间的一种中间设计方案。在服务器端，观察苹果公司最新的
Mac Pro 服务器搭配的 Intel 至强处理器可以发现，核数越多的高端芯片，主频越低。例如
6 核的至强处理器主频为 3.5 GHz，而 12 核的至强处理器主频仅为 2.7 GHz[①]。在移动端
这种趋势更为明显，例如华为海思的移动应用处理器麒麟 920 芯片采用 big. LITTLE 架
构，这种架构可以根据应用的需求打开性能较强的 4 核 Cortex - A15 处理器，也可以打开
高能量效率的 4 核 Cortex - A7 处理器，当然也可以在低频率下同时打开 8 个核。图 4-3
是商用处理器主频和时间的关系（来自 ISSCC 2014 年的报告）。可以很明显地看出，2005
年工艺进入深亚微米之后，处理器的主频几乎不再增长。

无论采用图 4-2 中哪种解决方案，或者它们之间的任何一种折中方案，都无法缓解芯
片上将出现越来越多暗硅的趋势。所以多核架构设计更像是一种处理器架构发展的中间状
态，而不是解决使用墙的最终方案。目前已经有一些研究论证了多核结构将无法在未来继
续扩展。那么为了继续跟随工艺发展的脚步，解决未来 12 nm、8 nm 以后处理器架构的问
题，需要对处理器结构进行新一轮的创新，并且这一轮创新需要解决的主要问题不再是如
何利用更多的晶体管来提高处理器的性能，而是如何有效利用这些晶体管来提高处理器的
能量效率，使得设计也可以有效利用增加的晶体管进行扩展。

---

① 核数和主频的数值增减倍数并不一定严格成比例。这是因为芯片上除了处理器核之外，还有共享的三
　级 Cache，以及多种外设控制器、互联等部件。

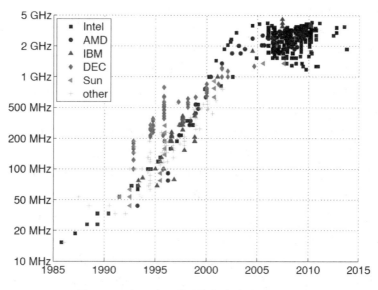

图 4-3　商用处理器时钟频率随时间的变化

　　暗硅并不是指空白的、无用的或者没有使用的硅；暗硅仅仅是没有一直使用的硅或者没有在极限频率下工作的硅。在深亚微米工艺之前，芯片中也存在着暗硅（或者叫暗逻辑）。例如，Cache 就属于暗逻辑，因为 Cache 中的晶体管平均翻转频率远小于 1%；定点程序执行时浮点部件也成了暗硅。

　　笔者认为如果底层器件没有突破性的创新，暗硅现象就不可避免并会越来越严重。适应暗硅时代的架构研究，实际上就是指找到合适的系统架构，使用更多的晶体管，在满足能耗约束的前提下尽可能提高性能，或者在满足性能需求的前提下提高能量效率①。因此这里所说的"解决暗硅问题"是指找到合适的架构，以适应暗硅时代的芯片资源特点。

4.3　适应暗硅的架构研究

　　使用墙和暗硅的研究工作并非一帆风顺，经历了最开始的备受质疑、之后逐渐被大家接受以至今天成为研究热点的过程。本节将描述使用墙问题，并讨论暗硅研究的发展过程以及现状。

　　这里首先来探讨一下功耗墙和使用墙、暗硅研究的区别。尽管功耗问题由来已久，人们也相应地提出了功耗墙来说明功耗问题的严重性，但是功耗墙与使用墙、暗硅研究的侧

---

① 在暗硅时代直接面对的问题应该是解决能耗效率。

重点不同，功耗墙的侧重点在于芯片的功耗有一个无法逾越的上限，这个上限可能是由于芯片散热、稳定性、设备供电或者系统架构所决定的。使用墙和暗硅研究的侧重点在于芯片在功耗上限的限制下，未来芯片上的晶体管不可能同时全速翻转。这导致在芯片工作的任意时刻，芯片上会出现大量的关断电源、关断时钟或者降低翻转频率的晶体管。使用墙和暗硅研究表明，如果体系结构没有创新性的突破，那么架构师将无法利用新工艺所提供的大量晶体管资源，同时芯片的性能提升也将十分有限①。功耗墙的提出促使大量低功耗设计研究出现，而暗硅的提出将导致系统架构发生突破性的改变，暗硅研究重点关注在未来 14 nm、8 nm 工艺直到达到物理极限时芯片的架构组织问题。

使用墙问题在 2006 年由加州大学圣迭戈分校（UCSD）的 Michael Taylor 和 Steven Swanson 教授总结发现，并于 2010 年在 ASPLOS 会议上由 UCSD 的 Michael Taylor 教授和 Steven Swanson 教授团队正式提出而进入人们的视线。在 2010 年的 HotChips 会议上 UCSD 将使用墙问题进一步形象地抽象为暗硅（Dark Silicon）②。之后在 2011 年的 ISCA 会议上，华盛顿大学的 Hadi 分析了暗硅时代，并对当前使用的主流架构进行了建模，之后在一定程度上分析预测了多核扩展时代将要终结。至此使用墙和暗硅现象才逐渐被人们所接受。在 2012 年 ISCA 会议举办时，UCSD 的 Michael Taylor 教授、Steven Swanson 教授和 Jack Sampson 教授（现为宾州州立大学助理教授）一起组织承办了首届 Dark Silicon 会议（DaSi）。与此同时，在 DAC 2012 年的会议上，UCSD 的 Michael Taylor 教授总结了所有一切潜在的适应暗硅时代的架构方法，并分析了每一种方法可能遇到的挑战。在这次会议上 Michael 还提出了 CoDA（Coprocessor - Dominated Architecture）的概念，这种 CoDA 架构就是本节研究的主要对象。2013 年 UCSD 的 Michael Taylor 教授和 Steven Swanson 教授作为特邀编辑，编辑出版了一期 IEEE Micro 专刊，该专刊重点讨论了面向暗硅时代的研究。之后使用墙和暗硅研究才逐渐成为热点。从发表的文献数量来看，使用墙和暗硅的研究从 2010 年到 2013 年每年发表的重要文献从几篇逐渐增加到十几篇，进入 2014 年关于这方面的研究所发表的重要文献上升到几十篇。

总体来说，目前适应暗硅时代的架构研究有以下四个方向③：

（1）在芯片中集成专用逻辑；

（2）使用淡硅的方式（Dim Silicon），扩展核数，但是降低部分主频或电压；

---

① Intel 最新的芯片已经出现了 Die 在逐渐变小的趋势，说明其无法在功耗限制下利用摩尔定律提供的全部晶体管来提供更好的性能。

② Dark Silicon 的名词并不是由 UCSD 首次提出的，ARM 公司的 CTO Mike Muller 在 ARM 技术会议上提到了这个名词，但没有公开发表的文献。参见 http://www.eetimes.com/document.asp?doc_id=1172049，关于暗硅这个词汇更为详尽的历史请参见 Prof. Michael Taylor 的主页。

③ 本章对暗硅研究的分类与作者 Prof. Michael Taylor 的分类稍微不同，去掉了 Die 收缩的方向，添加了近似计算。

（3）使用新器件替代 MOSFET；

（4）采用近似计算。

专用化是目前学术界较为关注的方案。UCSD 的 Michael Taylor 教授①、Steven Swanson教授②和 Jack Sampson 领导的团队尝试了这个方向。

UCSD 的团队首先在 2010 年的 ASPLOS 会议上发表了文献，首次提出了使用墙问题，主要从理论分析的角度定义并引出了使用墙，之后从实验和对商用处理器的观察等角度论证了使用墙问题真实存在，提出了 Conservation – core（本章简称 C – core）的最初架构，这种专用协处理器从设计一开始就追求更高的能量效率。之后对 C – core 的架构进行了升级和改进，加入了一些既能提高性能又能提高能量效率的方法，例如选择性去流水化等。

之后，作为 2010 年 HotChips 会议 SoC 部分唯一一篇由高校完成的论文，UCSD 将使用墙问题抽象成暗硅（Dark Silicon），并提出了集成 C – core 为安卓系统搭建 GreenDroid 的初步想法。该项目的后续工作也陆续发表，这些文献更为完整地介绍了 GreenDroid 的想法，并且增添了更加详实的实验数据。此外，还初步介绍了 GreenDroid 的验证系统和流片工作。

2012 年 DAC 和 DaSi 上发表的文献预测了未来处理器的设计将更加注重能量效率而不是性能的提升。这篇文献也分析了适应暗硅时代的四个潜在研究方向，并且简单综述了这四个方向中当前的研究现状以及难点。更为完善的总结和论述参见 Michael 的内容。后续的关于暗硅的研究通常都是沿着这四个方向进行的，并且也提出了 CoDA 架构的概念。

微软研究院的 Doug Burger 教授③、威斯康星麦迪逊的 Karu 教授④以及华盛顿大学 Hadi Esmaeilzadeh 领导的团队同样也探索了专用化方向。

该团队的理论研究情况发表于 2011 年的 ISCA 会议。文中论证了在暗硅条件下，目前的主流多核架构将因为无法提高性能而即将终结。文中还对各种不同的主流多核架构进行了较为详细的建模分析，认为未来制约性能提升的主要原因就是暗硅。该文献预测了类似 CPU 的架构，集成超过 35 个核之后继续集成更多处理器核时系统性能提升将微乎其微。此外，该文献还发现，这种多核可扩展的架构仅仅对具有高度并行性的负载（99％以上为并行部分）来说性能才可以持续提升，而对于普通的应用 8 nm 工艺实现的处理器仅仅可以比现在提升 3.7 倍的性能。

威斯康星麦迪逊 Karu 教授提出 DySER 解决方案。DySER 在通用处理器的流水线中

---

① 博士生阶段为麻省理工 Raw 处理器主要架构师。作为最早的同构众核架构处理器，Raw 提出了瓦片结构的概念。

② 博士生阶段为华盛顿大学 WaveScalar 处理器主要架构师。

③ 博士生阶段在威斯康星麦迪逊参与了 SimpleScalar 仿真器的开发，在德州大学奥斯丁分校做教授期间领导了 TRIPS 处理器的研发。

④ 博士生阶段在德州大学奥斯丁分校参与 TRIPS 处理器的研究工作。

添加了新的可配置的功能单元，并通过将经常执行的控制复杂代码和并行代码映射到配置阵列上来提高系统的性能和能量效率。

在 2012 年第一届 DaSi 会议上哥伦比亚大学的 Lisa Wu 和 Martha A. Kim 发表了针对不同的测试程序集进行的细致的程序分析结果，得出了以下三点结论：

（1）通过分析 SPEC 2006 测试集，证明了 C-core 和 DySER 这样的加速器对于非结构化的 C 代码是有效的；

（2）对 Java 测试程序集的分析认为对于这种面向对象编程语言可能面向类而不是单独函数的加速器可能更为有效；

（3）认为用专用处理器来填充暗硅，系统将要集成几十或者几百个加速器。

该文献不但证明了 C-core 的有效性，而且也从侧面论证了 CoDA 研究的必要性。这也是研究合理性和迫切性的基础。他们提出的解决方案属于专用逻辑的解决方案。

弗吉尼亚大学探索了暗硅时代的专用化研究方向。其建模并权衡了使用加速器和可重构逻辑的优缺点。结果表明，对于具有理想并行化的多个不同负载，可重构逻辑比加速器具有更好的能量效率。这是因为可重构逻辑在多个不同应用间具有可重用性，并且可以提供更好的加速度。

哥伦比亚大学和 Cadence 公司一起研究了暗硅时代加速器的存储器被其他通用架构处理器或者专用加速器共享使用的问题。该研究也属于专用化研究方向。

加州大学洛杉矶分校的学者针对暗硅时代大量使用加速器的架构提出了优化的加速器与共享存储器互连方案。该研究同样探索了专用化研究方向。

淡硅研究方向通常降低供电电压并降低处理器的主频。宾夕法尼亚大学和密歇根大学探索了淡硅方案。该研究小组提出了一种较为独特的解决方案，他们探索了负责芯片散热的各种材料，并使得在某一段时间的芯片功耗可以超过芯片的功耗预算。这段时间是以芯片达到的正常操作温度上限为终止的。采用这种方法可以使得芯片在处理延迟敏感的任务时加快速度，这样尽管在短时间内会消耗大量的能量，但是可以使芯片尽快完成任务，并更快进入休眠的状态，所以在整体上会节约大量的能量消耗。

密歇根大学的研究人员探索了暗硅时代的淡硅方向。他们提出的解决方案是在架构中集成更多的处理器核，对于这些处理器核，使用普通电压是无法完全供电的；相应地，解决方案降低了工作电压到接近阈值电压的水平（near threshold voltage），使得芯片的总功耗控制在预算内。之后，为了维持系统的性能，就需要使程序尽可能地并行化来使用这些更多的处理器核。

犹他州立大学的暗硅时代研究团队提出了多核拓扑上同构、功耗性能异构的体系结构（Topologically Homogeneous Power-Performance Heterogeneous，THPH）。这种多核架构是由一些体系结构角度相同的处理器核组成的，但是每一个核针对不同的电压-频率（voltage-frequency）组合进行优化。这样当任务需要较高的性能时，可以迁移到高电压高频率的处理器核上执行；与之相反，如果任务不需要较高性能，可以迁移到较低电压低频率的处理器核上执行，这样就可以节省大量的能量。这个研究是解决 Dark Silicon 的暗（淡）硅方案。

新器件的研究是最无法预测的。宾州州立大学的学者尝试了研究新器件，他们将隧道场效应管（Tunnel Field-Effect Transistors，TFET）引入处理器逻辑中。与 MOSFET 相比，TFET 的阈值电压更低，并且可以节省大量的能量。但是在高电压状态 TFET 的速度比 MOSFET 慢；学者们还提出了在多核设计中同时包含 MOSFET 工艺实现的处理器核和 TFET 工艺实现的处理器核。

近似计算（Approximate Computing）也较为新颖，该研究方向的主要想法是在仅仅需要近似解的时候仅仅计算出近似解而不是精确解来降低能量消耗。微软研究院和华盛顿大学提出了解决暗硅的近似计算方案。近似计算也在 2012 年被 ITRS 列入了低功耗设计技术路线图，这种技术在有些计算仅仅需要近似解或者满足基本需求的情况下，可以将精度或者正确性降低，这样就可以节省大量的能耗。适合近似计算的应用包括视觉以及机器学习等。在系统架构上，近似计算需要编程模型、编译器、处理器架构和电路等多个层次的支持。

其他一些研究还包括：宾州州立大学和北京大学一起展开了在暗硅时代的片上网络研究；新南威尔士大学（澳大利亚）和卡尔斯鲁厄理工学院（德国）的学者也共同研究了暗硅时代的高能量效率片上网络。

卡尔斯鲁厄理工学院（德国）、滑铁卢大学（加拿大）和卡耐基梅隆大学的学者提出了解决暗硅时代芯片热量、可靠性以及对工艺变化容忍的一系列方案。

图尔库大学（芬兰）的学者研究了在暗硅时代基于片上网络的众核架构处理器的在线测试调度算法。新加坡国立大学研究了在暗硅时代 big.LITTLE 非对称多核架构的功耗管理问题。国内体系结构研究一直领先的国防科大也在张春元教授的带领下展开了暗硅时代微处理器设计的研究。

此外，未来架构使用的适应暗硅的技术可能会组合使用这 4 个方向的研究成果。例如，将同时包含专用逻辑、不同功耗-性能优化的通用处理器核以及不同器件实现的逻辑等。

人类大脑作为暗逻辑比例最高的计算架构之一，提供了一种计算机体系结构颠覆性创新的新方向。今天的计算机仍然无法完成很多人类大脑可以处理的任务，尤其是视觉相关的工作。大脑具有 800 亿个神经元和 100 万亿个突触，并在低于 100 mW 的功耗下工作。大脑证明了高度并行、可靠和存在大量暗逻辑的结构是存在的，并且大脑还呈现了低操作频率（Dim）、专用化和新器件的特点，这些都与现在暗硅的研究类似。与处理器相比，神经元的操作频率特别低，最快的情况下也仅仅可以达到 1 kHz。尽管神经元和晶体管具有本质的属性区别，用硅模拟的神经元在做计算时会带来过大的"解析"开销，但是大脑可以作为暗硅时代架构的参考。大脑提供了一种重新设计系统来满足暗硅时代所需的极低操作频率和极低工作电压的深入、长远的研究方向。

4.4 CoDA 架构及能耗研究

4.4.1 CoDA 架构的定义

CoDA(Coprocessor – Dominated Architecture)是最近由 UCSD GreenDroid 团队的 Prof. Michael Taylor 提出的适应暗硅时代芯片资源特点的新型架构。该架构的基本想法是：将软件中的常用函数、共享库、程序基本块等程序段硬件化成专用协处理器，并集成到芯片架构中。极限情况是为所有应用负载的每一个程序段设计一个专用协处理器。这样每当程序执行到这些硬件化的函数和基本块时，程序就跳转到相应的专用协处理器上执行。为了将功耗控制在预算内并最大限度地提高能量效率，理想情况下 CoDA 仅仅为正在计算的处理器核供电，其他等待的逻辑全部断电。这样随着程序的执行，程序使用的一系列专用协处理器核被依次点亮再关闭(闪烁)。

CoDA 架构与人类大脑也有相似之处。首先是专用化，人脑中由神经元组成的不同区域有不同的功能。有的具有不同的认知功能，有的连接不同的感觉器官，并允许重构，随着时间的推移突触连接还可以面向计算进行定制。CoDA 中每一个专用协处理器都是一个晶体管集合并可以完成特定的功能。

其次是操作频率低，人脑中的神经元最大的"工作频率"为每秒钟 1000 次。在 CoDA 架构中操作粒度从指令变为专用协处理器，因此会大大降低计算逻辑的操作频率。在 CoDA 中某一个特定的专用协处理器仅仅在应用执行到对应函数时才工作。

第三是只有少部分逻辑"供电"，大脑中的神经元在同一时刻只有少部分工作而其他大部分神经元都是"暗逻辑"。在 CoDA 中由于操作粒度是专用协处理器，同一时刻也只有几个专用协处理器工作，其他大部分的专用协处理器都处于关断的状态。

目前实际研究的 CoDA 架构大体按照上面的想法设计。架构中不但有通用处理器，还有大量面向应用负载的专用协处理器，并且架构中专用协处理器的数量远远超过通用处理器的数量。在实际的 CoDA 架构中，程序在通用处理器和专用处理器之间跳转执行，跳转过程基于当前任务运行在哪种处理器上可以获得更高的能量效率。同时当前没有使用的器件进入深度的低功耗模式。在 22 nm 或者更先进的工艺下，芯片的暗硅面积将提供足够的晶体管资源来构建 CoDA，这样的 CoDA 架构可以包含成百上千的专用协处理器。

大量集成专用协处理器使得 CoDA 设计即使面对大规模负载也可以保证大部分程序运行在专用协处理器上，并通过不断集成更多专用协处理器的方式提高专用协处理器上的代码执行覆盖率。专用协处理器的代码覆盖率越高，负载在 CoDA 架构上运行的全局能量效率就越高。

CoDA 架构的提出基于以下一些事实：

首先，随着暗硅时代的到来，芯片上出现了越来越多的无法同时供电的晶体管，这就像人脑中存在大量的无法同时使用的神经元。这些晶体管使 CoDA 架构有足够的资源来专用化所有需要执行的程序段，并通过这种专用化全部功能的方式使系统通用化。这与人脑类似，整体上看人脑可以处理所有信息（通用），但是每一种信息都是特定区域来处理的（专用）。

其次，异构和专用化具有高能量效率，可以有效地适应暗硅时代。CoDA 方案就是利用这些暗硅来实现一系列的专用协处理器的，这些协处理器的速度比通用处理器的更快，能量效率比通用处理器的更高（10～1000 倍）。研究已经提出，使用这些暗硅来构建专用协处理器，每一个专用协处理器都比通用处理器降低 90％ 以上的能耗。此外，专用协处理器对性能和功耗的优化和权衡空间比通用处理器更大。

第三，随着计算机编程技术的发展，应用软件的编写往往基于一系列的共享库函数，系统软件的编写也需要调用一系列的系统调用函数。这就使得芯片架构师可以面向这些共享库函数和系统函数设计函数粒度的专用协处理器，并在软件调用这些共享代码时跳转到专用协处理器上执行。通过这样的方式，就可以用适度的硬件代价来快速提高专用协处理器对应用负载运行时的动态覆盖，进而提高系统的能量效率。

专用协处理器的研究由来已久，几乎是伴随着通用处理器的发展而发展的。早期的专用协处理器都是作为加速器而出现的，例如浮点协处理器；之后就出现了处理并行指令或者数据的加速器；近年来，由于芯片设计遇到越来越严重的暗硅现象，架构师又大规模使用专用协处理器来适应暗硅时代。

图 4-4 是东芝在 2011 年研发的移动应用处理器，它集成了大量的专用协处理器。这些专用协处理器都是为某些特定应用而设计的，当运行这些特定应用时与通用处理器相比不但性能上可以大幅提高，而且能量效率也可以大幅提高。

虽然理论上 CoDA 架构可以有效利用暗硅，但是大规模向 CoDA 架构中集成专用协处理器还有以下几个潜在问题：

（1）软件与硬件接口的划分。软硬件的接口实际就是软件工程师与硬件设计师之间的一种约定，只要遵守这个约定，软件工程师编写的软件就可以正确地在硬件设计师设计的电路上正确运行。在通用处理器中，软件和硬件的接口就是指令集。但是当系统中出现越来越多的不同厂商设计的专用协处理器后，统一专用协处理器的软硬件接口将变得尤为重要。如果接口划分不明确就会导致两方面的问题：首先，为专用协处理器设计的编程语言可能无法在相同功能的专用协处理器之间兼容，例如 CUDA 语言无法兼容 AMD 和 Nvidia 的 GPU；其次，软件工程师编写或者移植程序到专用协处理器上将变得较为复杂，例如在 CELL 处理器上编程。

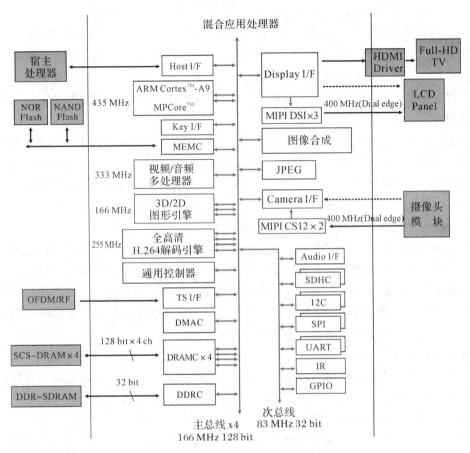

图 4-4 东芝 40 nm 低功耗应用处理器架构

（2）开发专用协处理器是非常复杂和繁琐的工作，需要大量工程师的人力投入以及大量资金支持。与采用复制的方式开发通用多核、众核处理器不同，通常芯片上集成的每一个专用协处理器都可以是异构的、具有不同的功能。这就需要工程师单独设计每一个专用协处理器。

（3）大部分常见的加速器都是针对某类特定的并行程序而设计的。与论证程序加速的 Amdahl 定律类似，如果仅仅并行程序可以获得较高的能量效率，而串行程序还是运行在通用处理器上，整个系统的能量效率提升将非常有限。

Conservation Cores(C-core)自动专用协处理器生成技术基本上可以解决程序专用化时出现的上述三方面问题，这个技术也是 CoDA 架构提出的工程基础。

首先，专用协处理器的自动生成直接解决了第二个问题。虽然自动生成的专用协处理器在性能或者功耗方面比工程师手工优化的专用协处理器要差，但是与通用处理器相比仍然可以获得十几倍的能量效率优化。此外,工程师可以不断优化自动生成工具链来生成越来越好的专用协处理器,这将拉近自动生成电路与手工优化电路之间的性能以及功耗差距。

其次,C-core 兼容了软件进行程序调用的标准二进制接口 ABI,这使得通用处理器上运行的程序可以像调用函数一样调用 C-core,并使程序的执行由通用处理器跳转到专用协处理器。使用函数粒度的专用协处理器 C-core 并不需要对程序源代码进行修改,因为它对程序员来说是透明的。这样不同厂商设计的专用协处理器就有了可以遵守的软硬件约定并方便了软件的移植。

第三,自动生成的 C-core 是面向串行程序设计的。这样在系统中集成传统加速器以及 C-core后,程序的并行部分可以在传统并行加速器上执行,而串行部分可以在 C-core 上执行,这样将大大提升专用协处理器执行程序的代码覆盖率并提高整个系统的能量效率。

C-core 自动生成技术是 CoDA 架构实现的工程基础。采用自动生成的方式就可以在可接受的时间内生成大量专用协处理器并使用它们覆盖大部分应用执行。这样才能使得系统的能量效率明显提升。

GreenDroid 解决了那些软件需要被硬件专用化并提出了将 C-core 集成到通用架构的简单方法。此外,GreenDroid 还分析了面向单个应用程序的软件专用化,可以获得能量效率的提升。在完整地论证了 CoDA 在工程实现上的可行性以及可以获得的能量效率优势后,学者提出了 CoDA 架构。

工业界的半导体发展路线图 ITRS 在 2012 年将 Dark Silicon[①] 以及 CoDA 列入了低功耗设计技术路线图(2013 年发布)中,见图 4-5。CoDA 架构的研究也受到美国国防部先进研究计划局(DARPA)通过下属未来架构研究中心(Center for Future Architectures Research,C-FAR)给予的研究经费的支持。

```
低功耗设计技术路线图
近似计算
 · 可变精度计算
 · 4D 计算:动态可重构
门控电路替换方案
 · HVT 器件
超级异构
 · CODA(Coprocase-dominated architectures)
 · Intel 加速器或 Tensillicn 或 GPU
```

图 4-5 ITRS 将 CoDA 列入新的低功耗设计技术路线图

---

① ITRS 在这个报告中用 Dark Silicon 来表示一类使用 power off 技术使得硅成为暗逻辑的技术。

4.4.2　问题的提出

前面的工作证明在单个应用的系统或较小负载的系统中使用专用协处理器可以带来更好的能量效率。但是常见的系统上通常运行着大量不同的负载，CoDA 架构也需要提高这类复杂应用环境下系统的能量效率，也就是说架构师需要为几十或上百个不同应用负载设计专用协处理器，并将这些专用协处理器集成到 CoDA 架构。这使 CoDA 架构面临一些理论和工程方面的挑战。这些挑战来自于不断向 CoDA 架构中集成更多的专用协处理器所带来的下列问题。

首先，随着 CoDA 架构规模扩大，集成大量专用协处理器所带来的能量开销也随之增加，这些开销吞噬了 CoDA 所带来的潜在能量优化。尽管与通用处理器相比，每一个单独的专用协处理器都可以带来性能或能量优化，但是集成大量专用协处理器到一个架构中会使片上互连更为复杂，同时也需要使用更为复杂的存储系统。

其次，尽管与传统设计相比，CoDA 架构中在任意时刻芯片上大部分晶体管会处于空闲状态（例如门控状态），但是由于芯片规模较大，这些空闲的晶体管所带来的漏电功耗也会给设计带来很大问题。

第三，增加专用协处理器的数量会增加程序在它们之间跳转的频率，增加跳转开销（互连更复杂，延时会增加）并会影响 Cache 的性能。如果设计者没有仔细对这些因素进行权衡，这些无用的开销会吞噬大量使用专用协处理器所带来的能耗或性能优势。

第四，随着集成专用协处理器数量的增多，手工集成这些处理器不但耗时而且容易出错。另外，由于 C-core 中大部分电路都受到多时钟周期路径约束，因此这种电路是否可以用现有 EDA 工具实现并且正确运行都需要工程实现来探索。

上述这些挑战的实质问题是需要探索解决 CoDA 架构的可扩展性问题，该问题是CoDA 架构的核心问题。CoDA 架构的可扩展性问题包括以下几个方面：

（1）CoDA 所支持应用的可扩展性。由于 CoDA 架构中集成的都是专用协处理器，每一个专用协处理器都是面向特定应用生成的，因此这种架构是否适用于当今的应用程序是一个值得研究的问题。只有当 CoDA 架构可以适用于大规模、多样的应用程序，它才值得被研究。支持应用的可扩展性体现在 CoDA 对大规模应用的适用性上。此外，CoDA 架构需要尽量维持编程模型来简化应用程序移植。

（2）CoDA 架构的可扩展性。因为 CoDA 将要集成成百上千的专用协处理器，这就需要 CoDA 硬件具有可扩展的架构。由于应用负载多种多样，呈现不同特征，这要求 CoDA架构的扩展可以在不同维度上适应应用负载，因此 CoDA 硬件架构要具有多个维度的可扩展性。此外，为了适应暗硅时代，CoDA 架构还需支持多种功耗管理技术并且架构、功耗管理技术和程序执行策略要紧密结合。

（3）CoDA 能量效率角度的可扩展性。这是 CoDA 架构可扩展性研究的核心问题。

CoDA 的提出就是为了追求高能量效率。在互连、存储和漏电功耗等开销的影响下，大规模 CoDA 架构的能量效率与通用架构相比是否还可以成倍提升，是关系 CoDA 设计是否可扩展的核心问题。只有大规模 CoDA 具有高能量效率，CoDA 架构扩展才是有效的，才能证明 CoDA 适应暗硅时代的芯片特点。

（4）CoDA 工程实现角度的可扩展性。硅是检验结构设计的唯一标准，对于新提出的架构需要更加谨慎。为了证明所提的 GreenDroid/CoDA 架构可以使用现有开发工具、脚本和工艺实现，需要进行 FPGA 系统原型设计实现以及流片工作。只有可以工程实现的新架构才是有价值的。

此外 CoDA 架构也会带来专用协处理器对应用负载动态执行覆盖率以及使用模型方面的问题。传统的专用协处理器仅仅支持一部分关键的应用（例如视频解码、加密解密），而在 CoDA 架构中几乎所有的应用都需要使用专用协处理器，并发执行的多个应用可能会同时使用多个专用协处理器。如果应用程序竞争使用某些特定的专用协处理器，竞争失败的线程要么等待直到专用协处理器空闲，要么返回到通用处理器上执行，这样性能和能量效率将受到影响。对于多线程负载，这些冲突会显著地降低 CoDA 的效率。这种影响到底有多大，是否可以缓解也需要进一步仔细的研究。

4.4.3　CoDA 架构设计

针对大规模应用负载所设计的具有广泛适应性的 CoDA 架构中将包含成百上千的专用协处理器，这就要求我们提出一种多维度可扩展的体系架构。本节描述以下内容：

（1）为了使 CoDA 设计能够覆盖较大规模的应用以及更好地适应应用的不同特点，CoDA 设计所采用的是多维可扩展架构；

（2）描述 CoDA 架构的能耗管理策略，并描述了每一个核都是如何被点亮的；

（3）描述了本节所给 CoDA 架构中的程序执行调度策略。

1. 多维可扩展 CoDA 架构

大规模 CoDA 架构所支持的应用程序具有各种不同的特点。有的程序需要使用更多数量的专用协处理器，而有的程序仅仅需要使用几个专用协处理器；有的专用协处理器较大，有的协处理器较小，不同协处理器之间可能具有几倍的面积差距。专用协处理器的分布也会对 CoDA 架构的性能、能量消耗产生影响。此外，主流的瓦片化多核架构需要瓦片的面积大致相等。在这些需求约束下，CoDA 架构需要在多个不同的维度上提供可扩展性，才能灵活地适用于不同的应用程序集，并提高系统的能量效率。图 4 - 6(a) 展示了本节研究的 CoDA 设计的高层次架构，下面分层次介绍这个架构的可扩展性。

在瓦片扩展维度（Tile - core Scaling）上，本节的 CoDA 设计可以由不同数量的瓦片构成。瓦片可以是不同处理器核集合，也可以是二级 Cache。如图 4 - 6(a) 所示，CoDA 架构中这些不同数量的瓦片还被组织成多个电压域（Voltage Domain）。每一个电压域都包含一个或多个运算瓦片和一个共享的二级 Cache 瓦片。这些瓦片之间的通信使用点到点的、虫洞路由的 2D‑mesh 物理互联网络，而不是虚拟通道。使用 2D‑mesh 作为片上网络是因为这种网络具有较好的众核扩展能力，这使得 CoDA 可以集成无限多的瓦片，进而集成无限多的专用协处理器，大大扩展了探索空间。

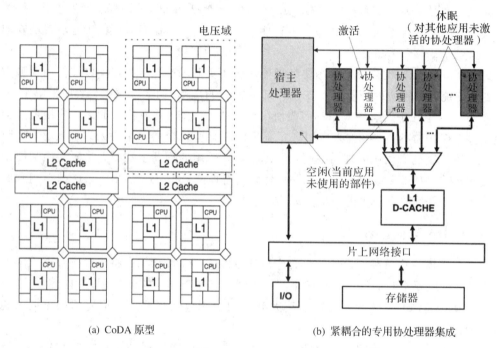

(a) CoDA 原型　　　　　　　　　(b) 紧耦合的专用协处理器集成

图 4‑6　CoDA 架构

　　在瓦片内部扩展维度（Intra‑Tile Scaling）上，CoDA 中每一个运算瓦片都可以包含数量不同的专用协处理器，也就是瓦片内专用协处理器的数量可扩展。为了使编程模型保持不变，设计不但需要使专用协处理器兼容函数调用 ABI，还要让专用协处理器与通用处理器共享 Cache 来避免不必要的数据调度。这样在瓦片内部主处理器和专用处理器通过一组树形网络连接 Cache，并在同一时刻仅仅允许一个处理器访问 Cache，使得瓦片内形成了局部多核架构。集成的专用协处理器越多，Cache 访问路径上的多选器也就越大、延迟越长，这约束了瓦片内可以集成专用处理器的数量上限。如果集成的专用处理器数量太多，无法在一个瓦片内集成，那么需要在高层次增加瓦片的数量。图 4‑6(b) 展示了一个瓦片内部各个部件的互联情况。如图 4‑6 所示，运算瓦片中还有一致的 L1 指令和数据 Cache，以及一个动态互联网络路由。主处理器与专用协处理器的连接也使用树形网络。

　　在专用协处理器扩展维度（Intra‑Coprocessor Scaling）上，每一个被集成到 CoDA 架构中的专用协处理器都可以是异构的，并且这些异构的专用协处理器的大小和支持的功能都不相同。有的仅仅支持几个程序基本块，有的可以支持几百个程序基本块。此外，架构师还可以根据需要通过编译优化和手工代码优化来指导专用协处理器的设计实现。例如，通过内联函数(inline)可以使得专用协处理器变大，并减少程序在主处理器和专用协处理器之间的跳转次数。

运行在某一瓦片上的线程可以使用该瓦片内任何一个专用协处理器；如果该线程需要使用该瓦片内没有的其他专用协处理器，线程需要迁移到包含该特定专用协处理器的瓦片上执行。本节不对瓦片内多个专用协处理器同时执行以支持多线程的执行模式进行讨论，但是此种情况可以采用通过激活多个瓦片，使得每一个瓦片执行一个线程的方式进行覆盖。

在 CoDA 中，某一个瓦片内的处理器核访问该瓦片内一级 Cache 的延迟和该瓦片中集成的专用协处理器数量以及与一级 Cache 之间的距离有关，而 L1 Cache 的访问延迟是影响处理器性能的关键因素。较大面积的瓦片由于集成了更多的专用协处理器，会导致 L1 Cache 访问延迟加大，这将限制处理器的性能。另外，在实际应用中，瓦片内的所有专用协处理器或者不同瓦片对存储器结构和存储器延迟的敏感程度都不相同。在 CoDA 设计中，由于瓦片内可能集成较多的专用协处理器，通过 Profile 的方式来提取每个专用协处理器对存储带宽和延迟敏感程度的需求，然后将需求较高的专用协处理器放在距离一级数据 Cache 较近的地方，而需求较低的专用协处理器则放在距离一级数据 Cache 较远的地方。该方法不但可以减少线的总长度，降低多路选择器的功耗，而且由于线延时的缩短，也减少了对性能的影响。这种方法与采用对称的多路选择器，并提供相同的存储器延时的解决方案具有本质的区别。

CoDA 架构使得代码几乎不在通用主处理器上运行，并且系统中主处理器的数量等于瓦片的数量。因此主处理器的性能相对于主处理器的简单性来说，显得不那么重要。因此瓦片内的主处理器最好选用高能量效率的顺序执行处理器，并且支持快速从深度休眠唤醒。所采用的主处理器是兼容 MIPS 的 MIT Raw 处理器。通用主处理器通过树形互联网络可以访问专用协处理器内部状态寄存器，并通过读写这些状态寄存器来控制协处理器的运行。

2. CoDA 能耗管理策略

本节探索的 CoDA 架构支持三种功耗和能量管理方式，分别是多电压域、门控电源和门控时钟；并将描述这些功耗和能耗管理策略的具体应用情况，以便读者更好地理解CoDA设计与传统架构的核心差别，更好地理解为什么 CoDA 可以适应暗硅时代。

通过在 CoDA 架构中引入多个电压域(图 4-6(a)中虚线部分)将整个瓦片阵列划分为多个小阵列。每一个电压域都有自己的电源网络(power rail)，并使用芯片外的电压控制器(voltage regulator)来控制这些电源网络。通过采用这种设计使得系统可以完全关断不需要使用的电压域。这样做的代价是线程将不可以再利用其他关断的电压域中的二级 Cache 资源。为了探索 CoDA 架构的设计空间，假定冲刷 Cache 和使电压域上电或掉电需要几百微秒的时间，改变激活的电压域仅仅发生在操作系统对应用进行调度时。

架构所使用的门控电源具有深度睡眠的能力并且上电和断电所需时间也和操作系统调度时间类似。CoDA 架构以应用程序为粒度配置需要上电的专用协处理器。为了高效地管理未上电的闲置资源，系统使它们在默认状态下处于深度的关断电源状态，操作系统根据应用以及并发性来配置共享资源。因为应用程序需要使用哪些专用协处理器具有高度的可预测性，并且这些专用协处理器就是根据应用而生成的，所以在程序执行过程中需要唤醒专用协处理器的情况不经常发生。大部分情况仅仅需要操作系统在调度程序执行时进行配置。操作系统的调度时间与现在常用的门控电源技术以及更为激进的门控电源技术具有类似的时间。

CoDA 设计还考虑了门控时钟的使用。因为一个应用程序可能会使用多个专用协处理器，而且使用可能是串行的。这样处于闲置状态的专用协处理器如果和当前运行或正在调度的应用有关，则使它处于门控时钟关断状态；如果无关，则处于关断电源状态。这种形式和最新的基于 big - LITTLE 架构的移动应用处理器类似。通过这样的方式，可以在较粗的粒度上节约大量能量消耗。

此外，CoDA 架构在同一时刻，每一个瓦片内部仅有一个执行单元处于激活的状态，该执行单元或者是主处理器，或者是某一个专用协处理器。

为了更为清晰地对 CoDA 能耗管理策略进行描述，更清晰地表达 CoDA 能耗管理策略与之前传统多核/众核架构的区别，以及更清晰地统一描述功耗管理、CoDA 架构和程序执行之间的联系，下面我们以体育场相机闪光灯为例进行类比说明。

图 4 - 7 是足球世界杯比赛现场观众席的闪光灯。如果把闪光灯闪光瞬间的光亮对应为 CoDA 中的处理器核上电后在执行程序，那么图中黑暗的地方就相当于非激活区域，也就是 CoDA 中某些处理器核所在电压域没有供电。闪光灯光亮周围还有一些灰色的区域，这部分区域对应于 CoDA 架构中电压域上电但是又被门控电源关断电源或者被门控时钟切断时钟的区域。

图 4 - 7　体育场相机闪光灯

　　CoDA 上运行程序的过程与体育场闪光灯光亮出现的过程也有相似之处。在球员入场之前，观众席一片黑暗，此时对应于 CoDA 架构刚上电时默认情况下都处于暗硅状态。球员入场之后，一部分感兴趣的人将相机打开准备拍照，此时对应于操作系统调度程序执行并将程序执行所需的专用协处理器核所在电压域上电。由于程序的执行过程所需使用的专用协处理器大部分可以预知，所以此时操作系统将程序要使用的处理器核置于关断时钟的状态，这类似于体育场的某些观众此时已经半按了快门。上电电压域中程序不使用的处理器核需要处于门控电源的门控状态下。CoDA 架构中的程序在不同专用协处理器间跳转执行，执行到的处理器核就会打开门控时钟进行正常计算，对应于完全按下快门，开启闪光灯。程序跳转到下一个处理器核执行后，当前的处理器核再次回到门控时钟的状态，直到下一个程序被操作系统调度。这个过程类似体育场观众席上闪光灯不停的熠熠闪烁。

3. CoDA 执行策略

　　由于 CoDA 设计所采用的专用协处理器都兼容程序调用的二进制接口 ABI 并与主处理器共享 Cache，所以无需对高层次编程语言编写的程序源代码进行修改。

　　在 CoDA 架构中，程序在专用协处理器和通用处理器之间跳转执行。为了在程序中插入这些跳转，CoDA 的编译器需要修改专用协处理器支持的函数调用接口 ABI，修改的内容是添加一个新的分支语句。这个分支语句检查专用协处理器是否存在并空闲。如果协处理器存在并空闲，代码可以跳转到协处理器执行；而当协处理器不存在或者忙的情况下，程序可以继续在主处理器上执行未经修改的软件代码。从其他程序部分的角度来看，这些修改后的函数调用接口部分和原来的调用是一致的。从 CoDA 设计的视角来说，这种一致性是必要的，也是设计的基础。这种一致性也使得 CoDA 仅仅对编译器是可见的，而对于程序员来说是透明的。CoDA 中动态检查硬件的机制也用来解决多个线程对特定专用协处理器的竞争、有缺陷的部件以及兼容老代码和老的硬件。

　　当多个程序或者线程在 CoDA 架构中并发执行时，它们可能会竞争特定的专用协处理器。为了解决这个问题，新的函数接口可以检查所需的协处理器是否可以获得并且可以在线程迁移过来之前预定这个协处理器。如果协处理器不可获得，则新调用接口可以调用原来在通用处理器上执行的代码继续在通用处理器上执行。如果 CoDA 架构中使用的协处理器支持上下文切换（如 Conservation cores），那么 CoDA 的编译器需要生成额外的代码使得已经开始执行的专用协处理器可以在软件需要的时候结束执行。

　　假设所有竞争专用协处理器失败的程序或线程都回到主处理器上继续执行，直到下一次调用专用协处理器。

4.4.4　CoDA 能耗评估

　　在大规模 CoDA 架构中，效率的主要限制来源于芯片上除专用协处理器外其他部件的能量效率以及暗硅部分的漏电功耗。

（1）如果没有激进的功耗管理机制（电压域、门控电源等），漏电功耗将吞噬大规模CoDA所带来的优势。即使有激进的功耗管理机制，漏电功耗所占总功耗的比例仍然伴随专用协处理器数量的增加而增加。在 CoDA 架构中，闲置部件的漏电功耗可以超过激活部件的动态功耗。尽管如此，实验结果表明，当负载需要集成几百个专用协处理器的时候，CoDA架构仍然可以带来 3.7 倍的能量效率优化。

（2）CoDA 架构中必须采用高能量效率的功耗管理、互联网络和存储系统，这样才能保证在 CoDA 架构扩展时仍然能获得较高的全局能量效率优化。实验结果指明了改善功耗管理、互联网络和存储系统等因素与改善 CoDA 能量效率之间的关系。特别地，实验结果为未来研究如何使暗硅处于完全没有能量消耗的状态提供了强有力的动机。对于并发执行的负载，实验结果表明线程竞争特定专用协处理器所造成的影响可以得到有效的缓解，代价是仅仅增加一点芯片面积。

（3）可有效扩展的 CoDA 架构对较大的负载仍然可以显著地降低能耗。实验结果表明，对于较轻的负载，CoDA 设计可以带来 5.3 倍的能量效率优化，并带来 5 倍的能量延时积（Energy Delay Product，EDP）优化。对于运行上百个应用的较重负载，CoDA 可以带来 3.7倍的能量效率优化，并带来 3.5 倍的 EDP 优化。

1. CoDA 设计空间探索

CoDA 架构设计复杂，并且配置方面具有较大的灵活性和多样性。为了理解不同 CoDA 架构的优化设计，本节对 CoDA 设计空间进行系统的探索，使用应用负载来驱动生成大量不同的 CoDA 设计。这些设计包含了仅仅具有一个瓦片和几个 C－core 的简单设计，还包括面向大规模负载的具有几十个瓦片和几百个 C－core 的众核可扩展复杂 CoDA 设计。

本节将在获得特定设计的基础上，使用分析模型对设计的面积、性能和能耗等进行仔细的分析，再对所有设计的结果进行统计分析。此外还讨论了应用规模与集成代价之间的关系，以及 CoDA 设计对缺陷率的影响。

2. CoDA 能耗帕累托分析

图 4－8 展示了设计空间研究的结果，这些结果产生于特定的门控电源效率以及特别数量的电压域下，考察设计分别包含 1 个电压域和 4 个电压域的情况，门控电源效率关注了 0%、90%、95% 和 98% 四种情况。但是由于 90%、95% 和 98% 的趋势类似，所以为了使图形便于观察，仅仅保留了 0% 和 98.1% 两种情况。图 4－8(a) 画出了本节探索的支持所有不同负载的单电压域设计。横坐标为设计所使用的芯片面积，纵坐标为相对的能量延时积（EDP），比较的基准为不包含专用协处理器并使用 32KB L1 高速缓存和 512 KB L2 高速缓存的通用处理器。图 4－8(b) 与图 4－8(a) 相似，但是采用了最多 4 个电压域。图(a)和图(b)中每一个点是一种负载在某一个特定参数组合下设计的评估结果。图片用不同颜色标记了不同的门控电源效率，也用不同颜色标记了工作集的大小。图 4－8(c) 到图 4－8(f) 分别针对不同的应用规模（8、32、

64 和 128)①画出了能量和延时关系的四组极限情况下的帕累托边界(Pareto - frontier)曲线。这些曲线是针对每一种规模负载采用不同的门控电源效率和电压域组合生成的,不同的组合标示为 $X\%$ PGE, Y VD 的形式(X 为门控电源效率,Y 为电压域个数)。这些帕累托边界描述了针对某一设计没有其他设计可以做到更快(延时更小)并且更有效率(平均每条指令消耗更少能量)。换句话说,帕累托边界上的点为该条件下的最优解。

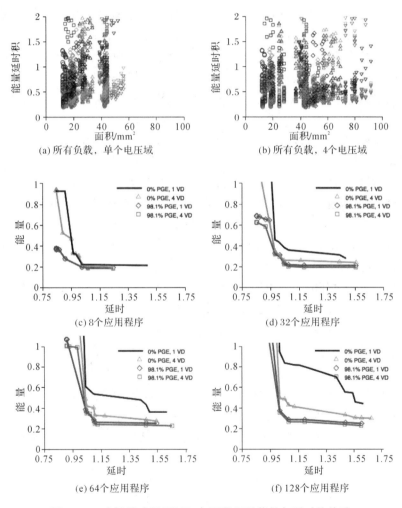

图 4 - 8　功耗延时积(EDP)与面积以及能量与延时的关系

注:本图涉及各种颜色可在出版社网站本书名下查阅配套资源。

① 应用规模为 16 的情况与规模为 32 的情况其曲线极为类似,为了不分散读者注意力,这里没有给出 16 个应用的曲线。

从图 4 - 8(c)至图 4 - 8(f)中可以清晰地看出，没有功耗管理的黑线和具有多电压域却没有门控电源的蓝线与具有功耗管理的红线和绿线之间的距离随应用规模的增大而增长，这说明功耗管理的影响随着 CoDA 架构规模的增大而增加。如果没有激进的动态漏电功耗管理，没有门控电源的大规模的设计，必须采用低静态功耗的晶体管来减少能量开销，这样就会牺牲性能。这在图形上表现为随应用规模的增长，获得同样的能量开销，没有功耗管理的设计的延时越来越大。较大的延时说明此时的设计采用了低静态功耗的晶体管。与之类似，使用高性能高静态功耗晶体管来获得高性能，即使使用门控电源，当应用负载规模增大时能量消耗也快速增加。这在图形上表现为随应用规模的增长，图形的左上角红线和绿线变得越来越陡峭。在 CoDA 架构上这是因为为了保证专用电路的覆盖率，应用增加时就要增加更多的专用协处理器，这些专用协处理器带来了相应的漏电功耗开销。

即使具有多个电压域，对于大规模负载来说，瓦片的粒度或者说门控电源的粒度对于系统也是至关重要的。虽然增加电压域会增加 L2 高速缓存的个数，但是可以缓解对门控电源实现的依赖。这些增加的 L2 高速缓存面积的开销体现在图 4 - 8(a)与图 4 - 8(b)横坐标（面积）的分布上。增加电压域也可以使片上的门控电源能够在更粗的粒度上进行操作，从而进一步减少门控电源的复杂性。从图 4 - 8(e)和图 4 - 8(f)中的蓝线和绿线之间的距离以及黑线和红线之间的距离可以明显地看出门控电源的影响。

图 4 - 8(c)到 4 - 8(f)表明，改变电压域数量对帕累托曲线（Pareto curve）的右下角影响有限（右下角各种曲线之间距离与中间段相比较近，这是因为右下角的设计实现已经采用了低功耗的晶体管和有效的门控电源），电压域数量对左上角高性能的设计影响较大。整体上，采用多电压域的设计具有更高的效率，并且设计也需要更多的芯片面积来获得这种优势。在芯片上不断增加暗硅的时代，这将是一个合理的折中。选取不同门控电源技术所带来的优势几乎被增加的电压域所掩盖，设计中即使没有细粒度的门控电源仍然可以提高三倍的能量效率。但是在负载应用较重的情况下，是否采用先进的门控电源将给能量效率带来一定影响。对于单电压域的设计情况，当应用负载规模较大时，CoDA 设计必须采用激进的动态功耗管理技术，否则大量专用协处理器所导致的漏电功耗将降低系统的整体能量效率。虽然 L2 高速缓存复制不能无限扩展，但是这些趋势表明，对于比所观察的负载更大的负载来说，应该将设计分割为更多的电压域来提高效率，直到复制 L2 高速缓存的开销超过了芯片的面积约束。

表 4 - 2 列出了针对每种不同应用规模时，能量延时积最优化时 CoDA 架构所采用的设计参数。能量延时积最优解对大部分应用规模都是类似的，但是对于最大规模的设计需要采用较大的瓦片来减少程序在瓦片间迁移时的传输时间。这也是本节所介绍的多维可扩展架构所带来的优势，可以更加灵活地适应各种应用环境。

表 4 - 2　能量延时积最优化设计

负载中的应用个数	L2 Cache /KB	L1 Cache /KB	最大瓦片面积 /mm²	瓦片数量	C-core 数量	相对软件的 EDP	面积 /mm²	pJ/指令	相对软件的加速比	工艺库	瓦片/电压域
基准	512	32	—	1	0	1.0	10.29	51.05	1.0	HP	1
8	512	32	0.5	5	22	0.200	43.20	10.40	0.941	LP	1～2
16	512	16	0.5	9	44	0.206	45.20	9.97	0.857	LP	2～3
32	512	32	0.5	20	88	0.218	50.70	11.50	0.930	LP	5
64	512	32	0.5	40	176	0.270	60.70	13.39	0.892	LP	10
128	512	32	2.0	16	352	0.286	72.70	14.80	0.926	LP	4

3. CoDA 规模与集成代价变化趋势

图 4 - 9 展示了 4.4.3 小节中当应用负载数量逐渐增大时，设计空间中特定规模负载下最优化的 CoDA 设计中总能量消耗的各个组成部分。趋势表明，对于大型设计（覆盖更大的应用），漏电功耗和互连占据了重要部分，而计算所需能量占比逐渐降低，这是因为大部分计算都迁移到高能量效率的专用协处理器上。结果表明，尽管 CoDA 设计采用了足够多的 C - core 来覆盖应用负载并且可以降低程序运行时 94% 的用于计算的能量消耗，但是计算所需能量在总能量消耗中仅占很小一部分，大部分的能量都被暗硅消耗。即使采用了多个电压域和效率为 98% 的门控电源，总能量中将近有 50% 的能量还是被漏电功耗所占据。数据在局部和全局互联上的传输以及对 L2 高速缓存的访问也占据了很大一部分能量消耗。互连线所使用的能量也超过了运算逻辑所需要的能量。

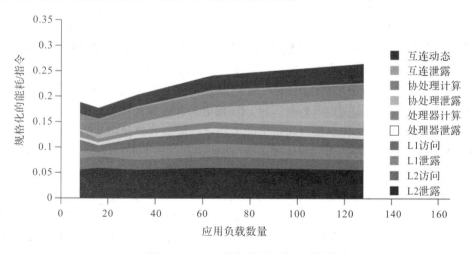

图 4 - 9　EDP 最优设计的能量消耗分布

从图 4 - 9 中可以认识到以下两点：第一点，尽管大家知道像 CoDA 这样的大规模复杂芯片，设计时需要管理漏电功耗，但需要注意的是，对已经采用了多个电压域以及效率为 98％的门控电源，非激活器件的漏电功耗仍然不容忽视。

第二点，较为幸运的是，尽管从图 4 - 9 中可以看出随着 CoDA 架构的扩大，各种开销不断增长，但是对于大规模的 CoDA 仍然可以节省大量的能量消耗，也就是说 CoDA 架构确实是可以有效扩展的，这是较为乐观的结论。数据表明，尽管存在一些开销，但是可以覆盖 128 个应用的 CoDA 架构，与通用处理器相比，仍然可以获得数倍的能量效率提高。对于很多应用环境，例如 Android 平台，128 个应用几乎可以覆盖 80％的系统运行时间，这意味着 CoDA 的扩展能力可以充分满足实际需求。

4. CoDA 规模与缺陷率

随着 CoDA 规模的扩大，相应的芯片面积也会增大。芯片面积扩大所带来的潜在缺陷率上升是一个有趣的值得讨论的话题。因为原始的应用程序可以运行在未经修改的任何一个瓦片中的通用主处理器上，并且在通用主处理器上运行并不需要特定的 C - core 支持，所以 CoDA的设计研究对于大部分片上模块来说是可以容忍缺陷的。对于有缺陷的部件，简单的做法就是不再使用即可。事实上，用来检测 C - core 是否可获得以避免冲突的机制可以直接用在避免使用有缺陷的部件上。因此，CoDA 可以在一定程度上缓解日益升高的缺陷率问题，或者当某一目标应用从负载中移除时，CoDA 芯片在功能上还是可用的，并且还可以降低能量消耗。因为 CoDA 设计中所使用的 C - core 对程序员来说是透明的，所以程序员在编写程序时并不会有可用性或者虚拟化方面的障碍。因此，大规模的 CoDA 即使无缺陷的成品率低于较小的 SoC 芯片，但是有缺陷的 CoDA 芯片上的大部分器件还是可用的。

5. CoDA 和并发执行

在当今从智能手机到数据中心的计算平台上，并发执行无处不在，所以理解多线程和多应用程序负载对 CoDA 的影响尤其重要（反之亦然）。本节讨论多线程对 CoDA 架构的积极影响和消极影响，并介绍几种技术来解决多线程所引入的新问题。

从积极的角度来看，CoDA 架构中同时运行多个线程可以提高全局的能量效率。这是因为它们可以分摊基本固定的以下能量开销：① 漏电功耗引起的能量开销；② 互联网络的开销；③ 存储系统的开销。但是同时运行的并发程序可能会竞争使用某些特定的 C - core。当两个应用程序同时访问专门为共享的库函数（例如 glibc）而设计的 C - core 以及当多个线程执行相同的应用并执行到同一个函数的时候，它们就会竞争 C - core。在这种情况下，竞争失败的线程或者返回通用主处理器上执行，这样会牺牲能量效率；或者等待，直到可以使用 C - core，这样会牺牲性能。假设调度器总是调度竞争失败的线程返回通用主处理器上执行。更加激进的调度器可以采用更为复杂的启发式技术来动态地决定是牺牲能量效率还是牺牲性能。

6. CoDA 对目标负载的敏感性

CoDA 架构中，竞争 C-core 这种情况发生的次数取决于某种 C-core 在系统中实例化的个数以及需要使用这个 C-core 的线程的数量。基于 Profile 统计热代码的程序也可以用于获取 C-core 使用情况的信息。这些信息使作者知道在特定应用负载集合下系统中需要复制多少个特定的 C-core 来避免冲突。

如果 Profile 出来的数据与实际负载动态运行的需求不同，多个同时运行的线程所带来的共同分担固定开销的好处也会受到损害。并发执行实验中，考虑了两种不同的负载分布情况。第一种情况是负载均衡分布，该种情况描述了所有应用程序在系统中都占用相同的执行时间；第二种负载分布情况是非均衡分布，这种情况描述了 10% 的应用占用了系统中 90% 的运行时间。

图 4-10 和图 4-11 展示了程序竞争专用协处理器和负载与专用协处理器类型不匹配时的能量效率。实验首先选择某一特定 CoDA 设计；被选取的是工作集为 128 个程序、程序负载均匀分布条件下设计空间中可以提供最佳能量延时积的设计。当负载均匀分布时，设计所导致的程序竞争专用协处理器概率较小。表 4-2 的最后一行是这个设计的具体参数。这个 CoDA 设计包含 16 个瓦片，最多可以支持 16 个同时运行的线程。

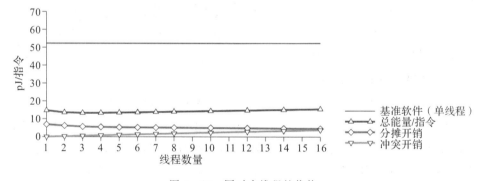

图 4-10　同时多线程的优势

图 4-10 展示了当负载和特定目标 CoDA 架构中专用协处理器分布匹配时，逐渐增加的同时运行的线程对平均每条指令消耗的能量的影响。当负载和专用协处理器匹配时，线程之间的竞争情况其实很少。图 4-10 中画出了每条指令执行时所消耗的平均能量，以及两个新增加的组成部分：一是分摊开销（例如，多个同时运行的线程可以分摊固定的漏电功耗开销）；二是冲突开销（例如，由于竞争某一个专用协处理器失败导致线程在通用处理器上执行而不是在 C-core 上执行所带来的额外能量开销）。为了方便观察，图 4-10 中最上面的常数线条描述了系统中只有一个软件线程在主处理器上执行时平均每条指令所消耗的能量。

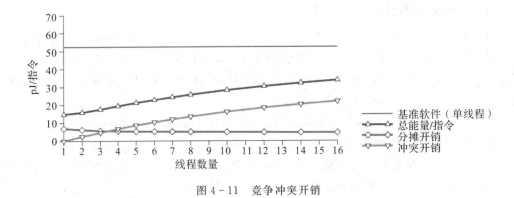

图 4-11 竞争冲突开销

数据表明，增加 3 个同时运行的线程可以将平均每条指令运行的能量消耗降低 9%；增加的线程超过 4 个时，冲突消耗的能量超过均摊所减少的能量开销；当运行 16 个线程时，每条指令所消耗的能量与单线程相比增加了 5%。

与图 4-10 中的数据不同，图 4-11 虽然采用了相同 CoDA 设计，但是所运行的负载是非均匀分布的。这样会产生负载与专用协处理器分布的不匹配情况，也就产生了较多的线程对专用协处理器的竞争冲突，并导致较低的能量效率。在这种情况下，随着线程数量的增加，冲突开销导致了平均每条指令所消耗的能量快速增加。当运行 16 个线程时，每条指令所消耗的能量增加了 2 倍多。冲突开销增长的如此迅速是由于负载的分布与生成 CoDA 架构的训练数据集不匹配所导致的。

7. 融合专用核与竞争缓解

在大部分情况下，生成 CoDA 架构时就对未来系统负载进行精确的 Profile 是不可能的，所以系统运行时对专用协处理器的竞争冲突也是不可避免的。但是，架构师可以采取一些方式来降低这种影响。最简单的减少冲突开销的办法就是对专用协处理器进行复制来提供额外的硬件计算能力。但是这种方法会使 CoDA 芯片面积几乎增加两倍，并使单个线程的能量效率降低 23.4%。因为这会使漏电功耗开销增加将近一倍，并会增加互连开销。

为了降低复制专用协处理器所带来的面积开销，架构师需要注意这个事实：在大多数情况下，应用程序是很少使用这些冗余的 C-core 的。这就促使架构师可以通过融合多个冗余的 C-core，并使用这个冗余的 C-core 来减少简单复制多个不同 C-core 所带来的影响。实验结果表明：融合后的 C-core 在覆盖更多软件功能的情况下，面积比单独的多个 C-core 减少 23%，同时与这些单独的 C-core 相比能量效率降低 27%。因为对于专用逻辑来说动态能量消耗仅仅是总能量消耗的一小部分，所以这个权衡通常可以为面向多线程负载的 CoDA 架构带来能量效率的优势。

为了量化地分析融合所带来的好处，本节创建了一个新的 CoDA 架构。在新系统中使用融合冗余的方式为每种类型的 C-core 在功能上提供 2 倍的数量。这使新 CoDA 架构花费了额外 41％ 的面积而且降低了 15％ 的能量效率（与单线程负载相比）。图 4-12 展示了与图 4-10 和图 4-11 比较，当系统中包含融合的 C-core 时平均每条指令的总能量消耗。融合技术不但可以为均匀负载分布（下方两条线）也可以为非均匀负载分布（中间两条线）带来好处。对于均匀负载分布来说，在运行 16 个线程时包含融合 C-core 的系统可以提高 7.4％ 的能量效率。对于非均匀负载分布来说，因为负载与 C-core 不匹配，融合技术可以改善最多达 22.1％（运行 7 个线程时）的能量效率，并且在运行 16 个线程时优化 11.1％ 的能量效率。

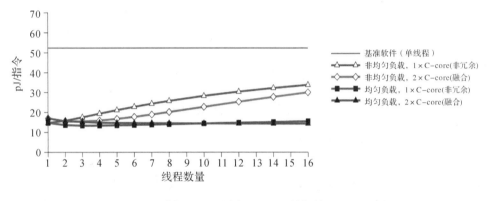

图 4-12　冗余 C-core 的好处

8. 并发执行与访存带宽

增加 CoDA 架构中同时运行的线程的数量所引起的另一个值得关注的问题是对有效带宽的利用和竞争通信资源。然而当 C-core 数量急剧增加时，CoDA 架构所支持的最大并发执行线程受限于瓦片的数量。更进一步地，表 4-2 中面向 128 个应用负载的 CoDA 设计中具有最优化单线程 EDP 的设计仅仅使用了 16 个瓦片，也就是这种情况下最多可以有 16 个线程并发执行。

在瓦片内存储系统采用顺序发射以及阻塞执行的方式，当系统只有 16 个瓦片时同一时刻 CoDA 架构中向外围设备发起的最大存储器缺失数量为 16，并且部分缺失还可以在二级高速缓存中命中。MIT 的 Raw 处理器也具有 16 个瓦片，并且采用了与本研究相同的片上网络和相似的存储系统（尽管 Raw 处理器没有二级高速缓存）。在 Raw 处理器的 16 个瓦片上同时运行相互无关的 SPEC 测试程序所带来的性能损失小于 7％。在实际系统中，发现因为一级缓冲采用阻塞执行的方式，CoDA 架构与原始的通用处理器执行方式相比，并没有显著的增加一级高速缓存缺失后请求二级高速缓存的频率。在评估了所有测试程序需要的片外存储器平均带宽之后，计算了运行更多线程时所需的片外存储器带宽，并假设这些测试程序在系统中均匀分布。如图 4－13 所示，实验也表明，在计算并使用负载平均带宽的情况下，CoDA 架构平均对片外带宽的需求是十分普通的，仅仅使用一两个 LPDDR2 通道就能满足。证明选取不同的负载对带宽要求是不同的。例如运行 16 个 MCF 测试程序时，带宽竞争将成为影响性能的主要因素，这种负载的带宽是本节所考虑负载带宽的 3 倍以上。这种情况可以通过在 2D－mesh 网络周边节点挂载更多的片外存储节点得以缓解。

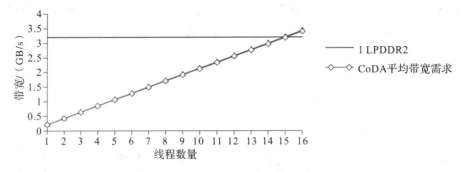

图 4－13　片外存储带宽使用情况

9. 优化 CoDA 能耗的潜在方法

通常系统和芯片的设计者可以在以下 4 个不同层次上对能耗进行优化，当然有些方法需要多个层次的技术支持。在工艺级上，由于本节的模型已经考虑了现在 Intel 的 3D 晶体管（FinFET）技术，所以进一步优化需要观察未来的技术发展。从 ITRS 最新公布的 2013 年路线图可以知道，未来在工艺级降低功耗和能耗的方法需要更进一步的研究，主要方向有以下几个：部分耗尽绝缘体上硅（PDSOI）、全耗尽绝缘体上硅（FDSOI）、BULK 技术以及 Multi－Gate（MG）工艺等。此外，由于 MOSFET 的亚阈传导漏流是器件的基本属性，所以除非工艺级有颠覆式的进展（例如使用新型的器件取代 MOSFET），否则并不能从根本上解决暗硅问题。

在电路级上，可以尝试探索使用的技术包括堆栈效应电路、动态多阈值 CMOS（Dynamic Multi－threshold CMOS）电路、双阈值电压电路（Double－Voltage）、在通信逻辑如片上网络中使用异步逻辑等。这些方法往往都是基于器件的物理特征，通过改变晶体管的微结构并用新的制造工艺以及更加强大的开发工具来实现的。

最常见的研究是属于体系结构级的优化。对于 Cache 的动态功耗优化，大部分优化是为了减少访存的次数或者减少每次访存所需的能耗。常见的减少访存次数的方法大部分是各种基于缓冲的技术。这种技术的基本出发点就是在体系结构中增加一个更小的缓冲，用于存储更有可能被立即访问的数据，使得处理器的访存大部分被这个小缓冲过滤，以减少对 Cache 的访问。由于这些较小的缓冲占用逻辑少、功耗较低，所以使用这些技术可以进一步降低 CoDA 中 Cache 的动态功耗。减少每次访存所需能耗的方法也是多种多样的，有基于对访存行为进行分析并预测未来访存数据的路径预测技术，也有分步骤访问标签和数据的方法，这样在知道访存未命中时将不再访问数据存储器。这些方法往往工作在处理器核内部，所以可以较为容易地添加进 CoDA 的瓦片中。

对 Cache 的静态功耗优化的思路通常基于关掉不需要使用的部分 Cache，这需要 Cache 在体系结构上有部分的重构能力。通常 Cache 的可重构能力包括以下几种：容量的重构（通常修改 Cache 中的组数）、关联度重构、缓存行大小的重构等。这些方法都可能配合系统级的优化方法来进一步减少 Cache 的静态功耗。

对互联网络动态功耗的优化思路大体上也有两个方向：

（1）减少数据在互联网络上传输的次数，这种方法可以使用更加智能的数据请求和应答机制甚至使得底层存储器可以较为有效地推送数据以减少这种请求和应答次数，或者采用更加智能的任务映射机制；

（2）尽量减少数据传输的翻转，这种方法往往使用一些编码技术。

系统层级的优化往往是从整个系统的角度出发的，常见的方法包括动态电压/频率调节技术（DVFS）、多时钟域技术、多电压域设计以及类似 Intel 的深度电源关断技术。虽然 CoDA 架构模型中已经对这些技术进行了建模，但是建模的粒度与主流商用处理器的实际情况还有一定差距。例如，模型中仅有 4 个电压域，而东芝在 2011 年设计的 SoC 具有 25 个电压域，预计未来芯片将有更多的电压域；华为海思的麒麟 920 处理器包含了几百个时钟域。因此对于进一步研究 CoDA 架构设计，还需要探索更细粒度的系统级功耗管理方法，并进行更细致的建模来观察功耗的分布情况。

从图 4-9 中可以看出以下几点：

（1）对 Cache 的静态功耗进行优化的优先级要高于对 Cache 动态功耗的优化，因为在 CoDA 架构中 Cache 的静态功耗要远高于动态功耗。

（2）对于互联网络，由于动态功耗远高于静态功耗，所以对于互联网络的动态功耗进行优化的优先级要高于静态功耗的优化。

（3）进一步研究如何降低专用协处理器的静态功耗也十分重要。

对于优化 Cache 的静态功耗，前面所提到的 Cache 重构以及系统层级的方法较为有效。对于减少互联网络的动态功耗，除前面提到的方法外，我们提出以下额外的潜在方法：

预取（Prefetching）是常见的提高 Cache 命中率并提升系统性能的方法。但是预取也会造成大量额外的无用数据传输，预取回的数据如果直接进入 Cache 还可能造成 Cache 污染以及数据颠簸问题。从低层次存储器向高层次存储器推送（Push）数据则正好相反，因为推送的过程不需要处理器核发起请求，并且推送来的数据较为容易判断，这样就可以在高层次 Cache 旁边设计小缓冲来缓冲这些数据，防止对 Cache 中原有数据造成影响。

本书作者曾经对单核处理器中的推送技术进行了详细的研究，建模后使用时钟精确的仿真器进行了详细的仿真，发现仅仅使用简单的连续推送技术（对指令进行增量连续推送；

对于数据，由于程序使用的数据中存在栈，所以进行地址增和减两个方向的推送），就可以使得处理器对二级 Cache 的访问减少 34.6%，有效减少了请求数据包在互联网络上的传输次数。一级指令 Cache 的缺失率减少 74.6%，一级数据 Cache 的缺失率减少 39.6%，整体上程序的 IPC 可以提高 6.6%。这个推送模块的资源消耗与高速缓存相比仅占 0.2%。更进一步，如果结合 L0 Cache 技术，将更加有效地提高访存在小缓冲中的命中率，这样对降低 Cache 的动态功耗也是有利的。此外，IPC 的提高说明程序运行速度加快，运行时间将缩短，这也有助于降低整个程序运行的能量消耗。

在 2D-mesh 互连的 CoDA 架构中，L1 距离 L2 更远，所以减少的通信将更为有意义。但是在这种情况下，如何维护缓存的一致性以及推送数据所带来的通信开销等问题也需要进一步的研究。

此外有一些"性能功耗比"较高的技术也是值得探索的，例如同时多线程技术就由于"性能功耗比"较高而应用在 Intel 的超低功耗移动处理器中。另外针对较小的加法器电路尝试使用过混合工艺库流片的技术，这种技术的基本思想是电路的关键路径使用 HP 库中的标准单元，而在非关键路径使用 LP 库中的标准单元，单元的替换在后端流程中使用 PrimeTime 进行。实验表明这种方法效果较好，但是目前的自动替换程序工作还是较为缓慢的，无法应用在大型电路上，有必要对替换算法进行进一步探索。

10. 相关研究

随着暗硅现象的加剧，架构师正在向通用架构中集成越来越多的专用协处理器。GPU 是一个特别典型的例子，英特尔和 AMD 最新提供的芯片都将 GPU 和处理器集成在一块芯片上。很多人也在尝试扩展编程语言来驾驭这些新出现的异构计算平台，例如为 GPU 所设计的 CUDA，为流框架所设计的 Brook 语言，但是他们所关注的都是具有高度并行和松散耦合的程序执行模型。

即使是较为灵活的异构处理器架构，例如英特尔的 EXOCHI，也面临着在同一个设计中如何使用 1000 个不同专用协处理器这样的挑战。EXOCHI 中将顺序执行程序映射到异构执行引擎需要为每一块目标硬件提供特定的编译器。

以前人们研究过使应用程序的大部分在基于可重构的硬件上执行；与之不同，本书作者的设计中应用程序大部分运行在特定的专用协处理器上。例如，Tartan 将整个程序映射到层次化的粗粒度异步可重构结构上。可重构逻辑具有较好的灵活性，但是 Mishra 评估发现如果要映射整个程序那么就需要硬件的虚拟化技术，这将大大增加性能和能量开销。

因为可以减少线延迟，所以瓦片化成为一种提高系统扩展性的通用方法，例如 MIT Raw 处理器、UT Austin 的 TRIPS 处理器以及华盛顿大学的 WaveScalar 处理器。由于瓦片结构可扩展，所以可扩展的 CoDA 架构也采用瓦片结构。采用瓦片结构也使得大量的协处理器分散在多个存储器以及主处理器接口之间。GreenDroid 研究提出了在使用协处理器的系统中使用瓦片架构，但是 GreenDroid 的研究并未涉及本节所解决的系统可扩展性问题。

Hannig 等描述了一种通过侵入性计算模式动态地将计算映射到异构多核 SoC 的模型。而 CoDA 架构也可以潜在地从这种探索并行资源中获得好处，现阶段的 CoDA 研究集中关注于降低主要的串行应用所消耗的能量。此外，本节所述有意地使 CoDA 设计可以运行未经修改的传统软件的源代码，仅仅需要编译器在程序的函数与硬件所覆盖的函数之间做映射，这就使得 CoDA 设计对于程序员是透明的。为 CoDA 架构设计新程序的最有效的方法，是一个值得进一步研究的新课题。

与 CoDA 类似，存在一种面向暗硅时代而设计多核系统的方法。该方法主要面向体系结构相同、而每个核针对不同应用进行不同电压和频率优化的架构，而且仅仅讨论了运算核的能量效率。与之不同，CoDA 的研究粒度更细，并且讨论了更加异构化的运算器件。

早期的研究主要侧重于研究设备虚拟化和管理加速器内部的局部存储器来探索多线程和协处理器之间的交互关系。相比之下，CoDA 架构中使用的 C‐core 本来就具有一致性，所以不需要内部具有较大的私有存储器。C‐core 也可以通过融合来缓解资源的冲突。这种融合方法可以既不增加 C‐core 数量，也不增加对虚拟化的支持。

有人探索了如何使程序的大部分运行在基于门控时钟的协处理器上，但是这些协处理器并没有使用门控电源。图 4‐8 表明，由于 CoDA 架构中在大部分时间中大部分的硅都将处于闲置和关断电源的状态，所以门控电源是影响较重负载下大规模 CoDA 架构的能量效率的关键因素。设计人员需要使 CoDA 架构在默认情况下从一开始，所有的处理器部件都处于深度休眠的状态。这种运行模式在微尘传感器和其他能量非常关键的系统中非常常见，但是它不是通用处理器的传统运行模式。

本章研究了将成百上千专用协处理器集成到通用架构所带来的可扩展性方面的问题，主要关注点在于，面向大规模的应用负载 CoDA 架构是否还可以成倍地提高能耗效率。经过系统性地研究 CoDA 的设计空间表明，可覆盖 128 个应用的可扩展的 CoDA 设计，可以为整个负载带来 3.7 倍的能量优化和 3.5 倍的 EDP 优化。这充分说明了 CoDA 架构的能量效率优势，进而证明了 CoDA 架构具有能量扩展性。本章还发现在大规模瓦片结构设计的可扩展 CoDA 架构中，制约能量效率的关键因素是暗硅部分的漏电功耗、互连的开销以及存储系统。

实验结果表明，线程竞争共享的专用协处理器限制了能量效率的提高，但是 CoDA 设计可以提供一种高效的"冗余专用协处理器"的方法来解决这个问题。在线程平均分摊漏电功耗、互连和存储系统开销的情况下，使用该方法使得运行多线程负载的 CoDA 与单线程负载相比可以获得 3.8 倍的平均每条指令的能量优化。

第5章 航空存储器

5.1 综 述

嵌入式系统需要存储器来存放和执行代码。嵌入式系统的存储器包含 Cache、主存和辅助存储器。这些存储器的介质、工艺、容量、价格、读写速度和读写方式都各不相同，嵌入式系统设计需根据应用需求巧妙地规划和利用这些存储器，使得存储系统既满足应用对容量和速度的需求，又有较强的价格竞争优势。

计算机系统的存储器组织为一个 6 个层次的金字塔形的层次结构，如图 5-1 所示。位于整个层次结构的最顶部 S0 层为 CPU 内部寄存器，S1 层为芯片内部的高速缓存(Cache)，S2 层为芯片外的高速缓存(SRAM、DRAM、DDRAM)，S3 层为主存储器(Flash、PROM、EPROM、EEPROM)，S4 层为外部存储器(磁盘、光盘、CF、SD 卡)，S5 层为远程二级存储(分布式文件系统、Web 服务器)。

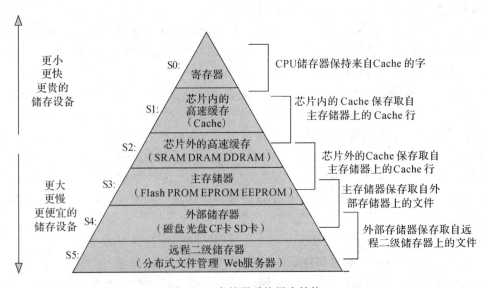

图 5-1　存储器系统层次结构

在这种存储器分层结构中，上面一层的存储器作为下一层存储器的高速缓存。CPU 寄存器就是 Cache 的高速缓存，寄存器保存来自 Cache 的字；Cache 又是内存层的高速缓存，从内存中提取数据送给 CPU 进行处理,并将 CPU 的处理结果返回到内存中;内存又是主存储器的高速缓存,它将经常用到的数据从 Flash 等主存储器中提取出来,放到内存中,从而加快了 CPU 的运行效率。嵌入式系统的主存储器容量是有限的,磁盘、光盘或 CF 卡、SD 卡等外部存储器用来保存大信息量的数据。在某些带有分布式文件系统的嵌入式网络系统中,外部存储器就作为其他系统中被存储数据的高速缓存。

5.1.1 Cache

Cache 是一种容量小、速度快的存储器阵列,它位于主存和嵌入式微处理器内核之间,存放的是最近一段时间微处理器使用最多的程序代码和数据。在需要进行数据读取操作时,微处理器尽可能地从 Cache 中读取数据,而不是从主存中读取,这样就大大改善了系统的性能,提高了微处理器和主存之间的数据传输速率。Cache 的主要目标就是:减小存储器(如主存和辅助存储器)给微处理器内核造成的存储器访问瓶颈,使处理速度更快,实时性更强。

在嵌入式系统中 Cache 全部集成在嵌入式微处理器内,可分为数据 Cache、指令 Cache 或混合 Cache,Cache 的大小依不同处理器而定。一般中高档的嵌入式微处理器才会把 Cache 集成进去。

5.1.2 主存

主存是嵌入式微处理器能直接访问的寄存器,用来存放系统和用户的程序及数据。它可以位于微处理器的内部或外部,其容量为 256 KB～16 GB,根据具体的应用而定,一般片内存储器容量小,速度快,片外存储器容量大。

常用作主存的存储器有:ROM 类 NOR Flash、EPROM 和 PROM 等,RAM 类 SRAM、DRAM 和 SDRAM 等。其中 NOR Flash 凭借其可擦写次数多、存储速度快、存储容量大、价格便宜等优点,在嵌入式领域内得到了广泛应用。

5.1.3 辅助存储器

辅助存储器用来存放大数据量的程序代码或信息,它的容量大,但读取速度与主存相比就慢很多,可用来长期保存用户的信息。

嵌入式系统中常用的外存有:硬盘、NAND Flash、CF 卡、MMC 和 SD 卡等。

5.2 跨越"存储墙"的挑战

Amdahl 提出过一个著名的经验规律:存储器容量应随着处理器速度的提高而线性增大,从而保证系统平衡。根据该规则一个 1000MIPS 的处理器应该配备 1000 MB 的存储器。

按照这一需求，每三年存储容量应该增长 4 倍，或每年增长 55%。遗憾的是，DRAM 性能的增长远远低于这一速度。从图 5-2 中可以看到，和试验密切相关的行访问时间每年只提高 5%，而和存储器带宽密切相关的列访问时间或数据传输时间每年提高的比率大约为 10%。

行地址选通脉冲(RAS)					
年份	芯片容量	最低速度/ns	最高速度/ns	列地址选通脉冲(CAS) 数据传输时间/ns	访问周期/ns
1980	64K bit	180	150	75	250
1983	256K bit	150	120	50	220
1986	1M bit	120	100	25	190
1989	4M bit	100	80	20	165
1992	16MK bit	80	60	15	120
1996	64MK bit	70	50	12	110
1998	128MK bit	70	50	10	100
2000	256M bit	65	45	7	90
2002	512M bit	60	40	5	80
2004	1G bit	55	35	5	70
2006	2G bit	50	30	2.5	60

图 5-2 每一代 DRAM 的最快和最慢访问时间

图 5-3 给出了以 1980 年的性能为基准，CPU 和 DRAM 的性能差距随时间的变化曲线。从图中可以看出，DRAM 性能的增长速度严重滞后于处理器性能的增长速度，处理器和内存的性能差距以每年 50% 的速度在增长。处理器与主存速度差距的加大大大加剧了处理器中运算和访存的矛盾，存储系统速度的提高在整个处理器系统性能提高中的关键地位日益突出。

处理器速度每年增长 60%，存储器存取延迟每年仅改善 7%，大量的时钟周期被用来在处理器和主存储器之间传递数据，这种发展的不平衡严重制约了处理器性能的提高。由通信带宽和延迟构成的"存储墙"成为提高系统性能的最大障碍。而解决这个问题的一种较为经济的方法是利用局部性原理和存储器成本性能分析技术，采用存储器层次结构。局部性原理认为大部分程序并不是均衡地访问所有的代码和数据。局部性原理和"硬件越小速度越快"原则导致了 Cache 技术的出现。Cache 是为了减少处理器和 DRAM 之间的性能差距，是由 SRAM 构成的高速缓存器，Cache 设计关注的是速度和容量，而 DRAM 关心的是容量和每位的成本。对于同等工艺的存储器，DRAM 的容量是 SRAM 的 4～8 倍；SRAM 的存储周期比 DRAM 快 8～16 倍，同时价格也比 DRAM 贵 8～16 倍。

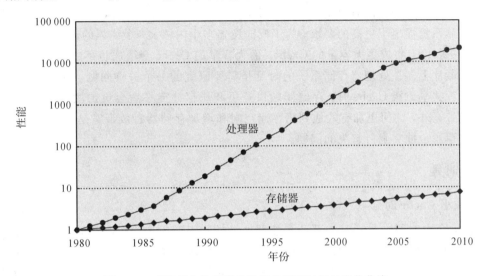

图 5-3　存储器和处理器的性能差距随时间的变化曲线

随着处理器体系结构技术的不断突破，能够充分挖掘处理器中各个层次的并行性的先进体系结构不断出现，比如能同时挖掘指令级和线程级并行性 CMP、SMT 和 CMT 处理器，对访存的延时有了一定程度的容忍，但对访存带宽和速度的需求却进一步加剧。线程级并行技术利用多个不相关的线程来提高处理器每拍执行的指令数。然而，在片上多核结构中，不同内核间对有限 Cache 空间、带宽等存储资源的竞争导致访存数量的增加，访存冲突加剧，功能单元将经常处于数据饥饿状态，存储墙问题更加突出。根据目前片上多核技术的发展趋势，不久就会出现当处理器发射数百甚至上千条指令时只能取一个值到 Cache 中的情况。而且，容量大且复杂度高的存储系统会带来长的互连线，深亚微米下的长线延迟将使得存储系统难以随着工艺进步而提高频率。

总之，存储体系结构的优劣在整个处理器系统性能提升中起着关键作用，片上多核结构的并行性对于存储系统访问延时的容忍程度有限并会进一步增加对访存速度和带宽的需求。如何合理地利用 Cache 空间，如何高效地利用存储器带宽，如何通过设计合理的片上数据存储策略和 Cache 替换策略来减少 Cache 缺失和处理器空转时间，以及如何将存储器从响应请求发送数据的被动地位转变为根据程序运行状态主动地向处理器推送数据等已经成为片上多核结构存储系统研究的核心问题。因此，对片上多核处理器的存储系统优化技术进行研究是非常必要的。

5.3 片上多核存储系统研究的关键问题

片上多核结构通过同时挖掘指令级和线程级的并行性极大地提高了处理器性能，但同时也对存储系统提出了更高的要求。为了同时覆盖多个内核、多个线程的数据/指令的局部性，必然要求片上集成更大容量的 Cache，而大容量的 Cache 会增加访存延迟。因此，如何降低和隐藏片上多核处理器存储系统的时延是需要研究的一个关键问题。另外，多个内核或多个线程共享二级 Cache 时，存储器端口竞争和访存冲突必然会更加激烈。因此，除了提高存储带宽外，如何更加有效地利用存储空间和增加存储器有效带宽是减少长延迟访存数量和访存竞争冲突亟待解决的问题。

5.3.1 时延

1. 减小 Cache 时延

Cache 命中时间中最耗时的部分是按照地址的索引字段去读标志存储器，然后再与地址比较。因此，容量较小的 Cache 命中时间较短。另外，结构较为简单的 Cache，比如采用直接映射方式的 Cache 可以使标志位检查和数据传输并行，有助于减少命中时间。但是在片上多核处理器中，大容量 Cache 可以直接增大片上 Cache 的命中率，减少片外访存的频率，但由于 Cache 所占芯片面积过大且分散在芯片的不同位置，在在线延迟的影响下，处于同一存储层次但处于不同芯片位置的 Cache 存储单元的访问可能呈现出不同的访问延迟，这就是所谓的非一致性访问 Cache(None Uniform Cache Access，NUCA)。

为了达到片上 Cache 的容量足够大并且访问时延足够小的目标，人们提出一种 D - NUCA 策略，通过硬件来侦测并标示出访问频率高的"热点数据"，同时跟踪不同内核对这些"热点数据"的访问属性，使这些"热点数据"在片上 Cache 空间内作动态的迁移，并逐渐地靠近请求内核，从而缩小访问延迟。为了达到这个目的，首先要解决 Cache 的逻辑地址与物理 Cache 单元之间的映射策略问题。好的映射策略应该能在支持 Cache 数据动态迁移、缩小访问延迟的基础上同时达到路由管理的复杂性和硬件实现的代价最小化。其次是目标数据查找的问题。也就是说，由于 Cache 数据动态迁移的原因，Cache 行不具有固定的位置。如何根据 Cache 数据的逻辑地址找到数据所在的位置呢？在查找过程中，要同时兼顾查找时间短、网络流量小和功耗低几个方面。另一个要解决的问题是如何对 Cache 行的动态迁移过程进行管理，从而减少迁移过程中的开销。这些问题都将成为片上多核 Cache 系统设计过程中的关键问题。

2. 冗余执行技术

为了提高片上多核处理器的执行效率，降低访存延迟，研究人员提出了冗余执行技术。

使用片上的冗余内核来执行与主内核相同的线程片断，主执行内核和冗余执行内核相互配合，冗余执行内核为主执行内核预取存储器数据，化解潜在的分支预测错误，从而帮助主执行内核提高效率。

预取效应是冗余执行的正面效应之一，因为两个处理器核都产生相同的指令和数据存储器访问流。当冗余执行内核运行到主执行内核前面的时候，会将有用的指令和数据预取到处理器的 Cache 中，这将产生净加速，因为利用了额外的存储器级并行。它对冗余执行内核中运行的提前线程进行优化并对提前线程进行分解，去掉不必要的指令，而不是冗余的执行程序的所有指令。不必要的指令是指对于程序的结果没有影响的指令，或者指对化解可预测的分支有作用的指令。由于提前线程不再需要执行这些指令，因此在程序的控制流中，提前线程能更加的提前，从而增加两个内核之间执行时的断层并创造出更好的预取机会。

预执行的方案进一步改善了上述情况。在这些方案中，可以使用 Profiling 信息来确认有问题的指令，如经常预测失误的预测指令，或者经常导致 Cache 缺失的读指令。在编译的时候为这些指令构造动态数据流片断。组成这些片断的指令形成了在辅助内核中执行的预执行线程，这个线程在运行时将会提前执行可能发生缺失的取数指令，并将向存储器发出预取指令。随后，主内核将执行已经预执行过的指令，从而避免了 Cache 缺失。

冗余执行技术的主要好处是提前线程不存在正确性的要求。也就是说，因为它只是产生预取以及辅助主内核的执行，并且对程序的状态没有影响，所以不存在控制和数据相关的问题。但是，需要注意的是冗余内核开始和停止执行冗余线程片段的时机选择，以及发出预取请求的准确性。不恰当的开始和停止冗余内核的执行将增大同步代价，不精确的冗余内核预取将不能捕捉主内核线程的存储器访问局部性或者导致 Cache 污染。因此，片上多核冗余执行时预取的覆盖率、准确性和时效性是需要深入研究的关键问题。

冗余执行的另一个主要好处是能够尽早化解相关指令，而这些指令使用传统的方法难以正确的预测。在数据流中先于问题分支指令的指令是必要的，因此要由冗余内核来执行。分支的结果被传递给主内核，使得当它到达该分支时，可以使用已经计算出来的结果来避免分支误预测。关键问题还是冗余执行的时机和预取的精准度。Cache 能够容忍一定程度的不准确性，这种不准确性包括地址和时间两方面。只要预取及时完成，也就是说既不晚（不能覆盖整个失效延迟）也不早（在主线程访问以前，预取的行被替换掉），预取就能带来好处。

另外，分支结果可以通过已经存在的分支预测器间接地通信，也就是允许冗余执行内核提前改变预测器的状态。因此，当主内核进行分支预测时，可以从状态已经改变的预测器中得到好处，因为两个内核通过预测器进行了隐式的同步。然而，冗余内核及时正确的改写主内核预测器的可能性很小，特别是对于包含多级历史记录的分支预测器，这也是一个值得研究的问题。

3. 提升 Cache 空间利用率

为了提升 Cache 命中率，片上多核处理器往往使用较大的组相连数配置，比如 2005 年 Sun 推出的 Niagara 片上多核处理器就使用 12 路组相连的二级 Cache；而 2006 年 Sun 推出的 Niagara – 2 处理器，二级 Cache 更是达到了 16 路组相联。但是当组相联数较大时，Cache 的替换算法对 Cache 的性能有很大的影响，不适当的替换算法在一定程度上影响了访问带宽的稳定性。

尤其对于片上多核处理器，由于多个内核共享二级 Cache，对 Cache 空间的竞争十分激烈，虽然现有的 Cache 资源管理策略能在一定程度上缓解多个内核对 Cache 空间的争用，避免内核饥饿情况的发生。但是，要提升片上多核处理器共享二级 Cache 的性能，减少片外长延迟访问，不仅要有适当的 Cache 资源分配策略，更要有高效的 Cache 替换算法，避免多内核间 Cache 数据相互污染的情况发生，减少多内核间 Cache 数据的负面相互影响，从而能在更大程度上覆盖多个内核时间和空间上的局部性，提升 Cache 空间利用率。因此，高效、有针对性的替换算法也是提升片上多核共享二级 Cache 性能的需要研究的一个重要问题。

4. 数据推送技术

预取技术是一种有效的隐藏存储器访问延迟的方法，预取单元能在数据被用到前就将它放入距离处理内核更近的存储层次中。但是它通常对程序的空间和时间局部性有较大的依赖性。比如对基于数组的程序预取技术可以得到良好的表现。目前的预取算法实现了一些针对典型访存模式的预测，比如当发现多个数据访问地址之间的距离常数后，就能预测下一个访存的地址。

然而，许多数据访问的模式非常的复杂，访存地址之间的距离是由有规律的可变长度地址来组成的。虽然有一些算法能对这种模式进行预测，但是实现起来非常的复杂。现有的预取器都被这些预测算法的复杂性所限制。它们缺乏根据数据访问模式的历史来选择预测算法的能力。而指针密集型程序通常访存模式不固定，很难将其对应到一种或少数几种的存储器访问模式上，而且程序中经常会出现连续使用指针的情况，只有访问到了前面的指针节点，才能得知后一个指针节点的地址。指针程序的这两个特点在一定程度上破坏了这种局部性特征，常规的预取技术很难从中得到足够的信息完成有效的预取。所以通常预取技术对这类应用程序的贡献不够理想。

为此，研究人员提出了主动数据推送技术。主动数据推送技术与预取技术类似，它们的核心思想都是希望能够在处理器真正使用到数据前将数据准备好，适时地把数据存放到距离处理器内核更近的存储层次中，当该数据被访问时，内核可以直接从 Cache 中得到，而不需要花很长的时间等待访问片外存储器。主动数据推送技术运用在存储层次中是指由较低的存储层次主动地将有用的数据传送给较高的存储层次，或者由专门的数据推送部件主动地向使用数据的部件传送数据。这种主动的数据推送方式弥补了各类型预取策略只能针对单一访存模式的不足，减轻了 Cache 的预取负担，并将成为片上多核体系结构存储系统研究的重要内容。

5.3.2　存储器带宽

1. 增大 Cache 带宽

Cache 带宽是指处理器片上存储系统在单位时间内向内核提供数据的能力。针对乱序超标量体系结构，研究者提出了流水线 Cache 访问和非阻塞 Cache 技术来提高 Cache 带宽。流水线 Cache 技术通过将流水线、Cache 访问使一级 Cache 命中时的有效时延分散到几个时钟周期，从而提供了较短的周期时间和高带宽。非阻塞 Cache 技术是指处理器不需要在 Cache 缺失时停顿，从而避免了阻塞后续访存操作的执行，提升了 Cache 的带宽。例如，在处理器内核等待数据 Cache 返回数据的同时，可以继续从指令 Cache 中取指。这种"缺失仍然命中"的优化策略通过在缺失时发挥作用而不是忽略处理器请求的做法来减少缺失代价。

对于片上多核处理器结构，研究者提出将片上 Cache 划分为若干个独立的存储体以支持并发访问。划分存储体最初是用来改善片外 DRAM 芯片性能的，现在也使用在片上的 Cache 中。例如，AMD 的 Opteron 处理器的二级 Cache 有两个存储体，Sun 的 Niagara 处理器的二级 Cache 有四个存储体。高带宽的 Cache 系统能有效减少片上多核处理器的总体访存数量和访存冲突，从整体上缩短访存延迟。因此，研究如何提高片上多核处理器 Cache 的访问并行度，如何增加 Cache 带宽是缓解处理器和存储器速度差异矛盾的一条主要途径。

2. Processor‑in‑Memory 技术

高性能多核处理器都使用大容量、多层次的片上高速缓存结构来隐藏访存延迟。在片上 Cache 的容量上，IBM 的 Power 5 处理器达到了 2 MB，占到整个芯片面积的 40% 左右，Sun 公司推出的代号为 Niagara 的处理器达到了 3 MB，占到整个芯片面积的 30% 左右，而 Intel 推出的 Itanium 2 处理器则达到了夸张的 27 MB，占到整个芯片面积的 80% 以上。由此可见，处理与存储发展的不平衡所导致的存储器访问瓶颈已经对计算机体系结构造成了极大影响，并已经花费了很大的代价，所以需要一种新的存储体系结构以较小的额外代价来缓解这种供需不平衡的矛盾。从体系结构目前的发展现状和趋势来看，PIM 技术（Processor in Memory）是一个不错的选择。

PIM 技术通过将片上的 SRAM 替换成为 DRAM 来提高存储系统性能。DRAM 存储器存储密度高，相对于 SRAM 来说，相同芯片面积的 DRAM 可使访存延时减少到原来的 20%～10%。存储器带宽增加 50～100 倍以上，在大多数情况下，整个应用在运行期间都可放到片上存储器里。这些片上的 DRAM 可以被当作主存来使用，而不是主存的冗余备份。有了完整的片上存储器，就可以与处理器内核之间通过高带宽、低延迟的接口紧密耦合，从而允许设计有更快存储器系统要求的处理器内核。

PIM 技术还将提供以下一些潜在的优势：

首先，片上的存储器通过较宽数据宽度的接口支持高带宽和低延迟，这将消除由于 PAD 和片外总线所带来的延迟。

其次，由于数据访问不会通过片外总线，避免了数据在具有很大电容的总线上传输，所以整体功耗也会有所下降。

第三，传统处理器的大量管脚都用来与主存储器相连，而智能存储器系统则没有这样的问题，更少的管脚使封装更加的小型化。

另外，诸如光纤通道和千兆以太网接口这样的串行接口可以直接与芯片相连，减少了通常使用的 I/O 总线带宽的限制，从而提高 I/O 带宽。由于系统级集成与生俱来的优势，PIM 系统可以和绝大多数不同组成结构的处理器相连，为设计出能挖掘更高存储器带宽和更低存储器延迟的体系结构创造了可能性。

比较有代表性的 PIM 系统有：伯克利大学的 VIRAM、美国国家宇航局喷气推进实验室和美国加利福尼亚大学联合研制的 Gilgamesh、美国 Notre Dame 大学的 Distributed Vector Processors、美国加州大学的 Active Pages、美国 Notre Dame 大学的 DIVA(Data - Intensive Architecture)、美国 UIUC 大学的 FlexRAM 等。

通过研究发现，这些体系结构都是由三个子系统构成：主处理器，集成 DRAM 的协处理器(也就是 PIM 处理器)，单纯的 DRAM 主存储器，并且都针对特定的应用，如 DNA 链的特征查找、超大规模的并行数据处理、大容量数据库系统的信息索引等，而在通用领域还有可以研究和挖掘的空间。尤其在时钟频率已经不再是学术界和工业界的追逐目标，片上多核体系结构已经成为更有效的挖掘程序并行性手段的今天，如何将 PIM 技术与当前主流的片上多核体系结构很好地结合起来，提升存储器带宽，充分发挥流水线的性能，合理利用每一个晶体管从而为研究和开发更高性能的多核多线程处理器提供一种新的体系结构选择，将是 PIM 成功与否的关键。按照目前的发展来看，如何在 PIM 环境中进行任务调度与分派，如何在 PIM 环境中进行数据调度，多核体系结构下主处理器内核与 PIM 内核的互联结构，PIM 环境中主处理器内核和 PIM 内核中的资源分配策略，两个同类内核以及两个不同类内核间的核间通信问题等等，都将成为研究的热点。

3. 提升存储器有效带宽

在片上多核多处理器中，为了增加指令执行的并行性和吞吐率，提高资源的利用率，分支预测技术和乱序发射的猜测执行技术是必不可少的。采用分支预测、猜测发射执行的方法，会对错误路径的指令进行取指和执行，这首先浪费了取指带宽。假设错误路径上存在访存指令，虽然对访存指令的猜测执行不会改变处理器和存储器的状态，但是这些访存指令会占用 Load/Store 队列，无形中加长了正确路径上访存指令的延迟；同时返回的数据还改变了 Cache 中原先的数据排列状况，很有可能造成共享二级 Cache 的污染，进而影响到其他多个内核的二级 Cache 命中率，增加了片外长延迟访存的数量和冲突。这实际上相当于浪费了存储器带宽，取回了没有用的指令和数据。在流水线前端，错误路径上执行周期长的指令或者引起数据 Cache 缺失的取数指令会导致与其数据相关的后续指令长时间滞留在指令队列而引起指令队列阻塞，这些都会导致处理器资源利用率下降。但是幸运的是，错误路径上的访存指令取回的数据有可能被后续的正确路径上的访存指令用到，这相当于错误路径上的指令为正确路径上的指令预取了数据。

因此，首先要研究如何提高分支预测的准确率；其次，为了提升存储器的有效带宽，在对分支进行预测时，需研究如何对当前预测方向做出正确的评估，并用评估结果来指导怎样正确缓存猜测执行的访存指令所取回的数据，从而在最小化 Cache 污染的基础上最大化错误路径访存指令的预取效应，这也是片上多核处理器面临的一个关键问题。

5.4　片上多核处理器存储系统的现状

基于存储系统研究的重要性，国内外学术和工业界一直把高性能存储系统的研究作为计算机系统结构研究的重要和关键领域。随着工艺技术的发展和提高计算和处理速度的体系结构技术的蓬勃发展，片上多核处理器系统的出现对高性能存储系统提出了更迫切的需求，片上高性能存储技术的研究更是受到人们的重视。学术界和工业界提出了很多高性能存储系统技术，以弥补处理器与存储系统运行速度的差距。

5.4.1　学术界

美国的 Stanford 大学、德克萨斯大学、华盛顿大学、MIT、Pennsylvania 大学等在片上多核处理器的存储系统方面都进行了大量深入的研究。国内中国科学院计算技术研究所、国防科学技术大学、西北工业大学、清华大学、华中理工大学等单位的研究人员也正在开展这方面的研究。

Standford 大学于 1996 年首次提出了 CMP 的概念，并将其研究设计的 CMP 处理器命名为 Hydra。Hydra 集成 4 个 MIPS R10000 处理器内核，每个内核用私有一级 Cache，所有 4 个内核共享二级 Cache。一级 Cache 采用哈佛结构，指令和数据 Cache 的大小各为 16 KB，4 路组相连，通过 64 位的数据线与处理器相连。片外的三级 Cache 和主存使用一条 128 位的总线连接。Hydra 使用了一种单片共享 Cache 的结构来提高多处理器之间的通信带宽，降低通信延迟。相对于基于总线互联的多处理器体系结构来说，这种基于 Cache 的互联充分地利用了片上 Cache 高带宽的优势来提高片上的多个处理器之间的通信速度和降低同步延迟。

TRIPS 是德克萨斯大学正在研究中的一个前沿处理器体系结构探索项目。TRIPS 的设计目标之一，是尽可能采用分布式的执行和控制模型，以解决处理器扩展性问题。TRIPS 的这一分布式计算模型对其存储系统有深刻的影响，具体包括下面几个方面：

(1) 分布式的 Cache 组织方式。

(2) 复杂的访存相关解决(Memory Dependence Disambiguation)方案。

(3) 高效的片内互联网络。

TRIPS 结构采用粗粒度的处理器内核，以便在有较高指令级并行性的单线程应用上实现更高的性能，并在同一芯片上重复设置许多这样的内核，便于扩充。片上还集成了存储部件和通信部件，并允许软件调度程序对它们灵活配置，以获得最佳性能。TRIPS 的目标是在 35 纳米的工艺条件下，达到 5TFLOPS 的峰值性能，同时还兼顾桌面应用和服务器应用。

WaveScalar 是华盛顿大学的一个体系结构研究项目，目标是探索一种新的程序执行模型以及相应的体系结构。其存储系统设计上有一些非常独特的特征。WaveScalar 通过在编译时由编译器给每个访存操作分配一个全局的标识来维护它们的全局顺序。这种方法固然能保证传统编程语言所要求的串行语义，但是相应也会带来很大的控制和片内通信开销，从而很可能制约这种体系结构的可扩展性。

RAW 是 MIT 的一个体系结构的前沿探索项目，RAW 的存储系统有一些特征值得关注。RAW 提出编译器管理的存储系统(Compiler Managed Memory System)这一设计理念，也就是由编译器来实现数据划分和静态解决访存相关，让编译器在代码分割的时候就尽可能考虑到数据的局部性。RAW 编译器的另一个显著特征就是静态解决访存相关。为了缓解访存压力，在片上采用大容量 Cache 提高命中率和集成内存控制器直接降低访存延时将是片上多处理器缓解访存瓶颈的主要手段。学术界希望研究出新的结构和访问方式，使得二级 Cache 的访问速度达到或接近独占二级 Cache 结构，片外失效达到或接近共享二级 Cache 结构。

Pennsylvania 大学对 CMP 体系结构下二级 Cache 的组织结构进行了深入的研究，对于在 CMP 环境下多个处理器核私有二级 Cache 和共享二级 Cache 的性能进行了研究，通过大量仿真实验发现，在共享二级 Cache 的情况下多个处理器核对二级 Cache 的访问请求并不平衡，而在私有二级 Cache 的情况下多个处理器核对二级 Cache 的访问请求又会存在大量的冲突。所以，他们提出一种被称为基于处理器核划分的共享二级 Cache 结构。这种结构拥有通信协议简单、同步延迟小的优点，同时还避免了请求不均衡和大量访问冲突的发生。

North Carolina 大学对共享二级 Cache 的 CMP 系统的 Cache 性能进行了深入研究。研究人员分析了共享的二级 Cache 中的内容对内部线程的影响后，通过对不同共享二级 Cache 的 CMP 结构模型进行仿真后，提出二级 Cache 的不同共享策略对不同线程的影响也是不一样的。他们还提出了两个基于启发的评价模型和一个分析模型，这些模型能用来预测共享二级 Cache 结构的 CMP 系统对所运行的多个线程执行时的影响。仿真结果显示，在一个双核的 CMP 系统中使用 Prob 模型对一个共享的 512 KB 的 8 路组相连二级 Cache进行预测可以达到 96.1% 的准确率。

　　国内的科研机构和大学也在片上多核存储系统研究方面开展了大量的工作。国防科技大学早在 1998 年就开展了片上多核的相关研究。比较了超标量结构与片上多核结构的性能差异，指出片上多核结构具有明显的性能优势，并提出了一种共享多端口一级 Cache 的CMP 结构，该结构能有效提高频繁通信的并行程序性能。另外，国防科技大学研制的YHFT64‑I 采用目前 EPIC 技术，利用软硬件方法实现 Intel 指令集兼容，能够并发执行 8条指令。芯片设计采用了大量先进的微体系结构技术，如多级分支预测技术、寄存器堆栈技术、控制前瞻/数据前瞻、谓词执行技术以及低功耗技术等，能够有效开发指令集并行性，极大提高处理器性能。YHFT64‑1 支持通用操作系统，支持多处理器结构，支持数据库、WEB 等服务器应用。该芯片所有设计已经完成，采用 Chartered 0.13 μm Nominal1P8M 工艺，核心逻辑规模达 5800 万晶体管，采用 HPBGA 封装，功耗为 12 W，面积为10×10 mm^2，引脚为 696 个，工作频率为 300 MHz。

　　中国科技大学提出了一种用 Cache 存放线程现场的多线程实现技术[YGCZ98]，其核心思想是改造多机系统中的 Cache 系统，将其分割成两个部分，一部分仍用作原来意义上的 Cache，另一部分则用来存放数个线程的现场。当然用 Cache 存放现场，速度可能比不上专门设计的多线程处理器芯片，不过研究表明，在线程个数为 2～4 之间时，系统的性能还是有很大的提高的。

　　中科院计算所目前正进行龙芯 3 号片上多核处理器的研制。龙芯 3 号将采用可扩展设计，处理器核数目很容易从几个扩展到几十个；将采用超级虚拟机技术，使得多种指令集应用能够同时运行，包括 MIPS、Sun Sparc 和 X86 指令集。此外，对于传统的如何利用多处理器核加速单线程问题，龙芯 3 号也将会采用软硬件结合的并行虚拟机方式加以解决。

　　清华大学微处理器和 SoC 研究中心设计研制了 Thump CMP 双核心处理器。ThumpCMP 采用了清华大学自主研制的支持 MIPS 指令集的 32 位微处理器 Thump 107 作为处理器核心，目前 Thump CMP 模拟器集成了两个 Thump 107 内核，每个内核具有独立的一级Cache，两个内核共享一个二级 Cache。

　　西北工业大学提出了线程预构的思想，将取指部件制约 SMT 资源利用率的两个主要因素分开来考虑。线程预构的思想就是根据预测的控制流，提前从指令 Cache 取指，为每个线程形成顺序的指令流。在基本 SMT 结构的基础上，增设一个线程预构 Cache（TPC），指令被从指令 Cache 中取出来，经过译码以后，加入到线程预构 Cache，然后再从线程预构Cache 中被取出，经过寄存器重命名以后，进入指令队列（整数指令队列或浮点指令队列）。引入线程预构的思想之后，将线程取指调度的目标分解为两个子目标，采用两级调度策略，分别针对不同的目标，采用不同的线程调度策略。从 Cache 取指到线程预构 Cache，主要针对取指带宽利用问题；从线程预构 Cache 到指令队列主要是考虑减少指令队列阻塞。

5.4.2　工业界

1. IBM

2001 年 IBM 发布的 Power 4 片内集成了两个 Power 3 处理器核，每个核为 8 路超标量处理器，乱序执行，每内核拥有一级 Cache。一级 Cache 采用哈佛结构，包括 32 KB 的数据 Cache 和 64 KB 的指令 Cache，两个核心共享片上三块 512 KB 的二级 Cache，第三级 Cache 采用 EDRAM 内存，容量从 32 MB 到 128 MB。Power 4 采用 0.18 微米铜互连工艺与 SOI 绝缘硅技术，7 层金属布线，运行频率为 1.3 GHz，大约集成了 1.74 亿个晶体管。

2004 年 IBM 发布了 Power 5，Power 5 是双核同时多线程微处理器，集成两个处理器核，每个核为两路同时多线程处理器。Power 5 由 Power 4 扩展而来，改造为 SMT 仅增加了 24% 的芯片面积。每个核心拥有 64 KB 的一级 Cache 与 32 KB 的一级数据 Cache，二级 Cache 还是由三个模块组成，但每个模块的容量增加到了 640 KB，总共 1.92 MB。片上集成了三级 Cache 的目录以及存储控制器，片外三级 Cache 的容量最小为 36 MB，通过 MCM 封装在同一个处理器模块内。Power 5 将通用与浮点缓存器的数目从 80 组增加到 120 组。此外，改进了如指令预取缓冲、指令执行状态保留站及地址转换表等单元，以便对同时多线程 SMT 进行支持。Power 5 采用 0.13 微米制造工艺，集成了大约 2.76 亿个晶体管，工作频率为 1.90 GHz。总的来说，Power 4 和 Power 5 有复杂的 Cache 组织层次；另外，两个处理器核心通过 Crossbar 共享 L2 Cache，这种设计虽然保证了处理器内核之间通信的高带宽，但是也可能导致内核上运行的线程之间互相干扰，影响 L2 Cache 的性能；两款处理器都选择在片内集成内存控制器(Memory Controller)，从而尽可能减少访存延迟对处理器性能的影响。

2005 年，IBM 与 Sony 和 Toshiba 建立 STI 联盟推出 Cell 处理器，采用了 90 nm 的绝缘硅 SOI 工艺。Cell 采用片内分布式体系结构，由一个 Power 结构的处理器核心 PPE 和 8 个辅助处理器 SPE 组成，处理器核心之间通过单元间互联总线 EIB 相连。PPE 主要负责控制并执行操作系统，SPE 完成主要的计算任务。SPE 的 SIMD 执行部件是 128 位宽的，从而可在一个时钟周期里完成 4 个 32 位的定点或浮点乘加运算。SPE 里内置了 256 KB 的 SRAM 作为局部存储器。由于 SPE 没有动态分支预测机制，所以 SPE 配备了较大的寄存器堆来尽量减少对存储器的访问，并尽可能地展开循环、减少分支。整个芯片的时钟频率为 4.6 GHz，理论浮点运算峰值性能为 256 GFlops，相当于 3.0 GHz P4 6 GFlops 处理能力的 44 倍。

2006 年 IBM 发布的 Power 6 采用 65 nm SOI 工艺、10 层金属。相对于 90 nm 的工艺，

在同样功耗的情况下，性能提高了 30%，主要原因是采用 DSL(Dual - Stress Line)技术，该技术通过在 CMOS channel 加上不同的应力来达到提高电子或空穴迁移率的目的。Power 6中主要通过电路设计提高主频，其处理器核的频率达到 5 GHz。Power 6 是两路的多核处理器设计，集成了两个同时多线程的处理器核，每个核含有私有的 L2 Cache。4 个 Power 6 可以封装在一个多芯片模组中(MCM)，包括 32 MB 的 L3 Victim Cache。

目前，IBM 开发的下一代 Power 7 服务器处理器于 2010 年推出。相比上一代的 Power 6 处理器，Power 7 的制作工艺将提升到 45 nm，核心数量也将增加到 8 个，并且每颗核心采用四线程设计。Power 7 的主频为 4.0 GHz，相比 Power 6 有所降低。在芯片组支持方面，每个芯片组可支持两颗 CPU，将组建成 16 核心、64 线程的服务器平台，而且在浮点运算方面也将是 Power 6 的两倍，达到了每颗核心是 32 GFlops。

2. Sun Microsystem

Sun 公司 2004 年发布了它的第一款双核微处理器 UltraSPARC IV，采用 0.13 微米工艺，主频为 1.2 GHz。UltraSPARC IV 片上集成了两个 UltraSPARC Ⅲ 内核、二级 Cache 的数据标志存储单元和微控制器，片外的二级 Cache 容量为 16 MB，每个内核独享 8 MB。UltraSPARC IV＋是 UltraSPARC IV 的 0.09 微米工艺的升级版本，而且增加了片上 Cache 的容量，主频为 1.8 GHz。

Sun 公司 2005 年推出的 Niagara 处理器采用 CMT 技术，也称为 UltraSPARC T1。Niagara集成 8 个 SPARC 处理器内核，每个内核都是一个四路 SMT 处理器，共支持 32 个线程。每内核具有私有一级 Cache，所有 8 个内核共享 3 MB 的 12 路组相连二级 Cache。传统的存储系统几乎都以提高 Cache 层次的命中率，尽可能减低 DRAM 的访问频率作为设计目标，Niagara 却采取了完全不同的思想。Niagara 的 Cache 组织并不激进，因此确实可能需要大量的 DRAM 访问，为了减低这种访问带来的开销，Niagara 1 一方面通过提供高带宽的内存访问，另一方面则通过挖掘大量的线程级并行来容忍 DRAM 的访问延迟。

2006 年 Sun 推出了 Niagara - 2 处理器，包括 8 个 SPARC 处理器核，每个核支持 8 个线程，共享 4 MB 的 L2 Cache，分为 8 个 Bank，16 路组相连，使用 Crossbar 把处理器核和 L2 Cache 互联，含有 4 个双通道的 FBDIMM 内存控制器。

3. Intel

Intel 推出的 Montecito 处理器属于 Itanium 系列的双核心多线程处理器，每个处理器核在 Itanium 2 的基础上增加了 2 路阻塞多线程机制，同时开发指令集并行性和线程级并行性，采用 90 纳米工艺，集成了 17.2 亿个晶体管。每个处理器核分别集成 16 KB 一级指令 Cache、16 KB 一级数据 Cache、1 MB 二级指令 Cache、256 KB 二级数据 Cache 以及高达 12 MB 的三级 Cache。复杂的存储层次一方面固然大大提高了 Cache 的命中率，进而缓解了昂贵的 DRAM 访问对性能的影响，但是这样的结果必然导致大部分芯片面积都被

Cache 占据，严重影响芯片的效率。

2006 年 Intel 推出了基于 Core 构架的处理器 Conroe。处理器内核基于 Pentium M 架构，流水线的宽度由处理 3 条 x86 指令增加到能处理 4 条 x86 指令；增强了 SSE 功能，由 64 位通路增加到 128 位通路，以及能执行 128 位的读指令；在 Cache 共享策略上，采用适应性动态 Cache 空间调节分配策略，最大程度地提高了 Cache 空间的利用率，从而提供高带宽并降低缺失率。数据表明 Conroe 比上一代处理器在性能上提高了 40%，而功耗降低了 40%。

2006 年 9 月，Intel 首次介绍了其 TeraFLOP 级别的原型芯片研究。该原型芯片是世界上第一个达到每秒 1 万亿次浮点运算(TeraFLOP)的处理器，包括 80 个处理器核，频率为 3.1 GHz。该研究原型芯片综合了 Intel 公司近来在硅光子学方面的核心技术，达到了万亿次级计算的三个主要要求：TeraOPS 的性能、每秒万亿字节的访存带宽以及每秒万亿比特的 I/O 速度。与其他现有芯片的晶体管排列方式不同，TeraFLOP 级别研究原型芯片包括了 80 个节点，每个节点都包括一个带简单指令设置的小型核心，用于处理浮点数据；使用有一个 20 MB 的 SRAM 内存芯片，并将其重叠绑定在处理器模上。与处理器模的叠放使数百个芯片互连成为可能，并且可在内存与核心之间提供超过每秒万亿字节的带宽。另外，该芯片还将采用混合硅激光技术，可以形成每秒万亿比特的光学通路。

4. AMD

AMD 2004 年推出了双核 Opteron 处理器，兼容 x86 - 64 指令集，吸收了 RISC/CISC 的特点。其体系结构采用四级宏流水线，共 32 步操作，12 ns 总执行时间；片内集成 2 个 x86 - 64 核，每个处理器核有独立的 L2 Cache，通过 Crossbar 互联处理器核和系统请求接口；具备高效的分支预测机制，集成 128 位双通道存储控制器，每个通道支持 4 个 DDR DIMM，访存带宽高，延时小，支持 PC1600、PC2100、PC2700 DDR 内存，包含 3 个 HyperTransport 接口，能够方便地实现多处理器互连和 I/O 通信。带宽高达 5.3 Gb/s，在扩展到多处理系统时，可以提供的带宽和处理器数目成正比。

5.5 实例："龙腾"R2 微处理器存储系统设计

"龙腾"系列微处理器是西北工业大学航空微电子中心面向航空应用领域研制的 32 位嵌入式微处理器系统，本节讨论的设计均应用于该系统。"龙腾"R2 微处理器是一款支持 VxWorks 商用嵌入式操作系统的微处理器，基于 0.18 μm CMOS 标准单元库和宏单元进行布局布线。内核电压为 1.8 V，I/O 电压为 3.3 V，芯片内部主频为 233 MHz。使用 CQFP240 封装形式，面积为 4.8×5.2 mm²，功耗小于 1.5 W，支持多级流水线精确中断结构。"龙腾"R2 微处理器一次流片成功，并完成了样片的测试和实际系统的测试验证。该芯片是一款高性能的嵌入式微处理器，具有良好的实时特性。

5.5.1　"龙腾"R2 处理器结构

　　"龙腾"R2 微处理器定义了面向寄存器的指令集、寄存器模型以及异常、故障的基本结构，支持外部总线的突发、流水传送技术、乱序传输技术。根据功能结构可以将"龙腾 R2"微处理器划分为八个主要功能单元：取指译码单元、定点执行单元、浮点执行单元、Load/Store 单元、存储管理单元、一级指令/数据 Cache 单元、二级 Cache 控制单元以及总线接口单元，结构如图 5-4 所示。各单元功能简述如下。

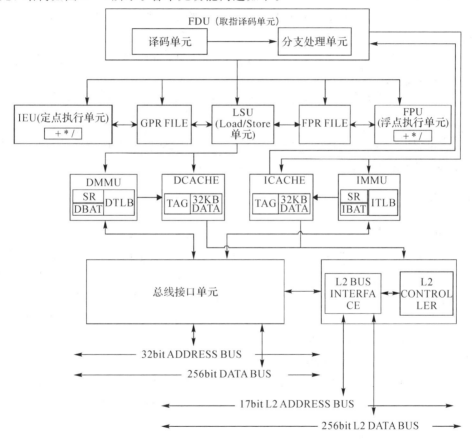

图 5-4　"龙腾 R2"微处理器结构图

　　取指、译码单元(Fetch Decode Unit，FDU)：是主要的控制部件，它产生取指 PC，从指令 Cache 取回指令并进行译码，根据不同类型的指令，产生不同的控制信号，并把指令发射到相应的执行部件。

　　定点执行单元(Integer Execute Unit，IEU)：用来完成定点指令的执行，主要由寄存器堆(包括 32 个 32 位的通用寄存器、特殊寄存器和临时寄存器)、32 位 ALU、桶式移位器、前导零计算模块、立即数模块、屏蔽模块和 32 位数组乘法器组成。

浮点执行单元(Floating – Point Unit，FPU)：负责整个处理器的浮点数据处理，包括浮点数据的各种算术操作(加、减、乘、除、倒数以及倒数平方根)，定浮点数据的相互转化和浮点数据的比较、控制操作。

Load/Store 单元(Load Store Unit，LSU)：主要完成 load、Store 指令有效地址的计算，对访存地址字边界不对齐和跨页边界的操作进行拆分处理，同时完成指令的异常检测。

存储管理单元(Memory Management Unit，MMU)：完成地址转换和存储保护两大功能，采用哈佛结构，支持三种有效地址到物理地址的转换方式：页地址转换、块地址转换和实地址转换。

一级指令/数据 Cache 单元：主要用于存放最近使用的指令及数据，以便能快速为后续操作提供指令和数据。

二级 Cache 单元：是一级 Cache 的补充，主要负责处理来自一级 Cache 和总线的各种请求。

总线接口单元(Bus Interface Unit，BIU)：是高速微处理器内核与低速存储器间的数据交换通道，负责与主板上的总线控制器、内存控制器以及外围设备控制器通信。

5.5.2 存储管理单元的设计

1. 结构概述

存储管理单元(MMU)的主要功能是将访存和访 I/O(假定访 I/O 是存储器映射的)的逻辑地址(有效地址)转换为物理地址(实地址)，同时在段、块或页的基础上提供访问保护。"龙腾"R2 微处理器支持 4 PB(2^{52})虚拟内存和 4 GB(2^{32})物理内存，内存管理使用段页式，每段的大小为 256 MB(2^{28})，共 16 个段；每页的大小为 4 KB(2^{12})，每段中有 2^{16} 个页。同时还支持块地址转换机制来映射存储器的较大的块，块的大小范围为 128 KB 到 256 MB，由软件编程控制，其优先权高于页地址转换。

"龙腾"R2 处理器的 MMU 采用哈佛结构，即有独立的指令 MMU 和数据 MMU，这样，指令和数据的地址可以并行转换，进而提高处理器的处理速度和性能。

1）地址转换模式

尽管指令 MMU 和数据 MMU 在结构上是独立的，但是二者的转换原理完全一致，都支持三种不同的地址转换模式：

(1) 实地址转换。当地址转换模式设置为禁用时，物理地址就是逻辑地址。

(2) 块地址转换。对大小为 128 KB～256 MB 的块进行地址转换，块的大小可以通过软件来设定。块的虚实地址映射关系存放在块地址转换阵列 BAT 中，指令和数据各有 4 组 BAT 阵列，在地址转换时，4 组 BAT 阵列同时比较，命中的条件如下：

①　有效地址的高 15 位,分成两部分,前 4 位直接和 BAT 阵列中块有效页索引字段(BEPI)的前 4 位进行比较,后 11 位有效地址要先和 BAT 阵列中的块大小字段(BL 字段,用作形成物理地址的屏蔽码)相与后再和 BEPI 字段的后 11 位进行比较。

②　BAT 阵列入口的有效位必须设置为下面两种情况之一:

——MSR[PR]=0 时,BAT 中的 Vs 位(超级用户模式有效位)必须等于 1;

——MSR[PR]=1 时,BAT 中的 Vp 位(普通用户模式有效位)必须等于 1。

若上面所有的条件都满足,则 BAT 命中,页地址转换结果被忽略;否则要根据页地址转换的结果进行操作。

(3)页地址转换。对大小为 4 KB 的页进行地址转换,段的大小固定为 256 MB。段表存放在 16 个段寄存器中,页表除了存放在内存中之外,还有一个片上的变换后备缓冲存储器(Translate Lookaside Buffer,TLB),TLB 是页表入口(Page Table Entry,PTE)的片上存储结构。如果地址转换所需的信息在 TLB 中,系统不再需要访存,直接把有效地址转换为物理地址。如果地址转换所需的信息不在 TLB 中,就需要查找相应的页表并替换进 TLB 中。

页地址转换时,根据有效地址的前 4 位,选择相应的段寄存器,得到虚拟段标识(VSID),同时根据有效地址的 14～19 位去读 TLB,读出两个 PTE(我们的设计中,TLB 为 128 入口两路组相联结构,每路读出一个 PTE),用 PTE 中的虚拟段标识(VSID)、缩写页索引字段(API)以及扩展的缩写页索引字段(EAPI)分别与段寄存器中的虚拟段标识(VSID)、有效地址 4～19 位、有效地址 10～13 位进行比较。除以上各位比较应相同外,段寄存器的有效位必须设置为下面两种情况之一,才使页地址转换命中:

——MSR[PR]=0 时,段寄存器中 Vs 位(超级用户模式有效位)必须等于 1;

——MSR[PR]=1 时,段寄存器中 Vp 位(普通用户模式有效位)必须等于 1。

转换后的物理地址是由 PTE 的物理页号(RPN)和有效地址的后 12 位拼接而成的。

2)TLB 缺失处理

"龙腾"R2 微处理器的 TLB 缺失处理是由硬件负责的。页表包含很多页表入口组(PTEG),每个 PTEG 包含 8 个 PTE,PTEG 的地址是查表操作的入口地址,由特殊寄存器 SDR1(SDR1 中存放了页表的基地址和页表长度)和中间虚地址共同产生。任何一个 PTE 只能最多出现在两个 PTEG 中,主 PTEG 和次 PTEG,即它可能位于页表 16 个可能位置中的任意一个;若它既不在主 PTEG 又不在次 PTEG 时,就会出现页表缺失。所谓查表操作就是在主 PTEG 和次 PTEG 中寻找某个 PTE。页表查找算法如下:

步骤 1,产生主页表入口组(PTEG)的物理地址。

步骤 2,读出主 PTEG 中的第一个 PTE,即 PTE0。

步骤 3，将读出的 PTE 与 VPN 进行比较：

$PTE[H]=0$，$PTE[V]=1$，$PTE[VSID]=VA[0-23]$，$PTE[API]=VA[24-29]$。

步骤 4，如果不匹配，则重复步骤 3，直到主 PTEG 中的 8 个 PTE 都比较完为止，若是其中一个匹配了则跳到步骤 8；若是都不命中，则产生次 PTEG 的地址。

步骤 5，读出次 PTEG 中的第一个 PTE，即 PTE0。

步骤 6，将读出的 PTE 与 VPN 进行比较：

$PTE[H]=1$，$PTE[V]=1$，$PTE[VSID]=VA[0-23]$，$PTE[API]=VA[24-29]$。

步骤 7，如果不匹配，则重复步骤 6，直到次 PTEG 中的 8 个 PTE 都比较完为止，若是其中一个匹配了则跳到步骤 8，若是都不命中，则产生页表失效异常，跳到步骤 9。

步骤 8，把匹配的 PTE 写入 TLB 中，并按照 R、C 位的设置规则进行设置和必要的页表修改。

步骤 9，查表失败，发相应的缺页异常信号。

其中，PTE[H]为哈希函数标识位；PTE[V]为有效标识位；PTE[VSID]为虚拟段标识位；PTE[API]为缩写页索引。虚页号 VPN 和中间虚地址 VA 的形成见图 5-4。

3）存储保护

"龙腾"R2 微处理器的存储保护有两大类：

（1）块存储保护：需要查看 PP 字段，具体规则如表 5-1 所示。

表 5-1　BAT 存储保护控制规则

PP	存储保护允许的操作
00	读写访问全禁止
x1	只读
10	读写访问都允许

（2）段页存储保护：在页地址转换中，存储保护的实现是在段和页的基础上，具体的规则如表 5-2 所示。其中 Key 是由段寄存器中的 Ks 和 Kp 以及 MSR[PR]位产生的；N 位和 T 位都是段寄存器中的标识位；PP 是 PTE 中的标识位。

无论是块地址转换还是段页地址转换，在命中的情况下都要进行存储保护的判断。如果当前的访问与相应的存储保护标志相匹配，转换出来的物理地址就是有效的；如果当前的访问违反了存储保护，那么转换出来的地址是无效的，需要根据标志信息确定属于何种异常，然后转到相应的异常处理程序进行处理。

表 5-2　段页存储保护控制规则

N	T	Key	PP	存储保护允许的操作
1	x	x	xx	取指操作禁止
0	1	x	xx	读写访问全禁止
0	0	0	0x	读写访问都允许
0	0	1	00	读写访问全禁止
0	0	1	01	只读
0	0	x	10	读写访问都允许
0	0	x	11	只读

4）异常处理

在地址转换过程中，可能会引起异常，具体的异常产生条件和处理见表 5-3。

表 5-3　MMU 异常情况汇总

引起异常的条件	详细描述	异常处理
页表失效	块地址转换无效且 Memory 中没有该页表	指令访问：ISI 异常，SRR1[1]=1 数据访问：DSI 异常，DSISR[1]=1
块保护冲突	违背表 5-1 所示的 BAT 存储保护控制规则	指令访问：ISI 异常，SRR1[4]=1 数据访问：DSI 异常，DSISR[4]=1
页保护冲突	违背表 5-2 所示的段页存储保护控制规则后五条	指令访问：ISI 异常，SRR1[4]=1 数据访问：DSI 异常，DSISR[4]=1
非执行保护冲突	违背表 5-2 所示的段页存储保护控制规则第一条	ISI 异常，SRR1[3]=1
直存段保护冲突	违背表 5-2 所示的段页存储保护控制规则第二条	指令访问：ISI 异常，SRR1[3]=1 数据访问：DSI 异常，DSISR[5]=1
从保护区域取指	取指时匹配的 G=1	ISI 异常，SRR1[3]=1
dcbz 操作中 W=1 或者 I=1	dcbz 操作的对象是写直达或者 Cache 禁止的段或块	对齐异常（Alignment Exception）
stwcx、eciwx、ecowx 指令访问直存段	保留站指令或外部控制指令访问的地址的 SR[T]=1	DSI 异常，DSISR[5]=1（包含在直存段保护冲突中，是其中的一种）

2. 指令 MMU 的设计

指令存储管理单元(IMMU)由主控、RAM 实现、块地址转换、页地址转换、存储保护、查表、替换、异常处理和输出九个模块构成。IMMU 可以同时接受两个请求，但是由于每次只能转换一个地址，因而后来的请求需要被挂起，直到先到请求的物理地址转换完毕，接着处理第二个挂起的请求。

IMMU 的主控状态机如图 5-5 所示。

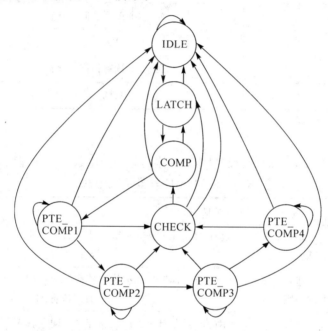

图 5-5 IMMU 主控状态机状态转换图

IMMU 主控机包含了以下八个状态：

(1) IDLE 状态。在该状态，状态机没有任何动作，等待新的请求到达。当有新请求到达且无转移信号时，状态机进入 LATCH 状态。

(2) LATCH 状态。由于我们的设计中，TLB 是用同步 RAM 实现的，输出延迟较大，因而从 RAM 中读出后需要锁存到寄存器中，以匹配处理器的速度。该状态主要实现的动作就是将从 RAM 中读出的数据锁存到寄存器中。锁存完毕，且当前没有转移信号时则进入 COMP 状态。

(3) COMP 状态。该状态主要进行比较，判断地址转换是否在 BAT 或者 TLB 中命中，命中判断时还要进行存储保护的检查，看是否有异常发生。如果当前有转移信号或者发生异常，状态机回 IDLE 状态；若当前地址转换在 IMMU 中缺失，即在 BAT 或 TLB 中都没有命中，则转入 PTE_COMP1 状态进行缺失处理；若在 IMMU 中命中，则根据命中类型进行相应的地址转换，同时判断当前是否还有挂起请求在等待处理，如果有且该请求从 RAM 中读出的数据已经锁存到寄存器中，则继续在 COMP 状态进行命中判断；如果有新的请求刚刚到达，则回到 LATCH 状态进行处理；否则返回 IDLE 状态。

（4）PTE_COMP1 状态。从 PTE_COMP1 到 PTE_COMP4 这四个状态都是进行查表操作，其中，PTE_COMP1 状态比较主 PTEG 中的前 4 个 PTE。在 IMMU 等待返回数据过程中收到转移信号时，则回到 IDLE 状态。当 BIU 返回数据后，经过比较在主 PTEG 中若有 PTE 命中，则进入 CHECK 状态；若无 PTE 命中，则进入 PTE_COMP2 状态，继续进行比较。

（5）PTE_COMP2 状态。在该状态比较主 PTEG 中剩下的 4 个 PTE。在 IMMU 等待返回数据过程中收到转移信号时，则回到 IDLE 状态。当 BIU 返回数据后，经过比较若有 PTE 命中，则进入 CHECK 状态；若无 PTE 命中，则进入 PTE_COMP3 状态，继续进行比较。

（6）PTE_COMP3 状态。在该状态比较次 PTEG 中前 4 个 PTE。在 IMMU 等待返回数据过程中收到转移信号时，则回到 IDLE 状态。当 BIU 返回数据后，经过比较若有 PTE 命中，则进入 CHECK 状态；若无 PTE 命中，则进入 PTE_COMP4 状态，继续进行比较。

（7）PTE_COMP4 状态。在该状态比较次 PTEG 中后 4 个 PTE。在 IMMU 等待返回数据过程中收到转移信号时，则回到 IDLE 状态。当 BIU 返回数据后，经过比较若有 PTE 命中，则进入 CHECK 状态；若无 PTE 命中，则回到 IDLE 状态。

（8）CHECK 状态。该状态主要对查表命中的结果进行存储保护检查。若有异常或者转移信号，回到 IDLE 状态；若没有发生异常或转移，且当前有挂起的请求并且该请求从 RAM 中读出的数据已经锁存到寄存器中，则回到 COMP 状态进行命中判断；若当前有新的请求到达，则到 LATCH 状态进行处理；否则，回到 IDLE 状态，地址转换过程结束。

块地址转换、页地址转换、存储保护、异常处理在前面已经有详细介绍，这里不再对每个模块一一介绍。

在缺失查表模块中，需要产生查表操作的入口地址，即主 PTEG 和次 PTEG 的入口地址。地址形成过程如下：首先，将有效地址的 4～19 位（也就是虚地址的 24～39 位）的高位添三个 0，然后与虚地址（地址形成见图 5-6）的 5～23 位进行异或操作，生成哈希值 1，即主哈希值；随后，将该哈希值与 SDR1 寄存器中相应的位段进行操作并拼接，形成主 PTEG 的入口地址。若逐个检查主 PTEG 中所有 PTE 未发现有匹配，需要查找次 PTEG。对先前生成的哈希值 1 进行补码运算，生成哈希值 2，即次哈希值，然后再与 SDR1 寄存器中相应的位进行操作并拼接，形成次 PTEG 的入口地址。哈希值产生过程如图 5-6 所示；PTEG 地址形成过程见图 5-7。

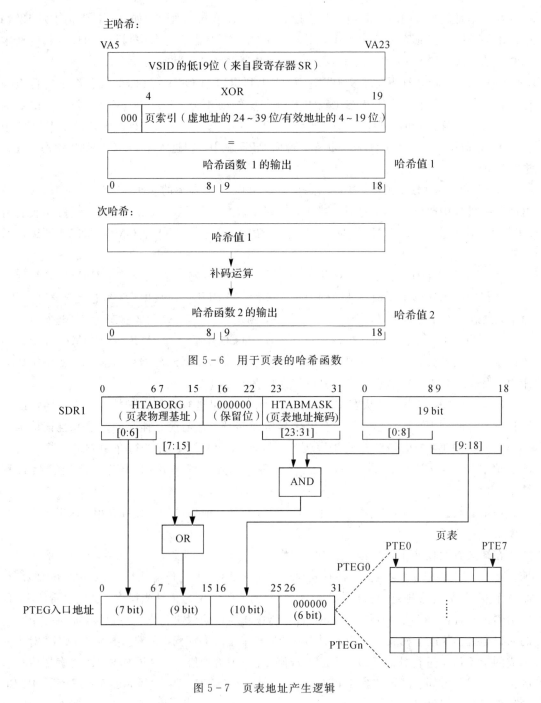

图 5-6　用于页表的哈希函数

图 5-7　页表地址产生逻辑

另外，在查表模块中，为了复用"龙腾"R2 和 Cache 之间的 256 位数据线，我们设计每次读取 4 个 PTE，同时进行比较，如果不命中再读取下面 4 个 PTE，这样，一个 PTEG 需要 2 次读完。在 5.5.1 小节中介绍过：任何一个 PTE 只能最多出现在两个 PTEG 中，即它可能位于页表 16 个可能位置中的任意一个。在最差的情况下需要读 4 次内存，因而，在主控状态机中，我们设置了 PTE_COMP1、PTE_COMP2、PTE_COMP3、PTE_COMP4 这四个状态进行查表操作。

IMMU 的替换算法采用 LRU 算法。另外，在实地址模式时，有效地址就是物理地址，可以直接输出，因而实地址转换在输出模块中实现。

3. 数据 MMU 的设计

数据存储管理单元(DMMU)和指令存储管理单元进行地址转换的原理相同，两者的模块划分相同，设计相似，但是 DMMU 每次只能接收一个请求。

DMMU 的主控状态机如图 5-8 所示。和 IMMU 的状态机相比，DMMU 仅仅多了一个状态——MODIFY。这是因为，对于 DMMU 来说，有写操作，因而可能需要修改 TLB 中 PTE 的修改位"C"的值，在 MODIFY 状态就是执行该操作。而对于 IMMU，由于没有写操作，因而没有该操作。

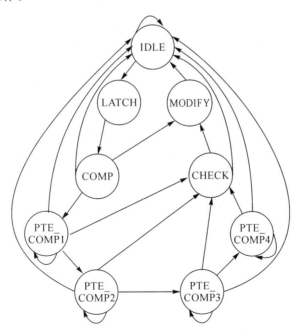

图 5-8　DMMU 主控状态机状态转换图

由于 DMMU 状态机转换大部分都与 IMMU 的相同，这里我们仅仅列出不同的转换：

在 COMP 状态进行比较时，当地址转换在 BAT 中缺失但在 TLB 中命中，且命中的 PTE 的状态位为 0，需要修改该位为 1 时，进入 MODIFY 状态进行修改；当查表命中到达 CHECK 状态后，除非当前发生异常，否则进入 MODIFY 状态。其他的转换与 IMMU 中的基本相同。

DMMU 中其他模块的设计和 IMMU 中的大体相同，这里不再赘述。

5.5.3　一级 Cache 的设计

"龙腾"R2 微处理器的一级 Cache 选用哈佛（Harvard）结构，将指令和数据分开放置于指令 Cache 和数据 Cache 之中；在设计时，采用流水线技术，减少指令执行时间，进一步增强了处理器的数据处理能力，非常适合实时处理的要求。

1. 结构概述

在 Cache 设计中，容量、行大小以及关联度的确定都是相当重要的，这是因为缺失率是评估 Cache 性能的重要指标，而通过增加 Cache 容量、行大小、提高关联度都可以降低 Cache 的缺失率。但是改变其中的某一方面又可能直接影响到整体的性能，甚至可能出现负面影响，这也是 Cache 系统设计所面临的挑战之一。

1）容量的确定

从理论上说，我们希望 Cache 容量大到足以覆盖程序执行所需的全部指令或数据，这样，缺失率就很低。龙腾系列处理器中的 RAM 都是由 Artisan 提供的 SMIC 0.18 μm RAM 模型，我们分析了在此 RAM 模型下，Cache 的容量和性能关系，结果表明：随着 Cache 容量的增加，缺失率获得降低，在很大程度上减少了长延迟片外访存的数量；但是容量的增加使得访问延迟和面积都有相应的增加。经过慎重考虑和折中，在满足设计要求的前提下，一级 Cache 的容量被定为 32 KB，即指令 Cache 和数据 Cache 都为 32 KB。

2）行大小的选择

增加 Cache 的行大小对降低缺失率起到积极作用，但是，如果行大小过大会导致缺失代价的增长，从而对性能产生负面影响。另外，有文献指出指令 Cache 的行大小应该与传输数据块的大小相同，数据 Cache 的行大小应该是传输数据块大小的一倍或者两倍。"龙腾 R2"采用的总线 60X 支持 32 字节的突发式传送，因此，"龙腾 R2"的指令 Cache 和数据 Cache 的行大小都选择为 32 字节。

3）映象方式的选择

根据块放置策略可以将 Cache 的组织形式分为：直接映象、全相联映象和组相联映象。在这三种映象方式中如何选择则取决于缺失率和实现代价在时间和额外硬件开销上的权衡情况以及一些细节的实现。目前，大多数处理器中广泛使用组相联映象方式。由于龙腾系列微处理器所面向的是应用于嵌入式航空应用领域的要求，程序代码密度高、任务切换频繁、跳转指令较多，需要尽量提高命中率，因而我们采用命中率较高且实现相对简单的组相联结构。

学者对不同大小的 Cache 在各种相联度情况下的缺失率进行了比较后得出：当 Cache 容量等于 32 KB 时，采用 8 路组相联方式缺失率最低。因此，我们的 Cache 选用的相联度为 8。

综上所述，"龙腾"R2 的一级 Cache 大小为 32 KB，采用 8 路组相联结构，每路 128 入口，每个 Cache 块的大小为 32 KB。

4）替换策略

在 Cache 访问过程中，如果发生缺失，则需要从主存中调入一个新的 Cache 行装入 Cache 中。当可以装入这个新 Cache 行的位置都已经被装满时，就要使用替换策略，为它腾出一个位置。常用于组相联结构中的替换策略有三种：随机替换策略、最近最少使用（LRU）替换策略、先进先出（FIFO）替换策略。研究表明 LRU 的平均命中率高于 FIFO，随机替换策略的命中率是最低的。

此外，还有一种替换算法——伪最近最少使用（PLRU）算法，它采用了 LRU 算法的思想，将 Cache 分组考虑，每次替换选中的是最久没用使用的 Cache 块，算法性能与 LRU 算法相差不大。但是这种方法并不精确地对使用次数进行记录，而是用状态位来表示其使用状态，这样，相对于 LRU 算法，PLRU 算法的实现代价要小得多。因而，我们最终选择 PLRU 算法。我们的设计中，8 路组相联的 Cache 可以采用 7 个状态位来记录其使用情况，算法标志更新规则见表 5-4。

表 5-4　PLRU 更新规则

当前访问的块号	PLRU 位的更新						
	B0	B1	B2	B3	B4	B5	B6
L1	1	1	X	1	X	X	X
L2	1	1	X	0	X	X	X
L3	1	0	X	X	1	X	X
L4	1	0	X	X	0	X	X
L5	0	X	1	X	X	1	X
L6	0	X	1	X	X	0	X
L7	0	X	0	X	X	X	1
L8	0	X	0	X	X	X	0

注：此处 X 表示保持原来的值。

按照上表所述规则，8 路组相联 Cache 的伪 LRU 算法的流程如图 5-9 所示。

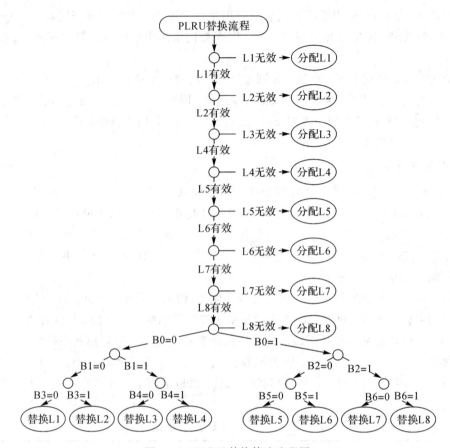

图 5-9 PLRU 替换算法流程图

5）预取策略

预取是降低缺失率一种很好的方法。它通过在 CPU 访问数据之前提前将数据送入 Cache，从而有效地提高访问命中率，减少存储访问延迟，提高系统性能。"龙腾 R2"微处理器一级 Cache 设计中我们采用了不命中预取的方法，即在当前访问引起 Cache 不命中时进行下一行的预取。

6）MEI 协议

与指令 Cache 不同，数据 Cache 有写入操作。为了提高处理速度，在每次写入时，并不同时修改一级 Cache、二级 Cache 和内存的内容，因而，需要靠一致性协议来维持数据 Cache 中的一致性问题。"龙腾 R2"微处理器采用 MEI 一致性协议，该设计借鉴了 Power-PC750 处理器的方法。状态定义如表 5-5，状态转换图如图 5-10 所示。

表 5-5 MEI 协议状态的定义

MEI 状态	定 义
M (Modified)	被寻址的数据块在 Cache 中,该块已经被修改,但是被修改的数据还没有写回到内存中
E (Exclusive)	被寻址的数据块在 Cache 中,该 Cache 块是被寻址的 Cache 独占的。在该 Cache 块中的数据与内存是一致的
I (Invalid)	被寻址的 Cache 没有包含有效的数据或该块不在 Cache 中

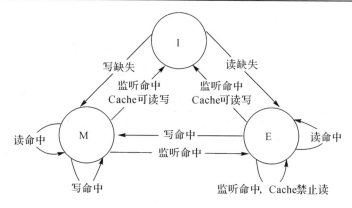

图 5-10 MEI 状态转换图

由于数据不能共享(无 S 状态),所以在本地处理器填充 Cache 之前,都会刷新其他处理器 Cache 中的数据副本。为了维持 MEI 的一致性协议,所有的全局读操作都会被监听,因此会冲刷 Cache 块;但是当监听的传输是一次 caching-inhibited 的读操作时,处理器不会置被监听的块为无效。如果监听命中为 M 状态的 Cache 块,则把 Cache 块写回内存且置为无效;如果监听命中为 E 状态,则仅置 Cache 块无效即可。表 5-6 为数据 Cache 的基本操作类型。

表 5-6 数据 Cache 的基本操作类型

操作类型	说 明
E→I	监听到写操作或无效操作
M→I	监听到无效操作
PM→I	监听到 flush 操作
PM→E	监听到 clean 操作
Load	LSU 部件发出的 load 操作
Store	LSU 部件发出的 store 操作

表5-7中详细说明了不同操作对应的状态转移和Cache操作。

在我们的设计中，地址转换和访问Cache是同时进行的，在地址转换还没有结束之前，就将Cache的标志域(Tag)和数据域(Data)取出来，一旦物理地址转换成功，直接用高位字段和Cache的标志位进行比较。另外，MMU和Cache各自独立控制，无论Cache是否出现缺失，MMU仍然进行地址转换。

表5-7 不同操作对应的状态转移和Cache操作

操作类型	当前状态	下一状态	Cache操作
复位	M E I	I	仅Cache块状态变化
E→I	E	I	仅Cache块状态变化
M→I	M	I	仅Cache块状态变化
PM→I	M	I	有条件的push操作，将数据冲刷到内存
PM→E	M	E	有条件的push操作，将数据冲刷到内存
Load	I	E	读缺失，突发读存储器，若有Cache块被替换且状态为M，需将其写回存储器
	M、E	保持	读命中，从Cache读数据
Store	I	M	写缺失，突发读存储器，与store的数据拼接后写Cache；若有Cache块被替换且状态为M，需将其写回存储器
	E、M	M	写命中

2. 一级指令Cache的设计

一级指令Cache主要包括主控模块、命中模块、预取模块、替换逻辑、RAM实现以及输出逻辑六个模块，指令Cache不监听。

1) 主控模块的设计

主控模块主要负责一级指令Cache的管理、控制以及流程的正确跳转，同时生成一些对其他模块的控制信息。主控状态机是主控模块的核心，控制了Cache处理流程，它主要包含了以下七个状态，状态转换如图5-11所示。

(1) IDLE状态。在该状态，状态机没有任何动作，等待新的请求到达。当有取指请求且无转移信号时，状态机进入READ状态。

(2) READ状态。根据有效地址信息从RAM中读出所需的数据。如果没有转移信号，进入LATCH状态。

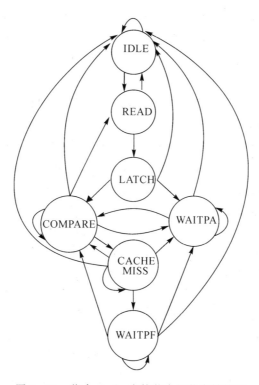

图 5 - 11 指令 Cache 主控状态机状态转换图

（3）LATCH 状态。由于我们的设计中，Cache 的标志域、数据域都是用同步 RAM 实现的，输出延迟较大，因而从 RAM 中读出后需要锁存到寄存器中，以匹配处理器的速度。该状态主要实现的动作就是将从 RAM 中读出的数据锁存到寄存器中。锁存完毕，如果没有发生转移或者地址异常，并且此时物理地址已经从存储管理单元传送过来，则进入COMPARE 状态；如果物理地址还没有准备好，则进入 WAITPA 状态等待物理地址转换；当发生转移或者地址异常时，状态机回到 IDLE 状态。

（4）COMPARE 状态。该状态主要判断当前请求是否在 Cache 中命中。在该状态可能发生的状态转移如下：如果当前请求在 Cache 中命中且发现有挂起的请求（挂起请求是指在 LATCH 状态下发现有新的取指请求，或者在当前 COMPARE 状态下，Cache 不命中且有新的取指请求时，需要将新的请求挂起，等待处理）在等待处理，但是该挂起的取指请求的物理地址还没有从存储管理单元送来，即还未转换好，则进入 WAITPA 状态等待物理地址转换；如果命中，且无被挂起的请求和新的取指请求，那么请求已经全部处理完毕，状态机回到 IDLE 状态；如果当前请求在 Cache 中缺失，则进入 CACHE_MISS 状态进行缺失处理；如果发生异常或转移，状态机也回到 IDLE 状态；否则，依然在 COMPARE 状态。

（5）WAITPA 状态。当存储管理单元的转换的物理地址没有传送来时，不能与

TagRAM 的数据进行比较，因此该状态主要是等待从存储管理单元传送来的物理地址。在该状态可能发生的状态转移如下：如果物理地址到达且没有发生转移时，进入 COMPARE 状态判断是否发生 Cache 命中；如果发生异常或转移，状态机回 IDLE 状态；否则，依然在 WAITPA 状态。

（6）CACHE_MISS 状态。该状态主要处理 Cache 缺失的状况。如果当前请求在 Cache 中缺失，需要向二级 Cache 发出请求取回所需要的块，并且根据需要进行预取。在该状态可能发生的状态转移如下：如果从二级 Cache 返回数据，并且无预取请求和无挂起请求，说明当前任务已经完成，返回 IDLE 状态；如果从二级 Cache 返回数据，但是需要预取，而预取的数据还未返回，则进入 WAITPF 状态等待预取数据返回；如果从二级 Cache 返回数据，无需预取，但当前有被挂起的指令请求，且该请求的物理地址已经准备好，则进入 COMPARE 状态直接进行下一个请求的命中比较；如果从二级 Cache 返回数据，无需预取，但当前有被挂起的指令请求，该请求的物理地址未准备好，则进入 WAITPA 状态等待；如果发生异常或者转移也回 IDLE 状态；否则，依然在 CACHE_MISS 状态。

（7）WAITPF 状态。该状态主要等待从二级 Cache 返回预取数据块。在该状态可能发生的状态转移如下：如果二级 Cache 返回预取数据，并且当前没有被挂起的请求，则当前请求已经处理完毕，返回 IDLE 状态；如果二级 Cache 返回预取数据，当前有被挂起的请求，但是被挂起的请求的物理地址还未准备好，则进入 WAITPA 状态等待物理地址转换；如果二级 Cache 返回预取数据，并且当前有挂起的请求，被挂起的请求的物理地址已经准备好，则进入 COMPARE 状态进行 Cache 命中比较；如果发生异常或者转移，则回到 IDLE 状态；否则，依然在 WAITPF 状态。

2）其他模块的设计

指令 Cache 的命中逻辑首先锁存 Cache RAM 输出的 tag 和 data，然后与存储管理单元模块送过来的物理地址进行比较，将 tag 位进行比较，判断当前的访问是否在 Cache 中，同时还要根据替换模块给的组号产生 RAM 的写逻辑，或者根据命中的情况产生 Cache 输出。与数据 Cache 相比，指令 Cache 的读写逻辑要简单一点，由于指令 Cache 是不可改写的，因此替换不需要写回。

指令 Cache 的预取逻辑采用不命中预取的方法，当访问请求在 Cache 中缺失时，则发送请求向二级 Cache 取指，同时判断缺失指令的下一行是否在 Cache 中存在，如果不在 Cache 中且没有跨页和跨块（非实地址转换），就给二级 Cache 发送请求把下一行也取回来；如果在 Cache 中存在，则不用预取。

指令 Cache 的替换模块采用伪 LRU 算法，Cache 是 8 路组相联结构，采用 7 个状态位来记录使用情况，替换标志位的设置规则如下：

（1）Cache 命中时要设置该入口对应的 LRU 标志位；

（2）Cache 替换写回时要设置该入口对应的 LRU 标志位；

（3）HID0［ICFI］置 1 后要清除所有的 LRU 标志位；

（4）执行 icbi 指令时要清除该入口对应的 LRU 标志位。

指令 Cache 的输出有两种情况，当 Cache 命中时，从 Cache 的 RAM 中选择输出；若缺失时，从二级 Cache 返回的数据块中选择输出。由于指令 Cache 与 IEU 的接口是 128 bit，因此一次传送四条指令。

3. 一级数据 Cache 的设计

一级数据 Cache 主要包括主控模块、命中模块、预取模块、替换逻辑、RAM 实现以及输出逻辑六个模块，数据 Cache 要被监听。

1）主控模块的设计

和指令 Cache 的主控模块一样，数据 Cache 的主控模块由主控状态机构成，主要负责数据 Cache 的管理、控制、流程的正确跳转以及生成一些对其他模块的控制信息。由于数据 Cache 有写操作，因而相对指令 Cache 来说较为复杂。

对数据 Cache 的操作主要包括四类：load 操作、store 操作、数据 Cache 控制操作以及总线监听操作。在这几种操作中，对二级 Cache 的写入主要有四种：写（store）、被替换的 Cache 块的写回（castout）、刷新时将处于修改状态（M）的数据块写回（push）和监听写回（copyback）。其中，push 和 copyback 是没有区别的，我们把这两种方式当成一种来处理，并且每个写入必须等待二级 Cache 操作完成后给予回应才能进行后续的操作。

对于每种操作，主控状态机的状态跳转有所不同，为了清楚表示，我们按操作类型对状态机转换过程进行具体描述。

（1）Load 操作。Load 操作可以分为单拍 load 和多拍 load。当 load 操作在 Cache 中缺失时，需要从二级 Cache 读回所需的数据，并且产生替换操作（castout）；在 Cache 禁止模式下还需要将修改过的 Cache 块写回至二级 Cache（push）。

如图 5-12 所示，系统复位后状态机初始化在 Idle 状态，在此状态下检测到数据请求信号后，状态机开始工作。根据有效地址中的 Cache 索引位读取相应的标志和数据域，同时根据 LSU 送过来的指令类型和传输大小进行译码，得到操作的类型和操作的拍数，并进入 Waitpa 状态，等待 MMU 转换出所需的物理地址后进入 Compare 状态进行 Cache 命中比较，若 Cache 命中且当前是 load 操作，进入 Dec_push 状态，判断当前命中是否需要写回二级 Cache，如果需要进行 push 操作，则进入 Wait_L2_finish 状态等待二级 Cache 完成 push 操作，直至收到二级 Cache 写入数据完成信号，再进入 Load 状态进行相应的读操作。如果在 Dec_push 状态判断不需要写回二级 Cache，则直接进入 Load 状态处理，处理完后进入 Load_finish 状态，输出完成标志，当前操作执行完毕，状态机回 Idle 状态等待新的请求。

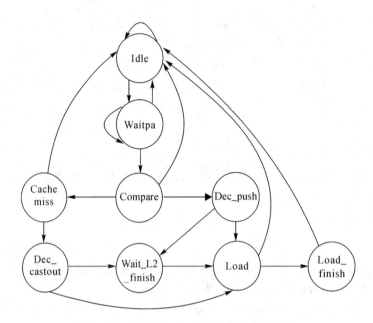

图 5 - 12 数据 Cache load 操作状态转换图

如果在 Compare 状态得出 Cache 缺失，需要从二级 Cache 取数，进入 Cachemiss 状态，等待二级 Cache 的数据取回。数据取回后暂存于寄存器中，进入 Dec_castout 状态判断是否需要执行 castout 操作，如果需要进行替换写回，则进入 Wait_L2_finish 等待操作执行，直至收到二级 Cache 返回操作完成信号，再进入 Load 状态进行相应的读操作。如果判断不需要 castout 操作，直接进入 Load 状态处理。处理完后进入 Load_finish 状态，输出完成标志，状态机回 Idle 状态。

另外，eciwx 指令的处理过程与不命中时的路径相同。在任何一个状态如果接收到异常、转移或取数清零信号都应回到 Idle 状态，本文中为了使图形清晰，这些转移路径没有一一列出。

（2）Store 操作。如图 5 - 13 所示，系统复位后状态机初始化在 Idle 状态，在此状态下检测到数据请求信号后，状态机开始工作。根据有效地址中的 Cache 索引位读取相应的标志和数据域，同时根据 LSU 送过来的指令类型和传输大小进行译码，得到操作的类型和操作的拍数，并进入 Waitpa 状态，等待 MMU 转换出所需的物理地址后进入 Compare 状态进行比较，若 Cache 命中且当前操作是 store，则进入 Dec_push 状态判断是否需要产生 push 操作，如果需要，则进入 Wait_L2_finish 状态等待，直到二级 Cache 返回操作完成信号，进入 Waitdata 状态等待 store 数据接收完毕（接收 store 数据的过程是独立的）。如果在 Dec_push 状态判断无需进行 push 操作，则直接进入 Waitdata 状态。数据接收完毕后，如果同时需要写一级数据 Cache 和二级 Cache，则先进入 Wait_L2_finish 等待二级 Cache 写入，然后进入 Store 状态对一级数据 Cache 写入，最后转入 Store_finish 状态。如果只需写一级数据 Cache，则直接进入 Store 状态等待一级 Cache 写入，再转入 Store_finish 状态。如果只需写二级 Cache，则二级 Cache 写入完毕后直接从 Wait_L2_finish 转入 Store_finish 状态。在 Store_finish 状态，store 操作结束的标志将置起，状态机回 Idle 状态。

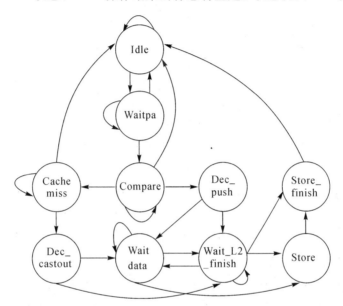

图 5-13　数据 Cache store 操作状态转换图

如果 Cache 缺失，进入 Cachemiss 状态，等待所需的数据从二级 Cache 中取回。当数据取回，进入 Dec_castout 状态判断当前是否需要执行 castout 操作，如果需要，则进入 Wait_L2_finish，直至收到二级 Cache 写入数据完成信号，进入 Waitdata 状态；如果不需要，直接进入 Waitdata 状态。Waitdata 状态后的转移路径与命中时 Waitdata 状态后的转移条件一致，这里不再详细说明。

上面提到的 store 操作是不包括 stwcx 指令和 ecowx 指令的，这两条指令要特殊处理。ecowx 指令不会写一级数据 Cache，只会写二级 Cache，因此不用经过 Store 状态。Stwcx 指令在 Cache 允许且写回模式下与一般的 store 指令的处理过程是一样的，但在 Cache 禁止或者写直达模式下也不需写一级数据 Cache，因此也不用经过 Store 状态。同样地，在任何一个状态，如果接收到异常、转移或取数清零信号，则都应回到 Idle 状态。

（3）数据 Cache 控制操作。数据 Cache 控制指令包括 dcbi、dcbz、dcbf、dcbt、dcbtst、dcbst。状态转换如图 5-14 所示。

Dcbi 指令是把指定的数据 Cache 块置无效，我们将它看成 store 操作，并且不需要把修改过的块写回 L2 Cache。

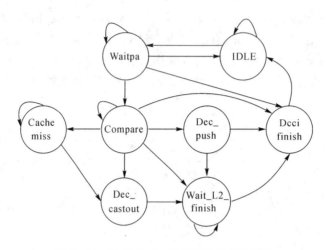

图 5 - 14　数据 Cache 控制操作状态转换图

Dcbz 指令是将指定的 Cache 块清零，可以将其看成 store 操作。如果 Cache 命中，将选中的 Cache 块清零。若 Cache 缺失，要进行 castout 操作，进入 Wait_L2_finish 状态等待二级 Cache 写入完毕后进入 Dccifinish 状态，当前操作已经完成，回 Idle 状态。

Dcbf 指令是冲刷整个数据 Cache，处理时把它看成是 load 操作。若 Cache 命中了处于修改状态的数据块，需要将该数据块写回二级 Cache，直到二级 Cache 写操作完成，指令执行才能结束。若命中的 Cache 块处于独占状态，则置为无效状态。若 Cache 缺失，则没有任何操作。

Dcbt、dcbtst 这两条指令的作用类似于软件显式的对 Cache 块进行预取，我们将这两条指令看成 load 操作。若 Cache 命中处于修改状态的数据块，需要将该数据块写回二级 Cache，处理与 dcbf 指令相同。若缺失时，被修改过的数据块需要执行 castout 操作。

Dcbst 指令将指定的 Cache 块置成独占状态，我们将它看作 load 操作。若命中的 Cache 块处于修改状态，则要写回二级 Cache，与 dcbf 处理过程相同，并且把选中的 Cache 块置独占状态；若 Cache 命中且命中的数据块已经处于独占状态，则不进行任何操作。

（4）总线监听操作。与指令 Cache 不同的是，一级数据 Cache 需要监听，我们采用 MEI 三态监听协议。监听请求优先级最高。当数据请求与监听请求同时到达时，监听请求会先被处理，同时为了保证当前的数据请求不会丢失，我们将数据请求锁存，直到监听请求处理完毕，再处理挂起的数据请求。若监听命中处于修改状态的 Cache 块时，也会产生写回操作；如果命中处于独占状态的 Cache 块时，仅仅发生状态位的改变。如果监听不命中，不作任何处理。值得注意的是，响应监听请求的必要条件是一级数据 Cache 和二级 Cache 的主控状态机都处于 Idle 状态。

如图 5 - 15 所示，在 Idle 状态检测到监听请求信号或者同时检测到监听和数据请求信

号时，都进入 Compare 状态，判断监听是否命中。若
不命中，则进入 Snoop_finish 状态，表示监听已经完
成。如果监听命中，则进入 Dec_push 状态判断是否
需要监听写回，如需要，进入 Wait_L2_finish 状态等
待二级 Cache 写操作，否则，直接进入 Snoop_finish
状态。在 Snoop_finish 状态，根据判断，如果当前有
挂起的数据请求时，则直接转入 Waitpa 状态继续处
理挂起的数据请求，处理过程如前面处理 load、
store 以及控制请求的处理过程，数据请求处理完毕
后再返回 Idle 状态。若无挂起请求，则回 Idle 状态
等待新的请求到达。

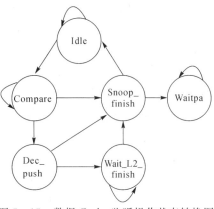

图 5-15 数据 Cache 监听操作状态转换图

2）其他模块的设计

和指令 Cache 一样，数据 Cache 也包含命中模块、替换模块以及输入输出模块，设计
与指令 Cache 相似，这里不再详细介绍。值得注意的是，在输入输出模块中，数据 Cache 与
LSU 之间的数据接口是 32 位，与 BIU 之间的数据接口是 256 位。对于 load 和 store 操作，
数据 Cache 和 LSU 之间就存在拼接和拆分的工作，特别是数据的传输可以是单字节、半
字、三字节、字、双字和八字突发等几种类型，store 的时候要按照指定的方式进行拼接，
然后把 256 位写回 Cache。

5.5.4 二级 Cache 的设计

在前面章节，我们介绍了 Cache 的两种结构以及各自的优缺点。目前，很多先进微处
理器的片上 Cache 系统中，一级 Cache 采用哈佛结构，这样使得最接近处理器操作部件的
Cache 分立，消除了指令引用和数据引用的冲突，而二级 Cache 则采用普林斯顿结构，能够
按照程序的需求动态分配指令和数据占据的面积，这样，两级 Cache 系统可以充分发挥这
两种结构的优点，因此，"龙腾"R2 微处理器的二级 Cache 也采用普林斯顿结构。

作为一级 Cache 的补充，二级 Cache 在一级 Cache 缺失时才被访问，目的是为了减少
一级 Cache 的缺失代价，因而，我们希望二级 Cache 能大到足以能捕获大多数对主存的访
问，尽可能减少片外访存。"龙腾"R2 的二级 Cache 设计成可配置型，根据具体情况支持
256 KB、512 KB、1 MB 三种容量，相应的行大小为 128 B（配置为 256 KB 和 512 KB 时）或
256 B（配置为 1 MB 时）。

在地址映象上我们依然选择组相联作为二级 Cache 的映象方式。对于二级 Cache 来说，
命中时间不再关键，关键在于命中率，因而可以允许二级 Cache 实现更高的关联度。但是，
考虑到替换算法、复杂度、功耗等一系列问题，我们选择两路组相联结构，替换算法依然为
伪最近最少使用（PLRU）算法。

另外，我们还需考虑 Cache 系统中这两级 Cache 的关系，常见的方案有两种：第一种是所有的一级 Cache 的数据都包含在二级 Cache 中，即多级包含，这也是存储器层次结构的自然属性，Pentium 4 处理器的两级 Cache 就采用的是这种策略；第二种是一级 Cache 的数据都不在二级 Cache 中出现，即多级互斥，典型的例子如 AMD 的 Athlon 芯片。

典型的多级互斥 Cache 中，一级 Cache 的缺失只会使一级 Cache 和二级 Cache 中的块发生交换，而不会是用二级 Cache 中的块替换一级 Cache 中的块，这样的好处在于：首先，二级 Cache 不必保存一级 Cache 的副本，这就防止了二级 Cache 的空间浪费；其次，两级 Cache 中不会有相同的数据出现，因此可以不用考虑两级 Cache 中数据一致性的问题。但是，互斥关系也存在弊端。如果对某些数据块只发生读操作，该数据块被替换时，不会被写回二级 Cache 中，而当下次需要该数据时，还需要从内存中读取，这样，二级 Cache 就失去了意义。多级互斥关系更适合于两级 Cache 容量相近，并且希望简化一致性问题的处理器设计中。经过分析，"龙腾 R2"微处理器采用多级包含的两级 Cache。

图 5－16 为二级 Cache 的整体结构。二级 Cache 主要接收来自一级 Cache 的请求，包括：取指缺失、数据访问缺失、写直达操作、替换写回(castout)、刷新写回(push)，以及由一级 Cache 前推至二级 Cache 的控制指令操作。如果这些请求在二级 Cache 中命中，那么将数据直接传送给一级 Cache，并执行相应的操作；若缺失，二级 Cache 会向总线发出请求，从内存中取回数据并被立即送至一级 Cache，同时修改二级 Cache 中的数据和标志位。另外，二级 Cache 还接收来自总线的监听请求。当有多个未决的请求时，由输入仲裁判断当前处理哪个请求，一般来说，监听请求的优先级最高，接着是来自数据 Cache 的请求（以先进先出的次序），来自指令 Cache 的请求的优先级最低。

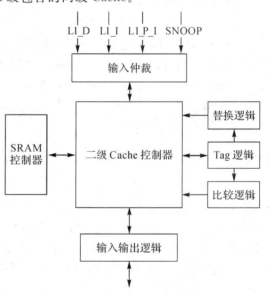

图 5－16 二级 Cache 系统结构图

由于二级 Cache 同时接收来自多个单元的请求，功能较为复杂，如果将所有控制逻辑都放在一个状态机中，会使得状态机非常复杂。为了降低控制逻辑的复杂度，便于验证，设计中采用主从状态机结合的方法，在预处理模块中实现主状态机，负责对二级 Cache 的各类请求进行优先级的比较、分类、将优先级较低的请求挂起、生成一些从状态机的控制信号。从状态机在主控模块中实现，负责各类请求的具体执行过程。

1. 预处理模块的设计

如图 5 - 17 所示，复位后系统状态机处于 Idle 状态，等待新的访问请求到达。由于任何时候对二级 Cache 可以有多个请求，因而当请求到达后需要进入 Pre - Process 状态进行预处理，根据来源对这些请求进行优先级的划分，每次处理一个请求，先响应优先级高的请求，优先级低的请求则挂起，稍后处理。来自一级指令 Cache、数据 Cache 和总线的监听请求分别转入 L1_I Process、L1_D Process 以及 Snoop Process 状态处理，同时发出控制信号启动从状态机工作。当从状态机完成当前请求并通知主状态机后，主状态机回到 Finish 状态，说明一个请求任务已经完成，此时如果检测到系统中有挂起的请求，则回到 Pre - Process 状态，根据优先级执行接下来的请求，转入相应的状态继续执

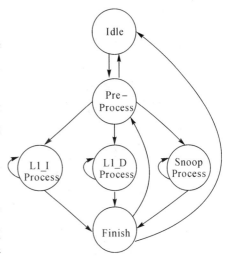

图 5 - 17 二级 Cache 主状态机状态转换图

行，直到将所有挂起请求处理完毕后，主状态机才能回到 Idle 状态，等待新的请求到来。值得注意的是，处理监听请求时，必须在一级数据 Cache 状态机和二级 Cache 状态机都处于 Idle 状态时才能响应。

2. 主控模块的设计

根据主状态机传来的控制信号，次状态机启动，处理来自一级 Cache 和总线监听的各种请求，状态转换如图 5 - 18 所示。根据请求的分类我们对执行过程分别介绍如下。

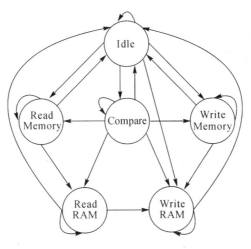

图 5 - 18 二级 Cache 次状态机状态转换图

1）来自指令 Cache 的请求

二级 Cache 接收来自一级指令 Cache 的取指和预取请求，由于指令不可改写，因此不存在一级指令 Cache 刷新回二级 Cache 的问题。如果来自一级指令 Cache 的请求在二级 Cache 中命中，则按单拍或者突发方式把数据块送至一级 Cache。若请求在二级 Cache 中缺失，此时二级 Cache 要给 BIU 发请求进行访存。

如图 5 - 18 所示，在二级 Cache 打开的情况下，当接收到来自主状态机的工作信号且当前判断应该处理来自一级指令 Cache 的请求时，状态机进入 Compare 状态，进行命中比较，若命中，则进入 Read RAM 状态，等待读出一级 Cache 请求的单拍数据或者突发数据块。读回后通知一级指令 Cache 接收数据，然后回 Idle 状态。

若在 Compare 状态判断二级 Cache 不命中，则给 BIU 发访存请求，进入 Read Memory 状态，等待接收从 BIU 返回的数据。在检测到 BIU 发给二级 Cache 数据有效信号之前，状态机一直在 Read Memory 状态循环等待。当 BIU 返回所需的数据后，二级 Cache 立即将返回的数据送回至一级指令 Cache，同时，在二级 Cache 中会进行填充，也可能会引起替换，替换逻辑与一级 Cache 替换相似，被替换的 Cache 块不需要写回内存。

2）来自数据 Cache 的请求

二级 Cache 所接收的来自一级数据 Cache 的请求主要有：单拍/突发读操作、单拍写操作、push 操作、castout 操作。数据 Cache 控制指令在经过一级 Cache 处理后也会相应地转换成 push 或 castout 操作。

（1）单拍/突发读操作。单拍/突发读操作主要是由于数据 Cache 缺失引起的，操作过程与指令 Cache 取指请求相似，这里不再详细介绍。

（2）单拍写操作。当一级数据 Cache 为写穿透模式时，store 操作写一级 Cache，同时也要引起二级 Cache 单拍写操作，此时在二级 Cache 中一定是写命中的。状态机转移过程为：当状态机接收到来自主状态机单拍写操作请求，进入 Compare 状态，待选出命中的 Cache 块，进入 Write RAM 状态写数据，同时修改相应的 MEI 状态位。写 RAM 操作完成后，回 Idle 状态，同时要发信号给当前处于阻塞状态的一级数据 Cache 的状态机，使之继续执行后续操作。

（3）Push 操作。来自一级数据 Cache 的 push 操作主要由两种情况引起：一种是由控制指令 dcbf 和 dcbst 引起的，另一种是 load/store 指令所引起的。这两种情况与将数据 push 回二级 Cache 时的操作相同。在判断操作为 push 操作时，二级 Cache 还要判断是否处于测试模式，如果处于测试模式，无论二级 Cache 是否命中，一级 Cache push 回的数据都直接写入 RAM 中，同时将状态位设置为修改状态。如果处于非测试模式，则将 push 回的数据送到 BIU 上，写回至内存，并且根据命中情况修改二级 Cache 块的状态位。命中时将块置为无效；若不命中，则不进行修改。

当 dcbf 和 dcbst 引发的 push 操作无数据写回时，如果当前命中二级 Cache 块为修改状态，则将该二级 Cache 块数据刷新回内存；若在二级 Cache 中命中独占状态的数据块，仅作状态位的修改；不命中则没有操作。

（4）Castout 操作。来自一级数据 Cache 的 castout 操作是由于一级 Cache 数据块被替换所引起的，此时二级 Cache 要接收被替换的数据块，该操作也可能会引起二级 Cache 数据块的替换。

当二级 Cache 为写回模式时，二级 Cache 接收到来自一级 Cache 的 Castout 操作后，经过比较，若命中，则直接将一级 Cache 替换写回的数据写入 RAM 中，并修改相应的状态位；若不命中，则要判断二级 Cache 是否有空间写数据，如果有，直接写入 RAM；如果没有空间，要根据替换算法选中一块进行替换。如果被替换的数据块处于修改状态，还要将该数据块写回至内存，替换完毕，再将从一级 Cache castout 写回的数据写入二级 Cache。

若二级 Cache 设置为写穿透模式，与写回模式操作略有不同，从一级 Cache castout 写回的数据不仅要写入二级 Cache，还要写回至内存。

3）来自总线的监听请求

由于在设计中一级 Cache 与总线没有接口模块，所有与总线的通讯都是通过二级 Cache 传递的，因此，对于来自总线的监听请求，两级 Cache 要进行集中式处理，具体处理如下：

如果一级数据 Cache 和二级 Cache 当前都处于空闲状态，那么同时监听两级 Cache；如果一级数据 Cache 和二级 Cache 中有一个状态机处于忙碌状态，则发出再审信号。

经过比较，如果一级数据 Cache 和二级 Cache 中监听均不命中，则发出不命中的信号，监听结束；若监听在一级 Cache 命中，则一级 Cache 根据监听规则执行相应的操作和状态位的修改，同时将命中信号传给二级 Cache，二级 Cache 根据监听规则仅作状态位的修改；若监听在一级 Cache 不命中，则将不命中的信号传给二级 Cache，二级 Cache 再进行监听处理，执行相应的操作和状态变换。

3. 其他模块的设计

二级 Cache 的命中逻辑和替换逻辑与一级 Cache 中的设计思想相同，这里不再赘述。输出模块主要完成以下功能：

（1）将从 BIU 返回的数据送到一级 Cache；

（2）将从二级 Cache 中读出的数据送到一级 Cache；

（3）将从二级 Cache 输出的数据传递到总线单元；

（4）将从二级 Cache 替换出去的数据块送到总线单元。

第6章 航空机载专用总线

6.1 引 言

航空电子系统的发展过程可以大致分为以下四个阶段。

(1) 分散式结构阶段：航空电子设备之间互相独立，不存在中心计算机对整个系统的集中控制。

(2) 集中式结构阶段：系统使用单向数据传输线把部分航空电子设备连接起来，实现了局部的电子系统综合。

(3) 集中分布式结构阶段：通过数据总线将航空电子系统连接起来，既保持了子系统的相对独立性，又具备集中式系统全机统一调度和管理的功能，能最大限度地发挥系统的综合能力和系统的灵活性。

(4) 分布式结构阶段：采用层次分布式结构使设计的系统具有很大的灵活性和可扩展能力，提供各子系统的自检能力和故障隔离能力，实现资源的高度共享以及系统的可靠性和可维护性。

目前，航空电子技术发展迅猛，飞机对航空电子系统的依赖越来越大，要实现各个航空子系统间协调工作，随时掌握和处理瞬息万变的数据信息，做到资源共享，使整个航空电子综合化系统能够高效可靠地工作，就必须凭借高速、可靠、规范的航空总线。为了使航空电子设备制造商所生产的各种航空电子设备的技术指标、电气性能、外形、插件等规范统一，由美国各航空电子设备制造商、航空公司、飞机制造商以及其他一些国家的航空公司联合成立了一个航空无线电公司，简称 ARINC。ARINC 提出了一系列航空总线标准，如至今仍在广泛使用的 ARINC429 总线等。

6.2 1553B 总线

6.2.1 总线简介

1553B 总线又称 MIL - STD - 1553B 总线，是美国军方专为飞机上的设备制定的一种信息传输总线标准。

1973 年，美国制定了第一个军用数据总线标准——MIL - STD - 1553B(时分制指令响应式多路传输数据总线)。1553B 总线的传输速率为 1 Mb/s,采用冗余的总线拓扑型结构,具有非常好的时钟同步和高可靠数据传输能力。20 世纪 70 年代末至 80 年代初,美国军方又提出 MIL－STD－1553B 数据总线标准并多次修改。1978 年 8 月美国军方公布 MIL－STD－1553(USAF)标准,美国国防部制定的 MIL－STD－1553B 总线标准于 1984 年 11 月批准颁布执行。

1553B 总线能挂接 31 个远置终端,采用指令/响应型通信协议,有三种终端类型:总线控制器(BC)、远程终端(RT)和总线监视器(BM);信息格式有 BC 到 RT、RT 到 BC、RT 到 RT、广播方式和系统控制方式;传输媒介为屏蔽双绞线;耦合方式有直接耦合和变压器耦合;拓扑结构为多冗余度总线型,具有双向传输特性,其传输速度为 1 Mb/s,传输方式为半双工方式,采用曼彻斯特码进行编码传输。采用这种编码方式是因为这样其更适用于变压器耦合。由于直接耦合不利于终端故障隔离,会因一个终端故障而造成整个总线网络的完全瘫痪,所以其协议中明确指出不推荐使用直接耦合方式。

1553B 总线是综合化航空电子系统设备间的交换纽带,广泛应用于飞机综合航电系统。美国和欧洲各国的许多战斗机均使用了 1553B 总线。其中美国 F－16"战隼"战斗机使用了最初的 MIL－STD－1553 总线,而 F－18"大黄蜂"战斗机和最近的美国 F－22"猛禽"战斗机则使用了 MIL－STD－1553B 总线。法国的"阵风"战斗机也使用了 MIL－STD－1553B 总线。同样地,1553B 在我国军用飞机中应用广泛,并且制定了相应的国军标 GJB289A,具体应用到包括歼十、枭龙等飞机上。1553B 总线现已成为我国现役航空空中力量最主要的航空电子系统总线之一。

6.2.2　总线的数据链路层介绍

MIL－STD－1553B 是一种广泛应用于军事领域的总线。串行传输率为 1 Mb/s,字的长度为 20 bit,有效数据长度为 16 bit,采用曼彻斯特型码并用半双工工作方式。传输协议为命令/响应方式,故障容错有典型的双冗余方式,第二条总线处于热备份状态。

1553B 总线通信系统由一个总线控制器和若干个远程终端组成。总线控制器是被指定执行启动信息传输任务的终端,用来实现整个总线系统的通信调度和节点之间的通信。而远程终端则是连接数据总线与子系统之间所必需的电子部件,用于实现该节点与其他节点的通信。

1553B 是面向消息的控制协议,传输的基本单位是消息,它是由命令字、数据字和状态字组合而成的有序信息序列。

指令字只能由总线控制器发出,控制器规定了要传输消息的要求,它包含目的终端地址,指明控制器要与哪个终端对话。T/R 位表明此命令是发送信息还是接收信息,为"1"时表明被寻址的终端发送消息,为"0"时表明被寻址的终端接收消息。数据字计用来表明要传输的数据块长度。值得注意的是,当指令字中的终端地址 RT＝11111 时,即为广播消息,此时 T/R 位为 0，要求所有终端同时接收由总线控制器发出的数据。

数据字可以在总线控制器和终端、终端与终端间相互传输，这主要取决于消息类型的定义。与命令字不同的是，它的三位同步头的特征是先负后正。后面是 16 位数据字，以最高位在前、最低位在后的顺序排列。

状态字只能由终端发出，它是对总线控制器发出命令字后作出的验证性的回应。前三位是和命令字相同的同步头，由于在总线上，不是总线控制器发送命令字给终端去识别就是终端应命令字的要求发出状态字给控制器，因此它们的分工自然使得相同的同步头不会影响系统的辨识和正常工作。

在 1553B 数据传输系统中，总线控制器是总线的中枢，它最多可以和 31 个远程终端相连，控制着数据总线上的数据传送与有关命令字和状态字的处理；为考虑故障冗余问题，可以设置多个总线控制器作为备份。远程终端向总线控制器传送数据的流程为：总线控制器向远程终端发送一个传送命令，远程终端接收到该命令后，以状态字作为响应，紧接着再向总线控制器发送一个或多个数据字，最多可以连发 32 个数据字。从总线控制器向远程终端传送数据的流程与此相类似。而远程终端之间的数据传送流程为：总线控制器向接收远程终端发送一个接收命令，然后再向发送远程终端发送一个发送命令，发送远程终端接收到命令后先发送一个状态字给总线控制器，然后向接收终端发送一个或多个数据字（最多可以发送 32 个数据字），当接收远程终端接收到这些数据后，再给总线控制器发送一个状态字来结束此次终端间的通信。

1. 传输协议

1553B 总线上的信息以消息（Message）的形式调制成曼彻斯特编码进行传输。每条消息最长由 32 个字组成。1553B 总线标准定义了三种字类型：指令字、数据字、状态字。每类字一个字长为 20 位（bit），有效信息位为 16 位，前三位为单字上的同步字头位，最后一位为校验位，采取奇偶校验。字格式如表 6-1 所示。

表 6-1　1553B 总线字格式

位时	1	2	3	4	5	6	7	8	9	10	11	12	13	14	15	16	17	18	19	20
指令字	同步头			远程终端地址					#1	子地址/方式					数据字计数模式代码					#2
数据字	同步头			数 据																#2
状态字	同步头			远程终端地址					#3	#4	#5	备用			#6	忙	#7	#8	#9	#2

表 6-1 中："＃1"表示"发送/接收"，"＃2"表示"奇偶校验位"，"＃3"表示"消息格式"，"＃4"表示"测试手段"，"＃5"表示"服务请求"，"＃6"表示"广播指令接收"，"＃7"表示"子系统标志位"，"＃8"表示"动态总线控制接收"，"＃9"表示"终端标志"。

1）指令字

指令字应由同步头、远程终端地址字段、发送/接收位（T/R）、子地址/方式字段、数据字计数/模式代码字段及奇偶校验位（P）组成。

（1）远程终端地址字段：紧跟同步头后的五位为远程终端地址字段。每个远程终端被指定为一个专有地址，从十进制地址 0 到十进制地址 30 均可采用，但尽量不采用十进制地址 0 作为远程终端的专有地址。此外，还指定十进制地址 31(11111) 为所有远程终端的公用地址，供系统采用广播操作时使用。

（2）发送/接收位（T/R）：紧接远程终端地址后的一位为发送/接收位。它表示要求远程终端进行的操作，逻辑 0 指定远程终端进行接收操作，逻辑 1 指定远程终端进行发送操作。

（3）子地址/方式字段：紧接发送/接收位后的五位，用来区分远程终端的子地址，或者用作总线系统进行方式控制时的标记（00000 和 11111）。

2）数据字计数/模式代码字段

紧接子地址/方式字段后的五位为数据字计数/模式代码字段，用来指定远程终端应发送或应接收的数据字的个数，或者就是按照协议规定的可任选的模式代码。在任何一个消息块内最多可以发送或接收 32 个数据字，全 1 表示十进制记数 31，而全 0 表示十进制记数 32。

3）状态字

状态字应由同步头、远程终端地址字段、消息差错位、测试手段位、服务请求位、备用位、广播指令接收位、忙位、子系统标志位、动态总线控制接收位、终端标志位及奇偶校验位组成。

（1）远程终端地址字段：紧接同步头后的五位是正在发送状态字的那个远程终端的地址，即 RT 地址。

（2）消息差错位：此位为 1 时，可能出现曼彻斯特编码出错，数据字数错，奇偶校验错。

（3）广播指令接收位：若响应的是广播命令，则此位为逻辑 1。

（4）忙位：状态字的第 16 位置为逻辑 1 时表示远程终端处在忙状态，此时不能按照总线控制器的指令要求将数据移入子系统或从子系统取出数据。如果远程终端在响应发送、指令时置忙位，那么只发出它的状态字。该位为可选位，逻辑 0 表示不存在忙状态。

（5）终端标志位：逻辑 1 表示本远程终端内存在故障，请求总线干预，逻辑 0 表示没有故障。

2. 信息传输格式

1553B 总线标准定义了十种类型的信息传输格式，所有信息传输格式都使用上面三种字格式。十种信息传输格式可分为两类，一是非广播信息传输格式，二是广播信息传输格式，分别如图 6-1 和图 6-2 所示。

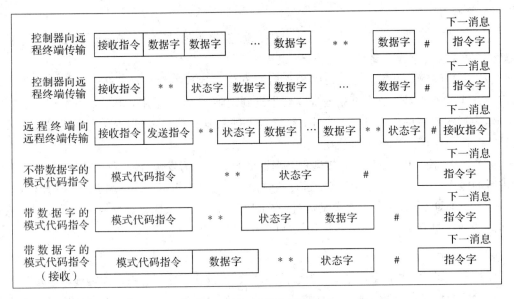

图 6-1　非广播信息传输格式

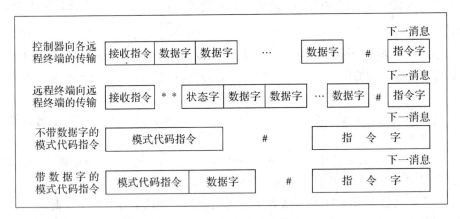

图 6-2　广播信息传输格式

消息格式中"＊＊"表示指令响应时间，协议规定远程终端必须在 4～12 μs 内给出响应。消息格式中"＃"表示了消息的最小间隔时间，协议规定总线控制器必须在上一个消息结束至少 4 μs 后才开始第二个消息的发送。

1）非广播信息传输格式

（1）控制器向远程终端的传输：总线控制器应发出一个接收指令字及规定数目的数据字到远程终端，后者在核实消息之后，应发回一个状态字给控制器，指令字和数据字应以没有字间间隔的连续形式发出。

（2）远程终端向控制器的传输：总线控制器应向远程终端发出一个发送指令字，该远程终端在核实指令字之后，应发回一个状态字给总线控制器，继之以规定数目的数据字。状态字和数据字应以没有字间间隔的连续形式发出。

（3）远程终端向远程终端的传输：总线控制器应向远程终端 A 发出一个接收指令字，紧接着向远程终端 B 发出一个发送指令字，远程终端 B 在核实指令字之后，应发送一个状态字，继之以规定数目的数据字。状态字和数据字应以没有字间间隔的连续形式发送。远程终端 B 发出的数据在传输结束后及远程终端 A 在接收到规定数目的数据字后，分别按规定响应状态字。

2）广播信息传输格式

（1）控制器向远程终端的传输（广播）：总线控制器发出一个远程终端地址字段为 11111 的接收指令字，继之以规定数目的数据字，指令字和数据字应以没有字间间隔的连续形式发送。具有接收广播指令能力的各远程终端在核实消息之后，应在状态字中将广播指令接收位置位，但不回送状态字。

（2）远程终端向远程终端的传输（广播）：总线控制器应发出一个远程终端地址字段为 11111 的接收指令字，继之以使用远程终端 A 的专有地址向远程终端 A 发出一个发送指令字。远程终端 A 在核实指令字之后，应回送一个状态字，继之以规定数目的数据字。状态字和数据字应以没有字间间隔的连续形式发送。具有接收广播指令能力的各远程终端（除远程终端 A 之外）均应在核实消息之后，按照规定在状态字中将广播指令接收位置位，但不回送状态字。

消息是构成 1553B 总线通讯的基本单元，如果需要完成一定的功能，就需要将多个消息组织起来，形成一个新的结构帧（Frame），帧的结构如图 6-3 所示。

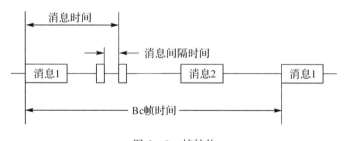

图 6-3　帧结构

图 6-3 中，完成一个消息的时间是消息时间，两个消息中间的间隔为消息间隔时间，完成一个帧的时间是帧时间。

6.2.3　总线的物理层介绍

1553B 总线的最底层是物理层，其电气规范如表 6-2 所示。

表 6 – 2 电 气 规 范

指标名称	规范内容
频率	1 MHz
字长	20 位
数据位	16 位
消息长度	最大 32 数据字
传输技术	半双工
运行	异步
编码	曼彻斯特双极性编码
协议	响应/命令
总线控制	单个或多个
容错	典型双冗余，处于"紧急备份"状态的第二总线
消息格式	控制器到终端 终端到控制器 终端到终端 广播 系统控制
终端数目	最多 31 个终端
终端类型	总线控制器（BC） 远程终端（RT） 总线监视器（BM）
传输媒介	双绞屏蔽线
耦合方式	变压器耦合或直接耦合

1. 1553B 总线终端

1553B 总线有三种终端，如图 6 – 4 所示。

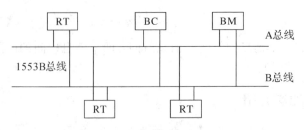

图 6 – 4   1553B 总线终端

总线控制器(BC)：用来调度管理总线上信息的传输，任何时刻总线上只能有一个总线控制器，但可以有多个备份的总线控制器。

远程终端(RT)：在 1553B 总线上允许挂载最多 31 个终端，每个 RT 终端被分配了唯一的总线地址，不具备总线控制功能，但可以作为总线控制器的备份。

总线监视器(BM)：在 1553B 总线上可以有一个总线监视器，不响应总线控制器的任何命令，用于监视总线数据及提取数据以便日后分析。

2. 1553B 总线传输介质

1553B 总线的传输介质是一种屏蔽双绞传输线，它由主干总线和一系列分支线所组成，主干总线的末端带有一个阻抗，该阻抗的值与电缆的特性阻抗值是相等的（相差不超过 ±2%）。正是由于这种特殊性，使得 1553B 数据总线的电磁表现类似于一个可无限传输的线路。分支线是连接主干总线与各个终端的，它所带来的负载以及阻抗，如果不加以适当的控制，将会给主干总线的运行带来影响。所以，1553B 总线的传输介质的电气特性被加以严格规定，如表 6-3 所述。

表 6-3　1553B 总线传输介质的电气特性

电缆类型	双屏蔽耦合
容量	最大 30.0 pF/ft(线至线)
特性阻抗	70.0～85.0 Ω(1 MHz)
电缆衰减	最大 15 dB/100ft(1 MHz)
电缆耦合	每英尺最少 4 个绞合
屏蔽覆盖	最小 90%
电缆终端	电缆阻抗(＋/－2%)
直接耦合分支长度	最大 1 英尺
XFMR 变压器耦合分支长度	最大 20 英尺

注：1 英尺(ft)＝0.3048 米

由表 6-3 中的数据我们可以看出，作为一个通用的航空总线协议，1553B 总线优越的电气特性也是其他数据总线技术所难以超越的。主干数据总线的长度在实际的应用中其实并没有严格的限制，经过精密的传输线设计和安排，主干总线的长度可以延伸到数百米。而终端同总线的连接，1553B 总线标准定义了如下两种方式：直接耦合，变压器耦合。两者的根本区别是变压器耦合使用了一个绝缘变压器来连接分支电缆与总线电缆。对两种耦合方式来说，它们的分支电缆的长度也有很大的区别，直接耦合仅为 1 英尺，而变压器耦合则最大达到了 20 英尺，并且对于直接耦合方式和变压器耦合方式，1553B 标准对于其波形方面也有不同的电气特性规定，如表 6-4 所述。

表 6-4 1553B 标准对于波形方面的电气特性规定

	变压器耦合	直接耦合	条件
输入电平	18~27 V	6~9 V	p~p(峰峰值)
过零稳定	250 ns	25 ns	
上升/下降时间	100~300 ns	100~300 ns	10%~90%
最大畸变	±900.0 mV	±300.0 mV	Peak(峰值)
最大噪声	14 mV	5 mV	
上/下电噪声	±250.0 mV	±90.0 mV	Peak(峰值)

6.2.4 相关接口芯片

研制生产 1553B 总线协议芯片的最大一家公司是美国的 DDC(Data Device Corporation)公司。DDC 公司推出的 ACE(Advanced Communication Engine)系列芯片，其体积小，重量轻，功耗小，单电源，功能强，性能优良，集成度高。ACE 系列芯片已成为航空总线通讯系统中的首选接口芯片。BU-61580 是 DDC 公司在 90 年代初研制的一种可在处理机与1553B 总线之间全集成化的接口芯片。该芯片有如下几个特点：

(1) 全集成化的 1553B 总线标准终端接口。

(2) 小型陶瓷封装，面积为 1.9 平方英寸，70 引脚的双列直插式组件(DIP)。

(3) BC/RT/MT 一体化设计。

(4) 灵活的存储器/处理器接口：16 位缓冲/透明、8 位缓冲、16 位 DMA 及 16 位双口 RAM。

(5) 内部 4 KB 共享 RAM，可外扩 64 KB RAM。

(6) 先进的 BC 特性：帧自动重复、自动重试、帧时间间隔可编程等。

(7) 先进的 RT 特性：可选择单消息、双缓冲和循环缓冲三种工作方式。

(8) 先进的 MT 特性：可选择字、消息、RT/MT 方式工作。

(9) 双收发器。

(10) 工作温度：−55℃~+125℃。

(11) 电磁兼容性满足 MIL-STD-1553B 军标。

(12) 单电源：+5V。

MIL-STD-1553B 总线接口板是实现航空电子综合化系统的关键部件，主要完成总线的信息综合、资源共享、任务协调和容错重构。作为其中核心部分的总线接口电路成为了总线应用的主要制约因素，所以对于 MIL - STD - 1553B 总线接口板的设计就显得尤为重要。国外许多公司均推出其支持 1553B 协议的芯片。DDC 公司主要从事 1553B 接口芯片研发，其 ACE (Advanced Commucation Engine) 系列总线通讯终端接口控制器 BU - 61580、BU - 61590 和 BU - 65620 占据了相当大的市场份额。另外，美国 UTMC 公司推出的 UT1553B、INTEL 公司的 M82553 以及 ACTEL 公司的 1553BBC、1553BRT 也有相当多的用户。

此外，在以 VXI 为背板总线的测试平台技术中，1553B 总线接口技术是综合电子测试系统中的关键技术。美国 Conder 公司一直致力于研发 1553B 总线接口板，推出了不同背板总线类型的接口板，并推出了 busTools - 1553 测试系统。ALta 公司也开发了其测试系统 AltaRTVal MIL - STD - 1553 RT Validation Tool 和 AltaView Bus Analyzer。

随着电子技术的发展与民用飞机研发的需要，近些年国内对 1553B 总线的研究比较引人注目，理论研究上已接近世界水平，但在应用技术方面还有一点差距。多年来国内许多研究所和公司一直致力于研发国产 1553B 总线芯片，具体来讲有航天测控公司于 2007 年 8 月 15 日宣布研制成功的 AMC 系列（具有自主知识产权的 1553B 总线控制器芯片）、成都恩菲特科技公司研发生产的 EP 系列（EP - H31850 是其在国内率先推出的一款 1553B 协议芯片）等，此外，国内很多单位也采用国外 DDC 公司的 BU - 61580 芯片，在此基础上搭建 1553B 总线接口板，并配置相关的驱动程序，实现对 1553B 总线设备的检测和仿真。成都斯坦福基因信息工程有限公司通信事业部采用 FPGA＋DSP 的方式实现 1553B 协议，推出了相应的 1553B 产品。北京航空航天大学的蒋天永教授开展了基于 1553B 总线的航电软件仿真验证环境研究，对测试系统应用于不同平台时的性能进行了分析和比较。

6.3　ARINC429 总线

ARINC429 是一种研发较早、目前工程应用良好的航空总线，采用单向串行总线设计，是为在航空电子设备之间传输信息而制定的点对点传输协议，传输速率为 12.5 kb/s 或 100 kb/s。

ARINC429 总线数据传递采用单工散播方式，即一条总线只能实现发送设备向接收设备的单向传输，且其中只能有一个发送设备。基本信息单元由 32 位构成一个数据字，并有五种应用格式：维修数据、离散数据、应答和 ISO 5 号字母表数据、二进制补码数据（BNR 数据）、二进制编码的十进制数据（BCD 数据）。一些如航向、高度、油量等参数按 BNR 格式编码，而距离、真空速、总气温等参数按 BCD 格式编码。其标准的传输数据格式如表 6 - 5 所示。

表 6 - 5 中，标志码（第 1～8 位）用于识别数据类型和与数据相对应的参数，决定了数据字剩余部分的数据类型和数据译码方法。源/目的识别码（第 9～10 位）用于当需要将特定字发送给多系统设备的某一特定接收系统或多系统设备的源系统需要根据字的内容被接

收器识别时。但如果根据分辨率的需要把这两位用作有效数据的 BNR 或 BCD 数据字，则这两位不具有源/目的标识功能。数据区(第 11～29 位)将数据根据要求进行编码传输。符号/状态矩阵(第 30～31 位)表示数据字的符号或状态，对于 BNR 和 BCD 数据字的 SSM 有不同的定义。第 32 位为奇偶校验位。

表 6-5　ARINC429 数据格式

P	SSM	DATA	SDI	LABEL
32	31～30	29～11	10～9	8～1
奇偶校验位	符号/状态矩阵	数据区	源/目的识别码	标志码

ARINC429 具有规范定义简单实用、设计维护相对容易、设计成本较低、电子设备与现有航空电子系统兼容性好等一系列优势，但总线电缆多导致整体成本和重量增大，且传输速度较慢。

6.4　ARINC659 总线

6.4.1　总线简介

ARINC659 航空数据总线是由美国航空无线电公司于 1993 年为满足飞机对高效率信息传输要求而提出的总线标准。该总线标准在商用航空领域得到了应用，如波音 777 飞机的飞机信息管理系统。ARINC659 是一种具有高数据吞吐量、高故障容错和数据传输确定性的航空总线，传输速率达 60 Mb/s，编码效率达 98%，传输数据中不需要传输地址信息，4 路信号用于差错检测，容错好于传统的双余度，复杂性又小于传统的 4 余度，可以在航空、航海、航天等本身工作环境比较恶劣的领域里应用，也将逐渐在军事领域被采用。

ARINC659 总线能够满足中/高数据吞吐量、严格的故障隔离、数据传输确定的综合模块化航空电子系统要求的规范，是一个多节点半双工传输串行通信总线。ARINC659 总线基于在线可更换模块(LRM)之间的数据传送。总线操作按照预定的时间命令表进行。本章将重点介绍 ARINC659 总线的通讯特点与总线活动的构成。

6.4.2　总线的数据链路层介绍

1. ARINC659 总线的特点

与其他传统总线不一样，为使在实时系统中延时达到最小，ARINC659 总线在传播过程中并不发送数据的接收地址字段和数据长度，也没有起始位和结束定界符，没有 CRC 和其他差错控制字段。ARINC659 有自己独特的表驱动实现方式与特点。

2. 双总线冗余检测与纠错

ARINC659 总线接口和总线连接如图 6-5 所示，每一个 LRM 有 BIUx 和 BIUy 两个总线接口单元，BIUx 由 x 总线发送，BIUy 由 y 总线发送，每一个 BIU 接收所有 4 条总线，每一条总线都有自己独立的收发机。总线对 A 和 B 分别具有"x"和"y"两条总线。每一条总线（Ax、Ay、Bx 和 By）有各自的 1 条时钟线和 2 条数据线，所以完整的总线组由 12 条线组成。

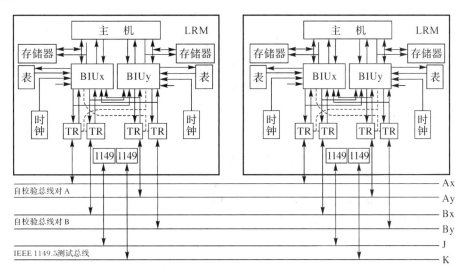

图 6-5　ARINC659 总线接口和总线连接方块图

ARINC659 总线支持差错检测和纠错，每一个接收机比较：Ax＝Ay，Bx＝By，Ax＝By，Bx＝Ay。由于有 4 个信号对用于差错检测，因此它的容错特性比传统的双余度好，而复杂性小于传统的 4 余度。LRM 发送模块检测它实际放到总线上去的内容，如果检测到一个不能纠正的差错，发送就被终止。所有激活的正在接收的 LRM 对同一数据比较所有 4 条数据总线。单个的暂时差错可以通过一个非故障信号对的组合而被纠正。如果同时发生两个差错，则接收数据被标记为错误。

3. 表驱动访问机制

ARINC659 总线传输时不发送数据接收地址，而是根据表命令规定的固定时间段交替传输窗口消息。如图 6-6 所示，窗口可以包含一个数据消息、同步信息或空闲。每一个窗口可以有一个唯一的发送器或是一组有限的后备发送器，它们被编程在表存储器中。

命令表是控制总线的核心，源和目的地址包含在命令表中，它把总线操作划分为一系列的窗口，每一个窗口包含一个长度从 32 位到 8192 位的消息或者一个大约 5 位的同步脉冲。每个 LRM 都下载有一份相同的命令表，数据传送按照命令表预先确定的传送调度进行。表定义了每一个窗口的长度，还定义了哪一个 LRM 在安排给该窗口的时间里发送、接收或忽略总线。

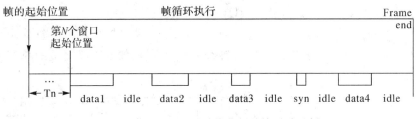

图 6 - 6　ARINC659 总线背板总线活动示例

在命令表中还包括参数的定义、各种不同类型的帧。操作参数主要包括窗口间隙、主/后备步长、初始化同步等待时限、时间定标因子等。

4. 帧组织结构

帧由循环的同步消息、数据和空闲窗口组成，这些是在命令表中由用户事先定义好的，帧的周期也就是所有窗口长度之和。在表存储器中，有着不同的帧命令序列，通过帧切换命令就可以在不同帧之间切换。

帧有版本帧和非版本帧两种类型。在版本帧中，底板上活动的所有 BIU 应该具有相同的表版本号。版本帧切换机制保证了帧切换时，同步的 BIU 会与接收到的帧切换消息中的版本数据比对自己的版号，如果表版本号不一致，它就与总线失去同步。在一个非版本帧中，表的版本被忽略，只要一个 LRM 中的 BIU 对能够与底板同步，它们就能够参与非版本帧。

6.4.3　ARINC659 总线活动

ARINC659 支持模块-模块(点对点)传送、一个模块到一组模块(广播)以及被选的一个模块到一组模块的通讯模式。而传输的消息类型有基本消息、主后备消息、长同步消息、短同步消息、初始化同步消息、跳过和固有空闲几种类型。

1. 基本消息

基本消息作用于从单个发送器向一个或多个接收器传送数据，数据偶数位由 Data0 数据线传输，奇数位由 Data1 数据线传输，它包括 N 个 32 位字($0 \leqslant N \leqslant 256$)。

基本消息的发送是：BIU 按照传输的表命令指定的长度，在窗口的起始端开始向目的窗口传输，传输完成后，在处理相关的下一个窗口的表命令之前，在间隙时间内释放总线的所有的线。

每个 BIU 在发送数据时都会用接收逻辑自检发出的数据。如果发现发送数据中有不可纠正的错误，BIU 必须在总线上发生错误后一个字时间内停止数据发送，并以中断的方式将其报告给主机。

　　基本消息的接收是：表命令让指定的 BIU 接收总线上的数据，在验证通过后把每一个数据字写入内部存储器。如果在消息中检测到一个不可修正的错误，同样也应向主机发出指示。如果在整个窗口中没有数据传送，接收数据缓冲区将不作改变，窗口时间过后 BIU 将移到和下一个窗口相联系的表命令。

　　基本消息发送时序如图 6-7 所示。

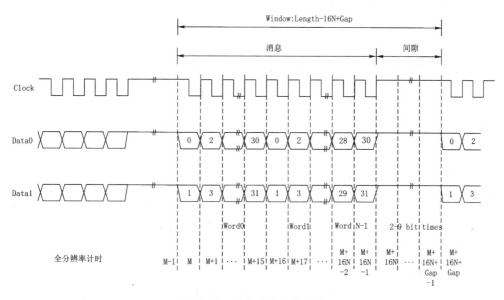

图 6-7　基本消息发送时序

2. 主后备消息

　　主后备消息与基本消息有些类似，却有多个备用源，候选的发送器（源）最多为 4 个不同的模块，但通过一个简单的固定优先级的硬件机制，实际仅一个模块被允许发送。主后备消息的发送时序如图 6-8 所示。

　　根据模块的实际传输，主后备有四种可能的传输情形，窗口在实际传输时数据部分被以相同的方式组织成基本消息并进行传送。另外，主/后备机制保证了总的窗口长度（16 个字的传送时间＋3Δ＋间隙时间）相同，无论是哪个模块传送消息，所有的主/后备消息的接收者都要计算 Δ 的数目并把它提供给主机。

　　如果主模块处于同步状态并且有新数据要发送，则主模块立即开始数据发送。

　　第一个后备模块的 BIU 监测主模块是否要发送数据。如果在窗口的第一个 Δ 时间内如果没有检测到总线活动，而且依据命令表自己有新的数据要发送，那么 BIU 在窗口的 Δ＋1 位时间开始数据传输。然后它发送分配给窗口的固定大小的字，传输完成后，在处理下一个相关窗口的表命令之前，在 2Δ＋间隙时间内释放总线的所有的线。如果第一个后备模块的 BIU 在第一个 Δ 位时间内检测到总线上的任何信号活动，它将保持等待状态。

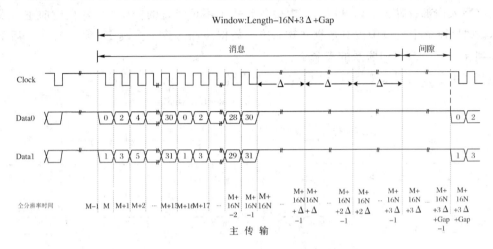

图 6-8　主后备消息发送时序（主发送）

第二个后备模块和第三个后备模块以此类推。如果其中一个 BIU 获得了主/后备仲裁，这个 BIU 可以通过正常的接收逻辑监测总线上的数据传送。如果接收逻辑检测到发送的数据中存在不可纠正的错误，BIU 必须从总线上出现错误开始一个字的时间内中止传输。这种中止不允许影响下一个窗口的开始传输。

在一个窗口中，自上次相同的数据发送以来，主机有更新的数据且需要发送，BIU 才在此窗口中发送，版本寄存器总认为是新数据。如果主机发现一个特殊的主/后备消息持续发生不可纠正的错误，主机应该停止刷新该窗口的数据缓冲区。

被命令表指定为接收窗口的 BIU 应该接收总线上的数据，在验证通过后把每一个数据字写入内部存储器。BIU 应自己独立地保持主/后备消息窗口的指定长度的计数（16 字时间＋3Δ＋间隙时间）。

如果在整个窗口期间没有传输数据，则缓冲区不变，在规定的时间过后，BIU 将移到相关的下一个窗口的表命令。

3. 短同步消息

短同步消息的发送是根据表内存中的短同步消息发送命令来进行的，短同步消息的时长为 4 位时长的脉冲后跟一个正常的消息间隙。短同步用于修正 BIU 之间的振荡器漂移，维持机箱中所有 BIU 的位级同步。BIU 若发现正在执行的命令不是短同步消息发送命令，但接收到短同步脉冲，BIU 将失去同步进入非同步状态。短同步消息的结构如图 6-9 所示。

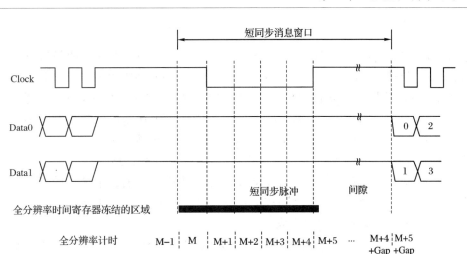

图 6-9　短同步消息的结构

短同步脉冲只在时钟线为低时发送，数据线始终保持高电平，短同步消息的发送是根据对表内存中的短同步消息发送命令译码后执行的，对于任意数据帧中的短同步窗口，各 BIU 的命令表必须有相应的短同步命令，否则无短同步命令却接收到一个短同步脉冲的 BIU 将失去同步，进入非同步状态。

执行表命令发送短同步消息的 BIU 首先停止全分辨率时间寄存器的计数，在短同步窗口的第二位时间，BIU 将时钟线拉低，而将 Data0 线和 Data1 线保持高电平。检测到同步时，BIU 通过分析 Data0 来区别短同步和长同步：如果 Data0 线的信号对为高，则判断这个脉冲是短同步脉冲；如果 Data0 线的信号对为低，则判断这个脉冲是长同步脉冲；如果不是这两种情况，则这个脉冲被默认为是短同步脉冲。

从上一个同步脉冲开始，如果总线上的时钟线在某段时间处于高电平，这个信号被认为是有效的。任何一个检测到同步脉冲的 BIU，在接收到脉冲沿后，BIU 释放所有的线，并且被拉低四个位的时间。

4. 长同步消息

长同步有三种用途：可以用作同步当前帧中已失去同步的模块，可以用作从本帧切换到另一帧，也可以像短同步一样用于修正 BIU 之间的振荡器漂移、保持时钟同步。所有 BIU 的表存储器中都存有每一帧中的长同步消息的发送或接收表命令，只有唯一的 BIU 在长同步消息子窗口发送数据。

从背板总线来看，消息的结构是一样的，时长为 $136 + 3\mathrm{Max}\Delta + 2\mathrm{MaxGap}$ 位时间，也就是长同步脉冲子窗口和长同步消息子窗口。

第一部分是同步脉冲，无论是执行发送长同步命令还是接收长同步命令，所有的 BIU 都要发送长同步脉冲，长同步脉冲以时钟线和 Data0 线均为低电平开始，保持 4 位时长后跟随一个最大间隙。

第二部分是长同步消息子窗口，它包括一个 8 位同步码(0~255 间的任何值)、1 位版本帧标志、4 位机架位置、7 位 reserve 位、43 位全分辨率时间寄存器值、32 位命令表主版本号；数据发送的总长度还包括 3MaxΔ 位时间(考虑到主/备仲裁协议，这是发送数据前后间的间隙)、83 位的空闲位、一个消息间隙。所有 BIU 的表存储器中都存有每一帧中长同步消息的发送或接收命令，只有唯一的 BIU 在长同步消息子窗口发送数据。

长同步消息子窗口在长同步脉冲结束后的 MaxGap 位时间内开始发送数据。如果 BIU 在主/后备命令中是主设备，且 BIU 处于同步状态，则 BIU 在消息子窗口的第一位时间开始发送要求的消息，之后释放总线所有的线，而且释放必须在处理下一个窗口前的 (83+3MaxΔ+MaxGap) 位时间内完成。

如果 BIU 正在执行第一个后备发送命令，并且 BIU 处于同步状态，在消息子窗口的第一个 MaxΔ 内没有检测到总线上的活动，然后 BIU 在消息子窗口开始的 (MaxΔ+1) 位时间内发送所要求的信息，在处理下一个子窗口之前的 (83+2MaxΔ+MaxGap) 内释放总线所有的线。以此类推，BIU 正在执行第二个、第三个后备发送命令。在长同步消息子窗口期间，发送长同步消息的 BIU 也作为消息的接收者，每个 BIU 通过正常的接收逻辑检测数据发送，如果接收逻辑在发送的数据中检测到不可纠正的错误，则 BIU 在一个字的时间内必须终止发送，并让自己失去同步，移除总线进入非同步状态。

对于长同步消息的接收，根据 BIU 所处的状态的不同会有很多的不同，如图 6-10 所示。下面就根据 BIU 状态的不同分别进行说明。

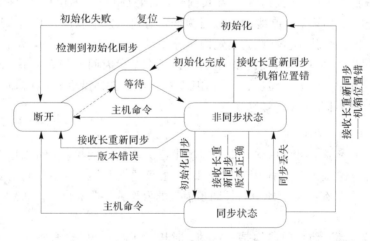

图 6-10　系统状态转移关系

1) 同步 BIU 响应

同步状态的 BIU 在有效信号时钟线上接收低脉冲，如果少于一个半位时间，则不把它看作是同步脉冲；如果大于两个半位时间，则被看作是同步脉冲。

为了接收长同步消息的数据信息部分，在长同步脉冲后的 MaxGap 位时间内，BIU 应该被配置。

如果这个字有不可纠正的错误，则要判断消息类型是进入同步还是帧切换。如果是进入同步消息，则忽略消息的剩余部分，继续执行下一个命令；如果是帧切换消息，则 BIU 失去同步并自己移出总线，进入非同步状态。

如果第一个字校对后被正确地接受，则这个字包含了同步码、版本帧指示器、机箱位置和全分辨率时间寄存器的预比例因子。接着要比较同步码和相关的长同步命令中的值。如果这两者相同，那么判断消息类型是进入同步还是帧切换。如果是进入同步消息，剩余的消息经过处理后执行表存储器中下一个命令。如果是帧切换消息，BIU 使用有效的同步码来定位新帧的开始地址。如果接收同步码和当前表存储器的命令不一样，BIU 失去同步并自己移出总线，进入非同步状态。

第一个字中包括 4 位的机架位置。如果接收的机箱位置数据不为 0，它将和每个 BIU 的机箱位置寄存器中的值进行比较，如果它们匹配，则继续执行，否则接收到的数据将被加载到 BIU 的机箱位置寄存器中，并且此 BIU 重新进行初始化(除机箱位置寄存器外所有的寄存器被清 0)。在正确接收的第一个信息字的剩余部分包含预比例因子数据，它被放置在全分辨率时间寄存器的预定标计数部分。

若第二个数据字被接收并且有效，则这个字包含了全分辨率时间寄存器中的总线时间信息。如果字被正确地接收，它将被放置在全分辨率时间寄存器的时间部分。如果这个字的接收不正确，它将被忽略，继续处理下一个信息字。

若第三个数据被接收并且有效，如果是非版本帧的命令，这个字被忽略，长同步随后的消息的 Gap 被设定成最大即 9 个位时间，△ 被设置为 10 个位时间。如果是版本帧命令，并且第三个字没有不可纠正的错误，则依据消息的类型是进入同步或者帧切换执行相应命令。如果是进入同步，则继续执行表存储的下一个命令；如果是帧切换消息，则 BIU 失去同步并进入非同步状态。如果是版本帧，则进行版本比较。如果接收到的版本和 BIU 表的主版本不匹配，则 BIU 将失去同步并自己移出总线，进入非同步状态。如果匹配，则继续执行下一个命令，在适当的延迟后，BIU 占用空闲和剩余的间隙时间。

如果在长同步子窗口中信息开始被接收，但是发送者停止，则所有后面的字被认为是错误的。没有执行长同步消息命令的 BIU，检测到长同步脉冲失去同步并移出总线，则进入到非同步状态。如果长同步消息子窗口是空的，则在消息几个位的延迟后，继续执行当前命令序列中下一个窗口的命令，在这种情况下，帧切换操作不会发生。

2) 非同步 BIU 响应

非同步状态的 BIU 与同步状态的 BIU 在同步脉冲的判断上基本相同，只是对于非同步状态的 BIU 从进入非同步状态开始，如果总线上的时钟线在某段时间处于高电平，这个信号被认为是有效的。

在重新获得同步以前，非同步状态的 BIU 应该等待一个长同步脉冲。

对长同步消息的接收，如果第一个字被正确接收，则同步码被用来在新帧中定位新的地址；如果接收到的机箱位置数据非 0，它将和 BIU 自己的机箱位置寄存器中的值进行比较。如果它们相互匹配则继续执行；否则，新接收的数据将被加载到 BIU 的机箱位置寄存器中，BIU 重新进行初始化。

对长同步消息的接收，若第二个数据被接收错误，则信息的剩余部分被忽略，初始化同步等待时限计数被清 0，BIU 处于非同步状态。

对长同步消息的接收，若第三个数据被接收并且有效，且接收的第一个数据字的版本帧位说明了当前帧是非版本的，则这个字被忽略，Gap 被设定成最大，即 9 个位时间，Δ 被设置为 10 个位时间。如果这个字检测到有不可纠正的错误，并且接收的第一个数据字的版本帧位说明了当前帧是版本的，那么信息的剩余部分将被忽略，初始化同步等待时限计数被清 0，BIU 处于非同步状态。如果和 BIU 表的主版本号不匹配，则 BIU 进入断开状态并终止所有的数据发送与接收；否则继续执行下一个命令。

5. 初始化同步消息

初始化同步消息用于接通电源之后或"故障"引起机箱内失去同步时初始化总线。当一个失去同步的 BIU 在整个初始化同步等待时限内没有接收到背板总线上的任何同步脉冲信号时，它将发送初始化脉冲。所有在此时刻失去同步的 BIU 必须利用此脉冲同步非版本的初始化帧，消息的时长为 $140+3Max\Delta+3MaxGap$ 位时间。正在初始状态的 BIU 忽略这个事件。正在断开状态的 BIU 进入初始化状态并重新开始初始化。

初始化同步消息开始于初始化同步脉冲，初始化同步脉冲要求在至少 2 位时间内，总线对上的信号 Data0 线保持低位，时钟线保持高位。Data0 线要求先为高，再被拉低，信号线才被看作初始化同步脉冲。初始化同步脉冲的宽度为四个位时间长。为了更精确地使时钟同步，初始的同步脉冲后面跟着一个长同步消息。

只有 Data0 线包含初始化同步脉冲。Data1 线在整个初始化同步消息期间保持高电平，并且被接收器忽略。总线时间寄存器的值表明时间寄存器的值在哪个过程开始增加，以及在初始帧的第一位全分辨率时间寄存器的值。全分辨率时间寄存器释放的点是长同步消息需要精确的相同点。

在发送初始化同步消息时，数据线不能被编码。

6.4.4　ARINC659 接口实现

西北工业大学根据 ARINC659 总线数据链路层设计需求，以命令表作为总线时序控制指令，设计了 ARINC659 总线接口芯片，其整体结构如图 6-11 所示。

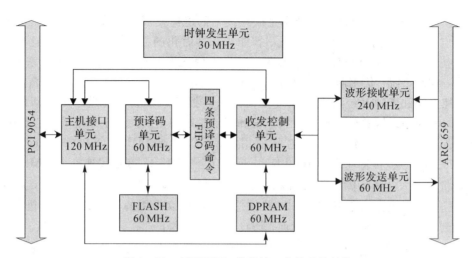

图 6-11　ARINC659 总线接口芯片系统结构

图 6-11 中各单元功能如下：

时钟发生单元由内部锁相环(PLL)电路、带清零端的分频器构成。外接晶体 60 MHz 输入 PLL，产生 240 MHz 的频率输出，将作为短/长同步脉冲检测电路的时钟；240 MHz 的频率经带清零端的 1/4 分频器分频后为 60 MHz，作为总线时钟，通过修正分频器，可实现时钟相位调整。

主机接口单元使用 Xilinx PCI IP 核实现 PCI 接口功能，与主机通过 PCI 总线通信，支持主机对内部 DPRAM 和可访问寄存器的读写操作等。

预译码单元对命令表中的命令进行预译码，并在预译码命令 FIFO 中保存 4 条已译码的命令。

收发控制单元是总线接口单元的有限状态机，根据命令表译码的结果，控制波形接收单元和波形发送单元产生 6.4.3 节中所分析的全部消息时序。

波形接收单元和波形发送单元分别对 ARINC659 物理层进行数据接收和数据发送。

该 ARINC659 总线接口单元已经在 Xilinx FPGA 上进行实现，并与 PowerPC 处理器实现 PCI 通信，进行了原型验证。

6.5　AFDX 总线

6.5.1　总线简介

1. 总线历史来源

随着高性能飞机的快速发展和空域环境的日趋复杂，飞机对航空电子系统的需求越来越多，依赖性越来越强。高新技术特别是信息技术的迅速发展及其在机载领域上的应用正推动着航空电子系统向综合化、模块化、智能化和实时化的方向发展。而实现这些发展目标的关键技术之一就是机载数据通信技术。因为大型飞机上有许多航空电子子系统，包括惯性平台、控制系统、传感器系统和通讯系统等。这些系统都需要高速、高可靠的信息传输。而飞控系统和燃油系统等尤其需要及时地从数据源向接收器发送不断更新的完整信息，可靠的实时通讯链路已经成为飞控系统和燃油系统中重要的安全系统的核心部件。

传统航空电子系统数据通信主要采用 ARINC429 和 MIL-STD-1553 等协议。ARINC429 规定数据传输速率为 100 kb/s，而 MIL-STD-1553 协议速率为 1 Mb/s。随着通讯数据量的增大，这些传统的飞机总线已经无法满足新一代航空系统对通讯系统的要求。波音公司的解决方案是 ARINC629 数据总线，该协议采用的是多通讯总线机制，传输速率能达到 2 Mb/s，120 个用户。然而，该技术开发成本非常高，很难令人满意。

在军事通信领域的驱动下，近年来商业计算机通讯工业在高速数据通信领域取得了飞速的发展，从 10 Mb/s/100 Mb/s 速率发展到 10 Gb/s 以太网。基于商业计算机工业取得的巨大成功，将商业计算机通信模型应用于下一代航空电子系统已成为不可避免的趋势，因此，航空电子全双工分组交换以太网（Avionics Full Duplex Switched Ethernet，AFDX）应运而生。空客 A380 率先使用了 AFDX，它创造性地以交换式网络取代了传统的分立式电缆连接或共享介质的总线，克服了后者的布线复杂、维护和改型困难的缺点。

AFDX 是 ARINC664 协议第 7 部分定义的一个确定性网络，它具有带宽大、集成度高、实时性和可靠性好等特点，在航空电子领域有着巨大的应用潜力，目前已用于空客 A380 和波音 787 中。AFDX 总线主要包含终端（End System）、交换机（Switch）、虚拟链路（Virtual Link，VL）。它基于一种网络概念，而不是通常所说的总线形式，在这个网络上有交换机和终端两种设备，终端之间的数据信息交换是通过 VL 进行的。VL 起到了从一个唯一的源端到一个或多个目的端逻辑上的单向链接的作用，且任意一个虚拟链路只能有一个源端。为了提高数据传输的可靠性，AFDX 基于通信链路物理上冗余的交换网络原理，一个 AFDX 系统中有 A 和 B 两个独立的交换网络。AFDX 终端系统传输的每个数据包同时在 A 和 B 两个网络上发送。因此，正常情况下，每个终端系统将会收到两份同样的数据包。这样，即使某个网络内数据包传输失败或数据链路失效，AFDX 系统也可以提供可靠安全的数据传输。在 AFDX 中，接收端系统先进行完整性检查（Integrity Check），然后再进行冗余管理（Redundancy Management）。完整性检查主要对序列号进行检查，查看收到的数据包是否合法。冗余管理对冗余帧进行处理，对两条冗余链路上接收到的数据包进行过滤，消除冗余帧，保证一个正确的无冗余的数据包流传到应用层。

目前我国航空总线的研究现状是已基本实现了 ARINC429 通信协议，并在实际的飞行中表现出良好的稳定性能，但对于作为下一代航空飞行器的通信神经中枢的 AFDX 网络的研究和实现尚处于起步阶段。航空电子数据总线是航空电子系统的神经中枢，其质量和水平直接决定着航空电子综合化程度的高低和性能优劣。AFDX 航空数据总线通过硬件实现全双工技术，消除了传统以太网标准所固有的非确定性，为电传操纵(Fly‐By‐Wire)的终端航空电子设备提供了可靠的、无冲突的消息发送、接收机制。然而，现有的 AFDX 航空数据总线系统在可靠性和安全性方面，尚不能满足对于关键性飞行控制系统的苛刻要求。因此，研究 AFDX 网络，提高其安全性和可用性，对于我国研制具有自主知识产权的大型飞机具有积极作用。

2. 总线简介

AFDX 系统由航空电子子系统、AFDX 终端系统、AFDX 互联网络三个部分组成。各个部分的功能具体如下：

航空电子子系统(Avionics Subsystem)：飞机上完成飞行任务的传统航空电子系统和完成服务任务的新型航空电子系统，包括飞机控制计算机、全球定位系统(GPS)和轮胎气压监视系统等。航空电子子系统通过 AFDX 终端系统接入 AFDX 网络，是飞机上的功能模块。

AFDX 终端系统(AFDX End System)：主要有两个功能。第一个是提供航空电子系统和 AFDX 通信链路之间的接口，确保各航空电子子系统和其他航空电子系统之间的安全、可靠的数据交换。第二个是将航空电子子系统中可能存在的不同类型的数据转化成统一的电气标准，使其能相互识别。

AFDX 互联网络(AFDX Interconnect)：全双工交换式网络。有至少一个交换机作为数据通讯的中继器将数据传送到正确的目的地址，是 AFDX 组成网络结构、摆脱点对点通讯制约的关键。AFDX 互联网络还能通过虚拟链路技术提高系统的可靠性，提高通信速率。

利用 AFDX 构成通信网络，能兼容不同的协议标准，将基于不同协议结构的数据进行转换，完成系统间的通讯。AFDX 网络如图 6‐12 所示。

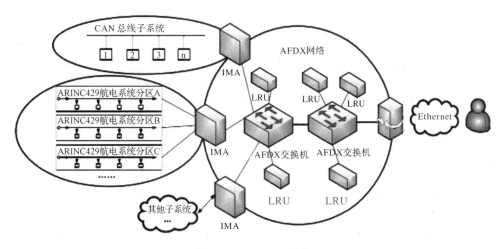

图 6‐12　AFDX 网络

AFDX 协议基于 IEEE802.3 以太网和 TCP/IP 协议等原理，是首个被广泛使用在航空电子子系统的开放式标准的网络协议。AFDX 协议在整个架构设计过程中引入了不少先进的理念，比如：

（1）带宽保障。通过使用多带宽应用方式和排队管理策略实现了对带宽的接入性控制。使用"最小包间隙"（Bandwidth Allocation Gap，BAG）概念和规范最大化数据帧长的方式来进行带宽的分配。这些应用到 AFDX 网络的虚拟链路数据流的保障性措施有效地提高了数据包的传输完整性和时间上的确定性。

（2）服务保证。在以往的传统以太网中，输入的以太网数据帧都是根据网络目的地址对输出链路进行路由。然而在 AFDX 网络中，通过结合 ARINC429 的点对点总线属性和异步传输模式（Asynchronous Transfer Mode，ATM）中"虚拟链路"（Virtual Link，VL）的技术，一个数据发送端使用唯一的一条 VL，每条 VL 都在一条物理链路上传输。在每个数据帧的包头都增加了一个 16 位的无符号整数虚拟链路 ID，然后 AFDX 交换机通过其静态路由配置，将该数据帧发送到预先设定好的终端系统。AFDX 网络是第一个将 ATM 协议的复杂性和传统以太网链路的简便性巧妙结合到一起的航空电子标准。

（3）冗余管理。AFDX 协议标准是基于通信链路物理上的冗余的交换网络理论。在 AFDX 网络中，存在着 A 和 B 两个各自独立的交换机网络。AFDX 终端系统的每个数据包都在 A 和 B 两个网络上传输和发送。所以，在正常情况下，每个目的终端系统都会收到两个同样内容的数据帧。通过这样的方式，即使在网络内因为网络传输失败或者链路失效，AFDX 网络的终端系统也可以进行有效的可靠安全的数据传输。

3. 总线优点

与以前的 ARINC429 和 MIL - STD - 1553B 系统相比，AFDX 系统有较多优点。

1）布线简单

以前的 ARINC429 采用点对点连接。这样的连接方式耗线多，网络复杂。若要将 5 个航空电子系统两两连接起来，共需要 10 根线。而与 ARINC429 相比，AFDX 采用星形连接方式。所有设备只需要与交换机相连即可。同样将 5 个航空电子系统连接起来，只需要 5 根线即可，而且连接方式简单，每个航空电子系统只需要与交换机连接即可。不像以前的 ARINC429 系统，发送端与接收端点对点连接，很容易出现错误地连接到其他发送端或接收端的情况。

2）网络规模大

一个交换机可以连接 24 个其他设备。交换机之间可以进行级联。因此通过交换机的级联可以构建一个很大的网络。

与 AFDX 相比，ARINC429 一个发送端只能与 20 个接收端连接。整个网络的规模和任意终端能连接的终端个数都十分有限。

3) 性能好

AFDX 的带宽有 100 Mb/s，而且帧长度在 64 B～1518 B 之间可变，可以更充分地利用带宽，避免浪费。

与 AFDX 相比，ARINC429 的带宽仅有 12.5 kb/s 和 100 kb/s 两种。最大的带宽也仅有 AFDX 的 1/1000，而且数据宽度是固定的 32 bit，能包含的信息量十分有限。

4) 可靠性高

如图 6-13 所示，AFDX 有冗余性，每帧可以都通过两个网络传送，比单通道的可靠性高。即使有一个网络出现故障，帧也可以通过另一个网络传送给接收端系统。

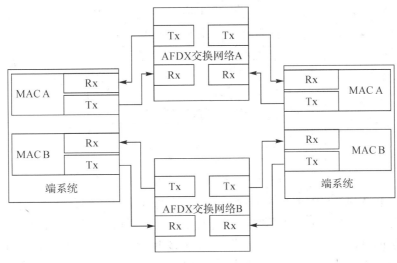

图 6-13　AFDX 冗余网络

5) 实时性好

AFDX 使用静态配置转发表、流量整形和实时调度机制来保证数据传送的确定性，是一种确定性网络，数据的传送有确定的端到端延迟，且不存在由于缓冲区溢出而引起的数据包丢失现象，从而能够保证数据的实时性要求。

6.5.2　总线的数据链路层介绍

1. AFDX 端系统

AFDX 端系统对于网络消息的传递有着重要的作用，每个航空电子系统的端系统保证了航电系统之间数据交换的安全性和可靠性。AFDX 端系统主要实现 TCP/IP 协议栈、流量整形器、虚连接调度器和冗余管理器等功能。

1）传输协议栈

AFDX 端系统按照层次划分，可以分为 4 层，包括 MAC 层、网络层、传输层、应用层。其中，网络层和传输层使用了 TCP/IP 协议簇中的 IP 和 UDP 协议。端系统提供两种类型的通信端口：采样端口和队列端口。每种通信端口都采用 UDP 数据报服务。这 4 层的关系如图 6-14 所示。

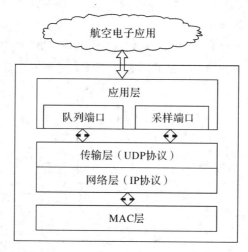

图 6-14　AFDX 端系统层次关系

采样端口和队列端口的差别主要在于接收端。采样端口一次只能缓冲存储一条消息，新到达的消息将覆盖当前在缓冲区的消息，而不管它是否已被应用程序读取。同样，在采样端口读消息的时候也不用将当前消息从缓冲区移走，可以反复读取。每个采样端口必须提供一个刷新标志，用这个标志的有效性来判断当前在端口缓冲区中消息的新旧。采样端口具有最新覆盖的特性，适用于缓存状态消息，如图 6-15 所示。

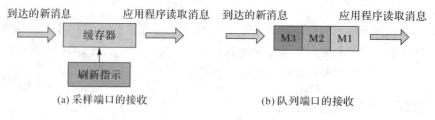

(a) 采样端口的接收　　　　　　(b) 队列端口的接收

图 6-15　接收端的采样和队列端口

队列端口的缓冲区相对充足，可以缓存一定数量的消息。新消息被填充到队列末尾，按照先入先出的规则从队列中读取消息，并将读取的消息从队列移出。队列端口一般适合于传输非周期数据。

整个 AFDX 协议栈的主要作用是有效、及时地对接口端的发送和接收数据进行封装和处理。AFDX 的信息流程包含在链路层中。当在 AFDX 端口间传送信息时，涉及发送端口、AFDX 交换机和接收端口的协同工作，需要对 AFDX 网络中的源端系统、目的端系统进行配置，使信息到达正确的端口。图 6 - 16 为 AFDX 信息处理流程。

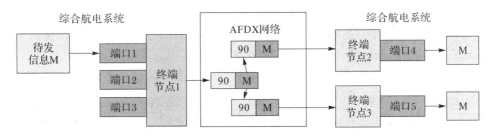

图 6 - 16 航空电子系统的消息处理过程

航空电子系统发送 M 信息到端口 1，在 AFDX 端口 1 进行封装，形成以太网帧格式，并通过虚拟链接地址 90 发送到 AFDX 交换机中。通过 AFDX 交换机的指针表的配置，把以太网帧格式的 M 信息传送到 AFDX 接收端口 4 和接收端口 5。在 AFDX 接收端口 4 和端口 5 对 M 信息进行解包处理，最终把 M 信息送入到正确的航空电子系统中。

终端节点系统所使用的用于确定消息目的端口的信息包含在所传输的以太网信息包体的头部，如图 6 - 17 所示。

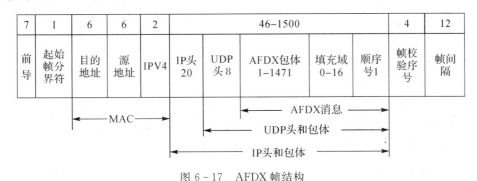

7	1	6	6	2	46-1500					4	12
前导	起始帧分界符	目的地址	源地址	IPV4	IP头20	UDP头8	AFDX包体1-1471	填充域0-16	顺序号1	帧校验序号	帧间隔

图 6 - 17 AFDX 帧结构

AFDX 的 IP 数据报格式应遵守 IPV4 的标准，传输层使用 UDP 协议，序列号用于区分冗余网络。

AFDX 的协议栈包括发送栈和接收栈，其网络协议层可细分为 AFDX 通信服务、UDP 传输层和连接服务层。

发送协议栈由发送到 AFDX 的消息开始，如图 6 - 18(a)所示。UDP 传输层负责添加 UDP 头，它包含源和目的 UDP 的端口号。IP 网络层主要负责接收 UDP 帧和确定是否需要进行 IP 分区，然后对每个分区添加 IP 头，计算 IP 校验和。IP 网络层还负责以太网帧格式的封装，并将以太网帧排队到虚连接队列中。虚连接层负责安排以太网帧的发送，该发送的信息格式还需通过检测信息格式中以太网地址是否已进行更新等冗余管理单元，在冗余管理单元帧被复制后才能发送到 AFDX 网络中。

接收协议栈是从接收以太网帧开始的，主要处理从 AFDX 端口接收的信息，其信息接收解包流程如图 6-18(b)所示。首先，对于接收到的以太网帧格式信息，使用帧校验序列(FCS)来检验其正确性，如果没有错误，对去掉帧校验序列后的 AFDX 帧进行完整性检测和冗余管理检测，该功能在虚连接层实现。由此得到了 IP 信息包，并将其传递给 IP 网络层。生成的 IP 帧信息进行 IP 网络层的解包处理，IP 网络层主要负责检查 IP 校验和，以及对 UDP 信息包的重新组装，最后，通过 UDP 传输层把 AFDX 信息送到合适的 UDP 端口。

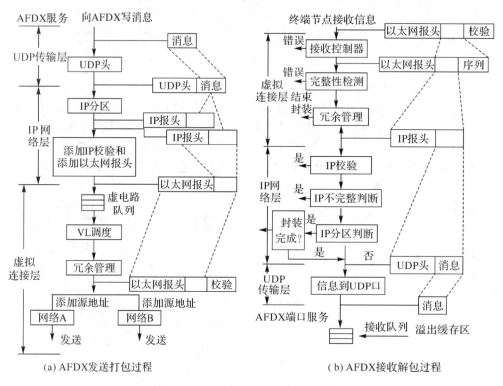

(a) AFDX 发送打包过程

(b) AFDX 接收解包过程

图 6-18 AFDX 发送与接收协议栈

2) 虚连接

AFDX 网络的核心是虚连接(Virtual Link，VL)，每一条 VL 在源端系统和目的端系统之间建立了一条单向通道。每条 VL 都会分配一定的带宽，带宽的总量由系统设计时定义，并且分配给一个 VL 的带宽保持不变。为了适应更严格的通信要求，AFDX 允许建立 VL 的子连接(Sub-VL)。AFDX 规范规定，VL 队列至少有管理 4 个子 VL 队列的能力。一个 AFDX 交换机所能支持的最大 VL 数是 4096 个，且每个交换机端口可为 256 条 VL 提供服务。VL 只是逻辑上的链路，在物理层，多条 VL 共用一条以太网物理链路。

传统的以太网根据以太网的目的地址，将以太网帧发送到正确的路径。AFDX 网络使用目的地址的后 16 位的 VL 标识符连接以太网帧，即用这后 16 位作为 VL 的 ID。这样就可以根据 VL 标识符来区别隶属于不同 VL 的数据帧，同时也具有了单播和多播功能。在 AFDX 网络中与 VL 标识符相关的以太网帧必须在开始就明确定义，并且与端系统一一对应。目的 MAC 地址如图 6-19 所示。

图 6-19 目的 MAC 地址

(1) 虚连接隔离。由于端系统支持的多个 VL 共享 100 Mb/s 的物理连接，为了避免在同一个物理连接上不同 VL 之间产生干扰，需要将 VL 通道隔离。实现方法是限制 VL 通道上所传输以太网帧的传输速率以及以太网帧的大小。

① 带宽分配间隔（BAG）：对于每一个 VL 都对应一个 BAG，BAG 规定了某个 VL 向整个网络发送以太网帧信息的最小间隔，其取值范围是 1 ms、2 ms、4 ms、8 ms、16 ms、32 ms、64 ms、128 ms，共八种。同一条 VL 的相邻两帧之间的间隔必须大于或等于该 BAG 值。

② 最大发送的帧长（L_{max}）：最大发送的帧长规定了某个 VL 的最大传输速率。

(2) 虚连接调度。VL 调度包括两部分：信息包调整和多路切换转发。也就是说，VL 调度程序不但要保证对每个 VL 的 BAG 和 L_{max} 的限制，还负责 VL 传输的切换，并保证由于切换而引起的抖动可以接受。图 6-20(a)描述了数据转发功能。图 6-20(b)描述了信息包调整功能。

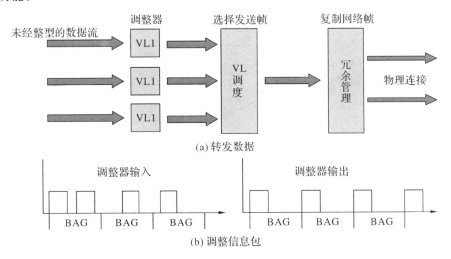

(a) 转发数据

(b) 调整信息包

图 6-20 虚连接调度功能

在端系统调度的过程中不可避免地引入抖动，它直接影响着网络的性能。协议规定端系统抖动在以下范围之内：

$$Max-Jitter \leqslant 40\ \mu s + \frac{\sum\limits_{i \in VLset}(20B + L_{max}) \times 8}{Nbw}$$

$$Max-Jitter \leqslant 500\ \mu s$$

Nbw 是连接网络的带宽(100 Mb/s)，第一个公式代表了每个 VL 的帧延迟而导致的以太网帧的抖动值，第二个公式独立于 VL 的绝对要求。它们适用于所有的 AFDX 网络。帧传输中的 Jitter 如图 6-21 所示。

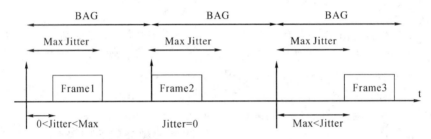

图 6-21　帧传输中的 Jitter

3）冗余管理

AFDX 网络通过冗余网络来增强数据传输的可靠性。在图 6-22 中，VL 发送数据时，同时发往网络 A 和网络 B。接收数据时，基于各个 VL 和各个网络端口的接收端系统检查连续帧序列号，即进行完整性检查。当完整性检查完成后，终端系统将根据帧的序列号决定接收或放弃该帧，这一过程称为冗余管理。

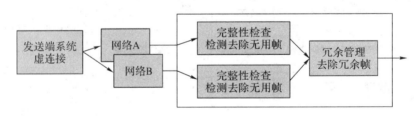

图 6-22　冗余管理

2. AFDX 交换机

AFDX 网络的核心是交换机，相对于商用以太网，AFDX 网络更加复杂。从功能上分，AFDX 交换机由五个部分组成，分别是过滤警管模块、交换功能模块、配置模块、业务监控模块和端系统管理维护模块。如图 6-23 所示。

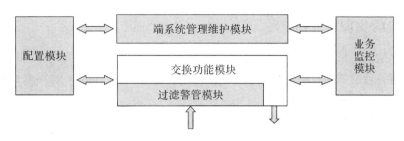

图 6 - 23　交换机功能模块

AFDX 交换机的基本功能是这样的：当以太网帧经过 VL 进入交换机输入端口后，该帧首先进入过滤模块。在过滤模块中，将会对帧进行完整性检查、帧长度检测和帧路径检测等，符合条件的帧进入流量警管模块，不符合的帧被丢弃。符合条件的帧进入过滤警管模块后，判断输入流量是否违反该帧所属 VL 的配置约定。该功能是通过漏桶机制来实现的，在网络初始化后，此时没有数据帧进入交换机，漏桶内令牌会按照一定的算法逐渐地增加，直到增加到一个最大值，当有分组通过该漏桶后则减去一定数量的令牌。若数据帧流量过大导致令牌耗尽，那么多出来的数据帧将会被丢弃。若流量在约定的范围之内，则输入帧全部通过。

经过过滤警管模块的数据帧进入交换功能模块后，交换功能模块根据输入帧的目的 MAC 地址，将该数据帧存放到输出端口队列中，等待转发。如果输出队列已满，进入本输出队列的后续帧就被丢弃。每组帧不能无限等待，有一个最大延迟时间限，当数据帧进入交换机后开始计时，如果等待时间超过延迟时间限，这组数据帧将被丢弃并报错。交换机的输出端口队列需要具备处理 2 个优先级的能力，优先级高的数据帧先送到输出队列，每个输出端口队列可以存放 512 个最长的分组。交换机转发数据帧会产生抖动，规范定义交换机的技术延迟要在 100 μs 范围内。

交换机的配置模块存储着控制交换机进行过滤、警管、转发、调度操作所需要的数据，配置模块至少需要保存 2 张配置表：默认配置表和运行配置表。交换机处于上电—复位状态时启用默认配置表。网络管理者通过交换机端系统模块，可以将运行配置表下载到交换机本地，然后配置交换机过滤模块、警管模块和交换功能模块的相关参数，使交换机正常工作。

业务监控模块完成网络管理功能并维护交换机状态的管理信息数据库，通过信息数据库，网络管理者收集交换机的实时状态，包括交换机和端系统的状态信息等，监视整个交换机的工作状态。

系统管理维护模块是外部处理器对交换机进行初始化和配置的接口。

6.5.3　总线的物理层介绍

现今最常见的电形式以太网使用双绞线铜缆。通常情况下，电缆为点对点连接，将主机直接连接到一台交换机上。快速以太网（100 Mb/s）使用两对 5 类铜质双绞线分别进行收发。

在传输中，每一个 4 位的半字节在传输之前被编码为 5 位。该机制称为"4B/5B 编码"，由于每 4 位数据传输为 5 位，传输的时钟频率为 125 Mb/s。由于 5 位串是 4 位串的两倍，因此它可能保证在每一次传输中提供良好的时钟同步（在一个队列中没有过多的 0 或 1）以达到数据的可靠传输。部分 5 位串用于表示控制代码。

6.6　ROBUS 总线

6.6.1　总线简介

随着航空航天飞行器在复杂的电磁环境下频繁和持久的运行，为了使其内部电子系统具有更好的抗电磁干扰能力，降低由电磁辐射等恶劣环境引起的故障发生率，NASA 兰利研究中心（LaRC）于 2003 年启动开源项目电磁高容错能力的可扩展独立处理器系统（Scalable Processor - Independent Design for Electromagnetic Resilience，SPIDER）的研究工作。它采用灵活的通用式分布计算的体系架构，通过配置以满足广泛的性能和可靠性要求，同时保留了一致的接口应用程序，基本目标是实现从一个支持小规模飞行器的配置到具有一个中等规模飞行能力的配置及支持多种通信功能，同时系统也适用于超可靠的实时嵌入式控制应用。该系统主要包括两个核心模块，分别是可靠的光纤总线（Reliable Optical BUs，ROBUS）系统和分布的处理单元（Processing Elements，PEs）。

ROBUS 是一种容错、时分多址（TDMA）的广播通信系统，且使用介质访问控制的时间索引的通信调度，它确保向其相连的 PE 单元提供如下容错服务：信息广播服务，通信调度的动态更新，时间参考（时钟同步）服务和分布诊断。

ROBUS 不提供 PE 内部的故障容错功能，并具有基于内部诊断系统实现动态自重构的能力，同时 ROBUS 还具有容错的启动和重启功能。由于 ROBUS 选用光纤通信，所以更容易受到复杂电磁环境的影响，因此 ROBUS 的冗余设计需要考虑常见故障出错和强电磁环境引起的故障。ROBUS 目前仍在实验测试阶段，最新的版本是 ROBUS - 2（后面若不特殊说明，ROBUS 均指代 ROBUS - 2），NASA 于 2012 年在兰利研究中心的高强度辐射（HIRF）实验室对 ROBUS 进行了 HIRF 敏感性阈值表征（HSTC）测试验证，据公开资料可查，ROBUS 已经在波音 737 和波音 747 中的分布式计算平台上实现了闭环数字控制系统的应用。

SPIDER 结构如图 6 - 24 所示。

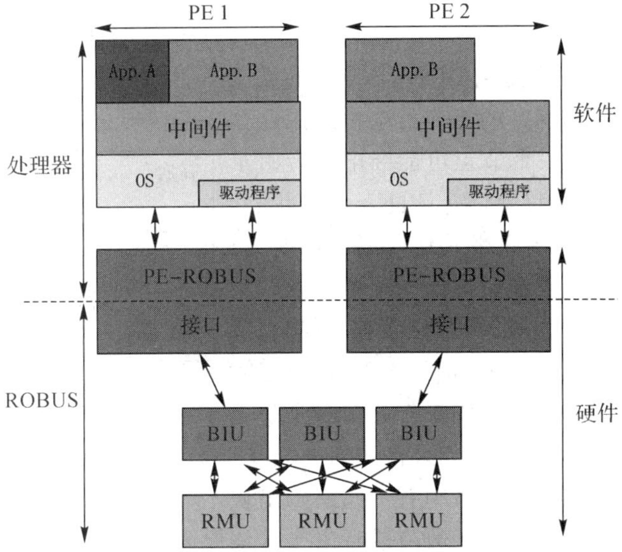

图 6 - 24　SPIDER 结构图

6.6.2　总线的数据链路层介绍

ROBUS 是由作为总线接入端口的总线接口单元（Bus Interface Unit，BIU）和冗余管理单元（Redundancy Management Unit，RMU）通过网络集线器形成的灵活星形结构系统。BIU 和 RMU 之间是完全的二分连接，且 BIU 和 BIU 以及 RMU 和 RMU 之间没有功能性连接，同时 BIU 和它对应的 PE 有连接，RMU 除去和 BIU 的连接不存在对外的连接，连接的数据流动均是双向的，功能部件间数据的传输连接均使用光纤完成。其拓扑结构如图 6 - 25 所示，BIU 的节点数目固定为 N，RMU 节点数目固定为 M，每个 BIU 节点被标记为 1 到 N，RMU 节点被标记为 1 到 M，每个 PE 和其相连的 BIU 具有相同的标记。由于 PE 通过 BIU 和总线相连，所以 BIU 必须确保信息在适当时刻接入总线，RMU 提供信息调度的参考，因此系统关注的重点在于 RMU - to - BIU 间的连接。

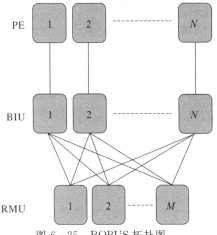

图 6 - 25　ROBUS 拓扑图

1. 系统结构

1）节点行为

图 6-26 描述的是一个简化 ROBUS 节点的高层次状态转移图，BIU 和 RMU 的工作行为都适用这个状态图。在不可用状态，一个节点可能断电或者由于某种原因从活跃的总线中移除，一旦进入可用状态，节点进入初始化状态并试图联络其他可用节点向 PE 提供通信服务，若一个节点通过适当的配置可以和其他节点一起协同工作，它就进入忙碌（工作）状态。节点在完成传送服务时，需要多个 BIU 和 RMU 节点协同工作，我们称完成传送服务协同工作的节点是一个

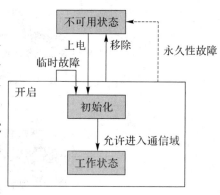

图 6-26　节点状态转移图

通信域（clique）。一个初始的节点如果检测到一个域并成为其中的一个成员，那么它将进入工作状态。如果一个节点在一个域中有一些故障出现，则它将返回到初始化状态并试图重新进入工作状态。节点若出现永久故障或者由于其他原因无法进入到域中，它将进入不可用状态。

2）节点结构

图 6-27 描述了 ROBUS 节点的基本组件结构，同样此结构适应于 BIU 和 RMU，通信模块处理所有的点对点通信且实际设计实现中大多使用成熟的商用组件（COTS），BIU 和 RMU 之间通过一对一或者一对多的连接实现广播服务，如果 BIU 和 PE 在物理实现上是分开的，那么它们之间的互联只能使用一对一的连接。计算模块也就是通常所说的 ROBUS 协议处理器（ROBUS Protocol Processor，RPP），用于实现所有的 ROBUS 专有功能，包括模式转换逻辑、底层协议、错误检测、诊断、重配置和分布式协同等功能。

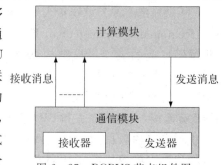

图 6-27　ROBUS 节点组件图

3）冗余管理机制

ROBUS 的健壮优势就在于它的冗余管理机制。冗余的设计目的就是有效利用可用资源来增加总线持续服务的能力。ROBUS 可以独立管理 PE 节点和 RMU 节点，它一般通过若干步骤来完成冗余管理。

（1）故障遏制：使用区域边界划分的概念，通过建立故障收容区（Fault Containment Region，FCR），使出现的故障只能在所属的 FCR 里传播。每个 BIU 和 RMU 分别属于不

同的 FCR，BIU 自己属于一个 FCR，或者和相连 PE 同属一个 FCR，当检测到 FCR 中有错误时，就认定整个 FCR 不可信。尽管 FCR 可以阻止故障的传播，但是它不能阻止由于不同 FCR 中独立的内部物理故障造成的影响。另外，外部的威胁像闪电和高强度辐射场（High – Intensity Radiated Fields，HIRF）也是造成多 FCR 出现故障的原因。这种故障容错解决方法不能阻止由于内部环境引起的故障传播，因此当一个 FCR 检测出有故障时，FCR 中所有的组件被认为受到了影响且对相应的 ROBUS 节点不做特殊的处理，通过这种机制 ROBUS 可以同时处理大量的重合故障和多种故障。

（2）错误检测：通过对比实际观测的值和预期的值，ROBUS 节点使用六种错误检测的策略，通过检测的综合结果来诊断总线系统的健康状况。这些检查包括：

· 通信检测：每个通信连接应该有一个高覆盖的错误检测能力，无论错误是来自于发送还是接收的节点。

· 行检测：对收到的信息分别进行时间特性和内容特性的检测。

· 交叉检测：主要把接收的信息和投票的结果进行比较检测，同样是时间和内容特性的检测。

· 协议检测：对中间结果和（或）最终协议预期的 ROBUS 行为进行特性检测。

· 自检测：通过节点检测自身操作来完成，本书中的自检测依据 ROBUS 定义的属性完成，其他独立于协议的检测或者特殊应用程序的检测同样可以被使用来增加错误的覆盖。

· PE 错误检测：在 ROBUS 中，只关注 PE 和 BIU 节点间容错的检测，不处理 PE 内部的错误，PE 节点对本身进行自检测。

（3）诊断：诊断的目的就是确定并找出不可信节点，每个 BIU 和 RMU 节点都是其他节点的观察者，也是一个被告。一个节点被确定为不可信通常要经历四个步骤：一个观察者根据一些检测的错误怀疑一个节点；如果一个节点被怀疑是检测到错误的一个源点，则这个节点被指责；一个被告如果确定为不可信节点它将会被指控；当一个节点被多个节点确定为不可信节点时，它将被定罪。通过诊断可以评估每个节点的状态并依此来总体评定总线的状况。诊断系统分为两个层次，在本地层中节点监视通信并独立诊断每个节点和总线，在全局层中节点交换对于本地层的诊断信息。

（4）自重构：ROBUS 通信和管理是以小域（Clique）为单位进行的，若干个关联的节点构成一个小域。自重构设计的目的就是在出现不可信节点时提高小域建立和保持通信的能力，一个小域通过添加和删除节点完成自重构，这种方式相比重新初始化域将花费更少的时间，同时更方便对新加入的节点和小域进行诊断，增加系统的健壮性。ROBUS 自重构策略驱动来源是恶劣环境造成大量节点同时或几乎同时面临节点故障的风险。

（5）错误遏制：错误遏制（Error Containment Regions，ECR）和 FCR 一样，建立一个遏制机制防止不正确的信息在系统中传播。每个 BIU 和 RMU 分别属于不同的 ECR，BIU 和相连的 PE 可以属于同一个 ECR。BIU 和 RMU 之间的错误遏制是通过失败停止机制在源端接口阻止错误来实现的，BIU 和 PE 之间的错误遏制是可选的且不在本书的讨论范围之内。

4）主要的操作模式

图 6-28 描述了 ROBUS 节点的模式转移过程，BIU 和 RMU 节点均适用于此图所示的状态转移。当上电后，一个节点进入自测主模式进行本地初始化并且检测电路，节点将始终处于此模式下直到成功通过自测。一旦完成测试，节点根据总线状态进行工作。

域诊断模式包含了三个次要模式：本地诊断模式上，一个节点使用异步的本地观察对域中节点进行一个初步的评定；同步诊断模式上，节点试图和域进行同步；全局诊断模式上，节点根据分布节点的诊断协议获得每个节点的健壮性评定。若节点在域检测模式中发现没有域存在，它将推出域检测模式并尽力形成一个新的域，否则它将认为域存在并尝试加入。

一个节点进入到域初始化模式会形成一个新域。第一个模式就是初始化诊断，这个阶段模式里其他节点也试图形成新域，跟着进入初始化同步模式和全局诊断模式，节点通过这些模式后将被同步并建立统一的域。

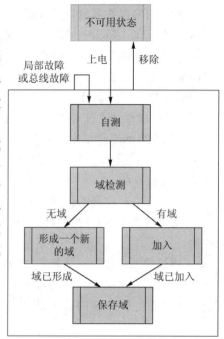

图 6-28 ROBUS 节点的主要模式转换

当一个节点进入到域加入模式时，它的状态将和域的状态保持一致。在这个模式中，节点执行两个诊断周期，节点加入过程基本上认为节点可信。当准入准则满足后，域中存在的节点将尽快统一新加入的节点。

在域保持模式中，域根据操作调度提供对 PE 的传送服务。在调度更新模式中，根据通信需要执行调度下载协议来允许 PE 重新改编总线。在 PE 通信阶段，根据通信调度第一个 PE 信息被广播，然后 BIU 和 RMU 相互交换累积的反型节点指控信息，这将提高总线诊断和重配置能力，其次是在同步保持模式中重新同步本地时间并且在全局诊断中重新评估域中的成员。

2. 通信和分布式协调

本部分主要描述 BIU 和 RMU 间的通信机制和它们协同工作的操作过程，同时简要描述了 PE 和 BIU 间的通信和使用 BIU 接口处理数据的传输模式。

1）ROBUS 信息格式

ROBUS 中数据传输的单元是 ROBUS 信息（ROBUS Message，RM）。如图 6-29 所

示，每个 RM 信息由一个标记位(Tag)和固定长度的有效位组成，ROBUS 的所有协议中都是这种基本格式，Tag 位只有两个值，即 SPECIAL 和 DATA，标记位的选择根据所要完成的任务确定。

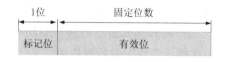

图 6-29 ROBUS 信息格式

2) 节点处理模型

图 6-30 是 ROBUS 计算模块节点的处理分解过程示意图。模式、本地时间、诊断和调度处理表示节点的基本信息。接收处理、计算处理和发送处理按照协议完成相应的操作。计算模块完成所有的协议计算，发送和接收模块与本地的通信模块进行交互并处理 ROBUS 特殊的通信功能。BIU 的 PE 接口完成与 PE 间的通信，处理过程的计时模式依照具体的执行协议进行。

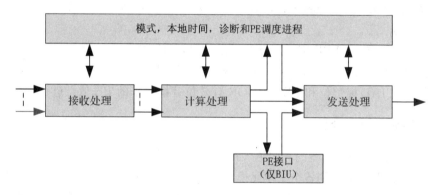

图 6-30 ROBUS 节点的主要进程

3) BIU 和 RMU 间的通信

ROBUS 要求每个 BIU 和 RMU 之间进行双向通信，这可通过在每个方向进行独立的连接来实现，因此这种通信连接方式必须提供足够的保护来防止互联节点间物理故障的传播。ROBUS 的行为设计要求每个节点可以向所有反型节点广播 RM 信息，可以同时发送和接收信息，独立接收每个反型节点的信息。广播模式可以是一对一或者一对多的传输模式。为了保证 BIU 和 RMU 满足上述要求，每个节点都拥有一个独立的接收器，同时为了降低花费和复杂度，通信资源使用成熟的商业组件(COTS)且每个节点使用相同的通信链路连接实现同步协议。

BIU 和 RMU 使用两种通信模型：固定延迟和同步。在固定延迟通信模型中，传输模式在源端通过事件触发且接收节点一接收就尽快处理。在此传输模式下，信息采用定时方式传输。固定延迟通信方式是根据同步协议来确保接收节点对事件源节点的相对偏差可以测量，同样地，这种模型也可以使源节点评估接收节点某些事件的发生时间。在同步通信模型中，发送节点的传输由本地时间根据时间索引调度触发，接收节点缓冲发送节点的信息等待调度处理。缓冲信息通过在接收节点完成本地时间和接收信息的同步实现时钟偏斜的功能。有效信息在信息内容中携带，这种通信模型在同步协议中被普遍使用。

4）PE 和 BIU 之间的通信

ROBUS 的 BIU 和 PE 之间是一个双向通信的连接形式，BIU 和它相连的 PE 可以在不同的 FCR 中，也可以共享同一个 FCR。如果一个 BIU 和 PE 在不同的 FCR 中，物理通信连接必须提供足够的障碍来阻止故障在 FCR 中的传播，这种情况下 BIU 的物理故障独立于 PE 故障且 BIU 的故障恢复独立于 PE。需要注意的是，如果一个 BIU 故障，和其相连的 PE 将不能连接到总线进行通信。另一方面，如果 BIU 和 PE 共享一个 FCR，故障可以在 BIU 和 PE 之间进行传播，这种情况下的一个节点的物理故障不代表其他节点的故障，因此设计过程中必须保持两个组件的同时恢复。不管 FCR 的配置如何，都由 PE 负责监控通信并确定 BIU 的状态。

PE 只会在调度更新和 PE 广播服务时发送信息，两种情况中只有 DATA 信息被发送。BIU 读取这些信息并在总线上进行广播，当检测期望收到的信息不合法或不可用时，BIU 将使用一个 SPECIAL 标记位和 PE_ERROR 有效位替换原来的 PE 信息进行发送。

6.6.3 总线的物理层介绍

本节简单介绍一下 ROBUS 的一些电气接口特性，并将介绍 RPP 的设计实现，主要包括综合处理、顶层设计和 RPP 的各个子单元模块。由于 ROBUS 中的通信模块主要使用的是成熟的商业组件(COTS)，所以设计过程中主要考虑计算模块的设计实现。下面介绍各个模块的主要功能及实现的逻辑控制关系。

图 6-31 是 RPP 的总体框图。控制器单元(Mode Control Unit，MCU)完成高级的控制功能且和同一 FCR 中的其他控制逻辑完成交互。输入单元(Input Unit，IU)处理信息的接收，实现同步协议的数据封装，控制着数据适时的进入并计算流水。输入检测单元(Input Diagnostics Unit，IDU)检测接收信息的内容并且在域检测和域初始化模式中执行异步的检测功能。路径和投票单元(Route and Vote Unit，RVU)执行实际的计算，包括路径调度信息处理和动态投票。节点诊断单元(Node Diagnostics Unit，NDU)执行节点的诊断评价，依据 IU、IDU 和 RVU 生成的错误综合信息进行故障诊断。输出单元(Output Unit，OU)处理信息的发送。状态监控单元(Status Monitoring Unit，SMU)评定本地节点的状态和总线。PE 输入节点(PE Input Unit，PE_IU)和 PE 输出单元(PE Output Unit，PE_OU)处理和 PE 的通信。

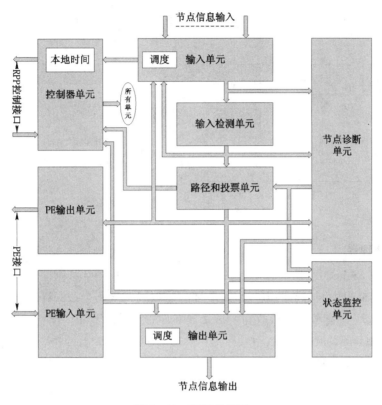

图 6-31　RPP 的框图

MCU、IU 和 OU 模块具有时间驱动控制功能，由本地时间或者计算同步事件触发。IU 和 OU 包括独立的调度处理功能，这些功能可以存储计算调度和执行评估。IU 报告对 MCU 的调度评估结果。

1. 模式控制单元(MCU)

MCU 执行的功能如下：

(1) 处理相同 FCR 中其他控制逻辑的交互；

(2) 存储分配的节点类型和节点识别号码；

(3) 实现模式转换逻辑(如主模式、诊断周期和次要模式的转换)；

(4) 控制着对反型节点的发送输出；

(5) 实现本地时间的控制。

图 6-32 是 MCU 的模块图，其控制器是一个 12 个状态的 FSM。其他状态存储在主要模式、诊断周期和输出寄存器中。同步实现后本地时间定时触发发出命令，节点 ID 和节点类型直接加到 RPP 的控制接口并且作为一个命令信号发送到其他 RPP 子单元中。

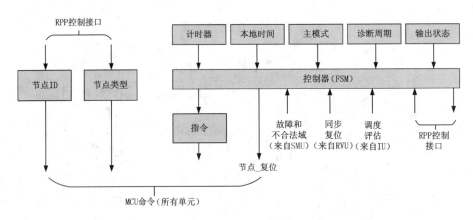

图 6 - 32　MCU 框图

2. 调度处理器

调度处理器(Schedule Processor，SP)通过调度更新协议存储调度计算，评估加载调度，并且可以读取或中断目前的调度，如果目前的加载调度不合法，调度处理器将使用默认调度。由于 RPP 具有分开的接收和发送处理部件(分别由 IU 和 OU 单元实现)，每一个都将分配一个独立的调度处理器。

图 6 - 33 是调度处理器的框图，控制器是一个 7 状态的状态机。调度内存中存放着 RVU

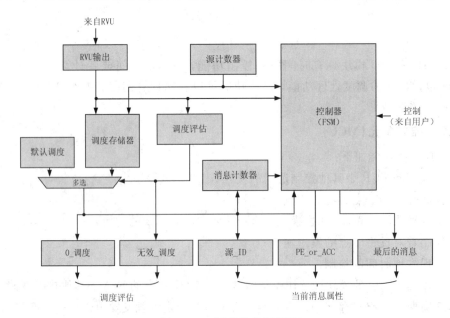

图 6 - 33　调度处理器框图

的输出，存储内存中有 FIFO 缓冲器。调度内存的输出除了调度源数量外，还包括对应调度 PE 的源 ID 和调度信息的数量。调度评估模块通过比较调度信息的最大数量和检测任何一个节点的 PE_ERROR 的结果来决定加载调度的合法性。如果调度不合法，默认的调度内容将被使用。信息计数器计算目前源节点已经处理的信息数量并且当最后的信息到达时向控制器发信号。源计数器在调度加载时用作源 ID 的产生器，在调度执行时当做源计数器。

3. 输入单元

输入单元(Input Unit，IU)具有三个主要功能：信息接收，帧同步，计算流水中数据的输入控制。信息接收模式包括同步、固定延迟和异步监控，IU 单元对每个模式执行错误检测。

图 6-34 是输入单元的框图。控制器是一个使用 MCU 命令、RVU 同步事件和帧同步输出作为时间参考来控制 IU 内模块的执行的控制部件。一些流水线控制信号由控制器产生，一些则直接从调度处理器获得。每个反型节点都有一个信息接收器，这些模块在三种接收模式中都会被使用。对于同步接收，输入缓冲器起到 FIFO 缓冲器的功能，当信息到来时缓冲并且当达到预设时间时从缓冲器读取。对于固定延迟的接收，在接收之后产生 INIT 和 ECHO 信息同步脉冲。对于异步接收，输入缓冲器就像一个时钟片的延时寄存器。错误检测模块在所有的接收模式下都是活跃的。错误检测包括连接错误、预期的信息未到、信息数超过预期的信息、输入率太高、无效信息的接收等。

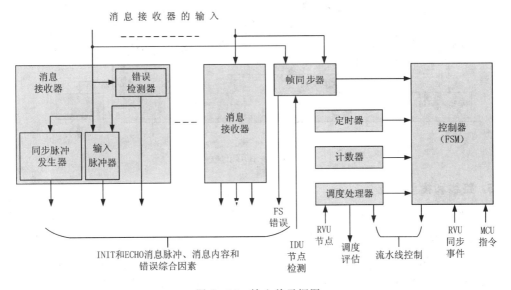

图 6-.34 输入单元框图

4. 输入检测单元

输入检测单元(Input Diagnostics Unit，IDU)节点的主要作用是检测输入的合法性。IDU 结合自身检测的错误结果和来自输入单元的错误综合因素确定不合法的输入，当 RPP 处于非同步且在域检测和域初始化模式下使用异步监控通信时，IDU 对每个反型节点都进行监控和错误检测。监控的主要功能包括在域检测模块中的本地诊断采集中的 ECHO 信息的接收速率检测及域检测和域初始化中的信息顺序的检测。当 RPP 进入域中并进入同步工作状态后，IDU 的作用主要是基于接收信息的内容进行错误检测。

图 6 - 35 是 IDU 的框图，控制器是 18 个状态的 FSM，每个输入地址线被分别处理。对于异步监控，检测到的速率和顺序结果结合 IU 接收的错误综合及帧同步协议的错误结果共同决定合法性。速率监控器包含一个 9 状态的 FSM 和一个计数器。顺序监控器包含一个 16 状态的 FSM 和一个计数器。对于同步操作，合法性依据内容的错误检查和 IU 接收的错误等因素综合确定。

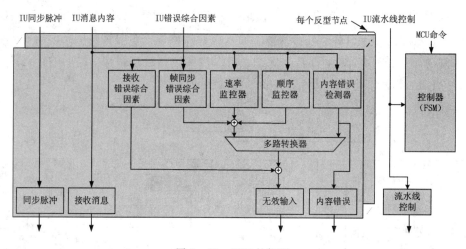

图 6 - 35 IDU 的框图

5. 路线和投票单元

路线和投票单元(Route and Vote Unit，RVU)是进行主要计算的单元，输入合法投票单元(Input Eligible Voters，IEV)的动态投票功能通过 RVU 使用 IDU 计算获得的非法输入和 NUD 提供的指控及定罪信息计算完成。对于同步协议，RVU 完成计算接收的 INIT 和 ECHO 信息功能。对于调度更新、PE 广播和全局诊断协议，RVU 执行精确的多数字投票功能。对于 PE 广播协议，RVU 也执行选择一个输入作为输出的路由功能。对于全局诊断协议和指控交换协议，RVU 计算信息宽度的布尔类型的位投票功能。RVU 对每个动态投票功能执行错误检测，这与输入合法投票功能单元的错误检测一样。

图 6-36 是 RVU 模块的框图，控制器是一个包含 24 状态的 FSM。定时器用于测量同步协议下的同步复位延迟，IEV 模块用于对所有动态的投票功能部件进行表决投票。这个模块也对在同步捕获和初始化同步协议中没有合法投票和非法初始化的投票进行检测。内容转换模块根据基本的动态投票和路由操作协议进行转换操作。

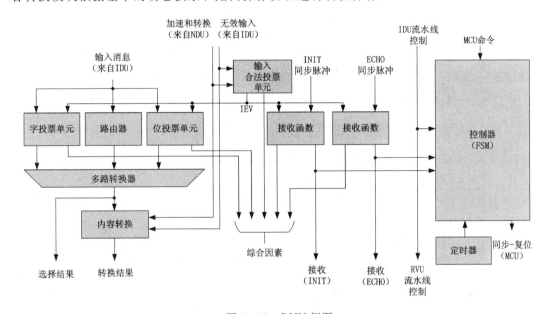

图 6-36　RVU 框图

6. 节点检测单元

节点检测单元(Node Diagnostics Unit，NDU)设计的目的就是使用 IU、IDU 和 RVU 产生的综合信息来诊断所有的节点。NDU 会对同型和反型的节点产生怀疑和指责信息，同时存储在全局诊断和全局诊断采集协议中产生的指控信息。

图 6-37 是 NDU 的模块框图，控制器是一个 26 位的 FSM，猜测产生器根据字投票和位投票的结果不同对节点产生猜测。若综合的因素对产生的猜测是合法的，则控制器将进行具体处理。产生的猜测将被存储在一个猜测的二维布尔类型数组中，行元素依次表示同型节点，列元素依次表示反型节点。累积的怀疑随着使用控告交换协议对行和列的动态位投票操作而减小。合法投票者的确定是由 NDU 在投票时的怀疑和定罪产生的。

在异步监视状态下，IDU 对反型节点进行诊断。在通信模式的结尾，诊断的结果直接从 IDU 非法输入信号中加载作为目前反型节点的指控。临时指控寄存器在全局诊断协议执行期间使用，它存储上一个诊断周期的指控数并在下一个诊断周期计算新的指控数，这个阶段同时计算出定罪的节点数。

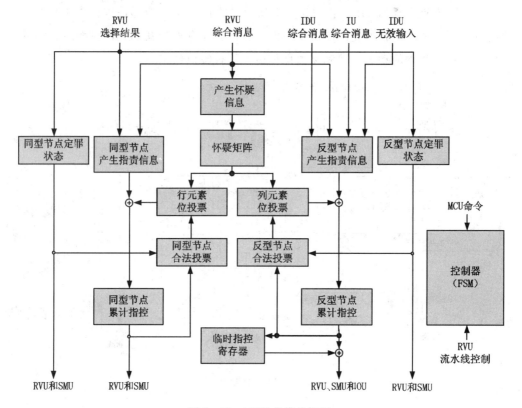

图 6-37　NDU 的模块框图

7. 状态监视单元

状态监视单元(Status Monitoring Unit，SMU)设计的目的是检测本地故障、域故障和检测尚未加入总线的域。它的评定依据 NDU 的指控和定罪情况且协议的结果来自 RVU。SMU 也包括一个对同步采集和初始化同步协议的时间间歇的检查，同样也适用于同步化完成之后的重新同步化的时间间歇。

图 6-38 是 SMU 的模块框图，控制器是一个包含 23 状态的状态机。RVU 的同步复位信号是时间间歇检查的定时参考，RVU 的综合信息包括各个节点的投票信息。少于半数的字投票、少于半数的合法投票者以及不合法的投票数都将被控制器监控来诊断协议的故障。另外，检测的结果将在 RVU 选择结果器中输出。这些检查包括在 PE 广播协议中比较源 BIU 发送的信息和其对应的 RVU 接收的结果是否一致，比较全局诊断协议中进程 P2

和 P4 的执行结果,检测全局诊断协议中对所有节点的定罪状态或本地节点的定罪状态结果。SMU 模块和 NDU 诊断、时间间歇检测以及协议故障显示共同检测故障状态和不合法的域的出现。

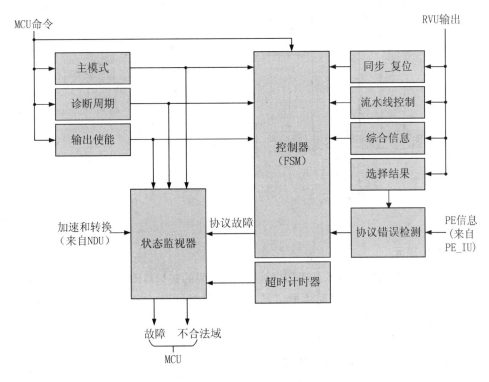

图 6 - 38　SMU 的模块框图

8. 输出单元

输出单元(Output Unit,OU)由本地时间触发或者 RVU 计算的同步事件触发发送信息。这些信息可以是内部产生的(主要是同步协议的 INIT 或 ECHO,或者是初始化诊断中的 INITIALIZATION),也可以是从 PE 输入单元、RVU 或 NDU 读取的。

图 6 - 39 是 OU 模块的框图,OK 代表反型节点(Opposite Kind),RM 指代 ROBUS 信息。控制器是一个 26 状态的 FSM。RVU 转换结果先被缓存直到调度时间到达才使用。OU_Read模块在 OU 从 PE_IU 中读 PE 信息时显示状态信息。OU 在不考虑主要模式或诊断周期情况下根据协议的执行产生 Output Strobe 信号给出决策。何时发送信息的命令由MCU 给出。

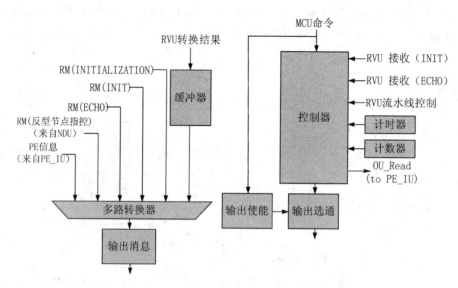

图 6-39 OU 框图

9. PE 输入单元

PE 输入单元(PE_IU)是 PE 和 RPP 输出单元之间的接口。RPP 对于 PE 输入接口就是一个抽象的 FIFO。无论 RPP 何时读取信息，PE 信息都可用。当合法信息不可用时，PE 将给 RPP 发送报告信息。

图 6-40 是 PE_IU 单元的框图。PE 的数据会使用 ROBUS 信息的数据标记。如果一个错误被 PE 标记，则会使用 PE_ERROR 信息。OU_Read 信号被直接发送到 PE 接口。

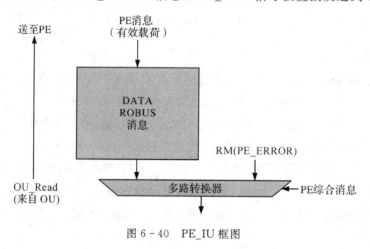

图 6-40 PE_IU 框图

10. PE 输出单元

PE 输出单元向 PE 发送信息，PE_OU 信息包括全局诊断定罪、调度更新结果、PE 广播结果以及 INIT 和 ECHO 同步信息。另外，PE_OU 向目前的 PE 发送通信调度、主要模式和节点 ID 数等评估结果。

图 6-41 是 PE_OU 的模块框图。控制器是一个 13 状态的 FSM。Output Strobe 的定时信号根据 MCU 命令、RVU 接收 INIT 和 ECHO 及 RVU 流水控制信号的定时产生。从 MCU 读取的主模式和节点 ID 作为 ROBUS 的有效信息内容发送给 PE。其他的 ROBUS 信息在 PE_OU 单元生成包括 VALID_SCHEDULE、INVALID_SCHEDULE、ZERO_SCHEDULE、INIT、ECHO 等特殊标记的 ROBUS 信息。RVU 转换结果在不加修改的基础上直接发送给 PE。

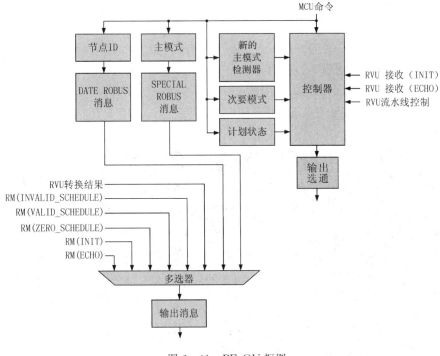

图 6-41　PE_OU 框图

6.6.4　总线应用情况

目前 ROBUS 总线仍然处于发展之中，据公开的资料可查，ROBUS-2 已经在波音 737 和波音 747 的分布式计算平台上使用，主要功能是实现了对闭环数字控制系统的错误追踪。NASA 也在高强度强电磁辐射环境下对 ROBUS-2 的可靠性做了验证，实验结果显示，ROBUS-2 的设计是完全达到设计指标的。图 6-42 和图 6-43 分别是 ROBUS 节点测试方法和系统测试的场景图。相信随着 ROBUS 在复杂环境下的进一步测试验证，系统会进一步得到广泛的应用。

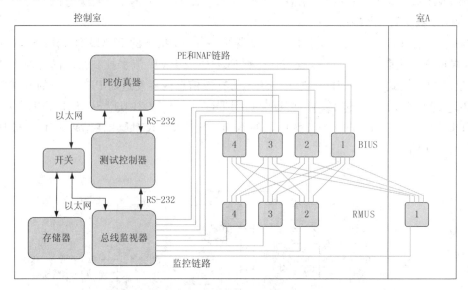

图 6-42 单个 ROBUS 节点测试

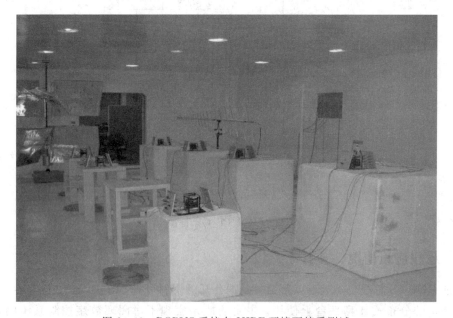

图 6-43 ROBUS 系统在 HIRF 环境下接受测试

6.7 FC - AE - 1553B 总线

6.7.1 总线简介

光纤通道(Fiber Channel，FC)标准组织专门成立了航空电子分委员会(ANSI FC - AE)，主要研究 FC 技术如何应用于航空电子领域，并制定了 FC - AE 协议集，FC - AE - 1553 是其中的一个子协议。光纤通道有着高传输带宽、低延迟和低误码率的优异性能，逐渐被应用于航空航天高速电子设备的互连，如 F18E/F、AH - 64Apache、B - 1B、V22 等。

FC - AE - 1553 是 Fiber Channel - Avionics Environment - Upper Layer Protocol MIL - STD - 1553B Notice 2 的简称，是在光纤通道的 FC - 4 层实现对传统 MIL - STD - 1553B Notice 2 总线协议的映射，以实现在实时的航空应用中以命令/响应的模式进行确定性的通信，还可以解决 MIL - STD - 1553B 总线在支持联机终端数量和传输速率方面的瓶颈问题，增强抗电子干扰能力。作为航空环境高速通信总线，能够对现有的 MIL - STD - 1553B 总线在不更改航空系统软件的支持下，代替传统的 1553B 总线，实现系统的平滑升级。

6.7.2 总线的数据链路层介绍

1. FC 协议栈架构

光纤通道主要分为 5 层结构，如图 6 - 44 所示。

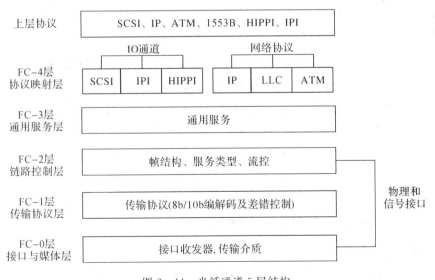

图 6 - 44　光纤通道 5 层结构

FC-AE-1553 总线的数据链路层对应到 FC 协议栈的 FC-2 层。

2. 拓扑结构

FC-AE-1553 网络支持三种拓扑结构:点对点拓扑结构、交换结构和仲裁环拓扑结构,适应于不同的应用环境。

3. QoS 与流控

FC-AE-1553 仅支持光纤通道最新标准(FC-FS-3)定义的第二类和第三类服务。

第二类服务:支持多点传送和多路复用,通信端口和其他网络节点共享网络带宽,属于一种无连接服务。采用缓存-缓存和端-端的流量控制机制。

第三类服务:与第二类服务类似,也是一种无连接的服务,可以看做第二类服务的无应答类型。发送端按照给定的序列次序发送数据帧,在交换结构中,数据帧到达接收端的顺序可能与发送顺序不同。采用缓存-缓存进行流量控制。

4. 帧结构

FC-AE-1553 网络数据链路层帧结构如图 6-45 所示。

字段名称	SOF 定界符	帧报头	帧载荷				CRC	EOF 定界符
			网络报头(可选)	关联报头(可选)	设备报头(可选)	数据		
长度(Byte)	4	24	16	32	16-64		4	4
			0-2112					

图 6-45　FC-AE-1553 网络数据链路层帧结构

一个完整的数据帧包括 4 字节的 SOF 帧起始界定符、24 字节的 FC 帧报头、最大 2112 字节的数据载荷、4 字节的 CRC-32 校验码和 4 字节的 EOF 帧结束界定符。

每个帧包括起始分隔符、24 字节的固定 FC 帧头、多种可操作的服务头、0~2112 字节可变长度的有效数据载荷区、CRC-32 校验码和结束分隔符。2112 字节的最大有效数据载荷被用于提供正常的 64 字节 ULP 头空间和 2K 数据空间。帧头提供了一个 24 位的源与目的识别符、各种连接控制方法,并支持对帧组的拆解和重组操作。

SOF 和 EOF 可标识出数据帧的服务类型和状态,如数据帧使用 SOF_{i3} 作为开头,则标识当前传输的数据帧是第三类服务的起始帧,其余类似。

1)SOF(start of frame)

在 FC-AE-1553 系统中只支持第二类、第三类服务类型,如表 6-6 所示。

表 6 - 6　FC - AE - 1553 系统服务类型

SOF	SOF 含义	SOF 值
SOF$_{i2}$	第二类服务第一序列起始帧	32'hBCB55555
SOF$_{n2}$	第二类服务后续普通帧	32'hBCB53535
SOF$_{i3}$	第三类服务第一序列起始帧	32'hBCB55656
SOF$_{n3}$	第三类服务后续普通帧	32'hBCB53636

2）帧头（frame header）

帧头长度固定为 24 个字节，帧格式如表 6 - 7 所示。

表 6 - 7　帧　格　式

字	31 - 24	23 - 16	15 - 8	7 - 0
0	R_CTL	D_ID		
1	CS_CTL	S_ID		
2	TYPE	F_CTL		
3	SEQ_ID	DF_CTL	SEQ_CNT	
4	OX_ID	RX_ID		
5	参　　数			

（1）R_CTL：此位由 Routing 信息和 Information Category 两部分组成，主要用来实现区分路由信息和进行信息分类两个功能，其中 Routing 信息用来区分 FC - 4 设备数据、扩展链路服务、基本链路服务、链路控制等不同链路功能，而信息分类用来区分 NC 请求、NT 传输数据、NC 或 NT 发起者传送数据、NT 传输的状态信息等数据类型。

（2）D_ID：目的地址标识符，主要包括网络终端（NT）的地址，或者是多播组别名，或者是一个默认的广播地址。

（3）CS_CTL：标识帧的优先级，在第三类服务中可以使用帧的优先级来进行数据传输。在支持第三类服务类型的交换路由器中，通过优先级大小依次传输同时接收到的多个数据块。

（4）S_ID：源地址标识符，为源 Nx_Port 地址的标识符。每个 NT 或 NC 都有唯一的 S _ID。

（5）TYPE：标识当前协议支持的类型，如 FC - AE - 1553 协议，此位的值恒定为 0X48H。

（6）F_CTL：数据帧头最重要的部分，包括优先级使能、序列发送主动权、当前数据序列号、序列计数信息、交换发起标识符、交换响应标识符、相对偏移量等序列交换管理以及数据交换中的众多重要设置。

（7）SEQ_ID：表示当前发起交换中序列的序列号。

（8）DF_CTL：表示当前数据帧中是否包含可选帧头。

（9）SEQ_CNT：用来表示帧顺序的信息，对一个序列中的所有数据帧进行计算和排序。

（10）OX_ID：交换发起者的标识符。

（11）RX_ID：交换响应者的标识符。

3）数据区与CRC

在有可选帧头时，数据区包含了数据和可选帧头；在没有可选帧头时，数据区只包含数据。每帧的长度是可变的，具体长度划分由光纤交换机或交换端口缓存大小控制。数据比特长度必须是 4 的倍数，否则，最后填充 0 结尾，填充 0 的个数由帧头中偏移量信息标识。数据区后面紧接着的是 CRC 校验码。FC-AE-1553 规定，所有数据帧需要使用 CRC-32 校验码来进行 CRC 校验。

4）EOF(end of frame)

EOF 是 FC-FS 协议中规定的 4 字节有序集，用来标识一个数据帧的结束。在 FC-AE-1553 中，常用的 EOF 类型如表 6-8 所示。

表 6-8　常用的 EOF 类型

EOF 类型	EOF 含义	EOF 值
EOF_t(EOF Terminate)	代表一个序列中收到的最后一帧	RD+32'hBCB57575 RD-32'hBC957575
EOF_n(EOF Normal)	代表普通帧的结束	RD+32'hBCB5D5D5 RD-32'hBC95D5D5
EOF_{ni}(EOF Normal - Invalid)	标识当前帧传输不正确	RD+32'hBCAAD5D5 RD-32'hBC8AD5D5
EOF_a(EOF Abort)	标识当前帧异常结束	RD+32'hBCB5F5F5 RD-32'hBC95F5F5

5. 链路控制

通过端口状态机进行链路服务管理，包含以下三种功能：链路初始化，链路恢复，链路失败。

6.7.3　总线的物理层介绍

FC－AE－1553 总线的数据链路层对应到 FC 协议栈的 FC－0、FC－1 层。

FC－0 定义不同介质、传输距离和信号机制标准，从物理组成方面定义光纤通道协议的物理层。

8B/10B 编解码是一种高性能的编解码标准，主要目的是数据在传输过程中保持较高的信号变换频率。编码的基本思想是将 8 比特字节宽度的数据转换为 10 比特数据，且 10 比特数据中 0 和 1 的个数不能超过 2，这样可以保证在高频时钟下信息流的直流频谱最大限度接近于零，所以采用这样的编码方案特别适合光纤通信。

8B/10B 编码具有直流平衡和较强的检错能力，原因是在编码过程中引入了 Disparity 和 RD 的概念，如果 1 的个数大于 0 的个数，则 Disparity 的值为 2，RD 值为正；如果 1 的个数和 0 的个数相同，则 Disparity 的值为 0，RD 值不变；如果 1 的个数小于 0 的个数，则 Disparity 的值为－2，RD 值为负。RD 值不可能为 0，只可能是正负两种情况，所以在编解码过程中能检测出 Disparity 违规的情况。

在 8B/10B 编码过程中，每个 8 比特数据对应了两个 10 比特数据，分别对应 RD＋和 RD－两种情况，可以将 10B 码字分成正持续差异值 RD＋和负持续差异值 RD－，通过 RD 值的计算和判断来选择相应的 10B 码字进行输出。

6.7.4　国内外对该总线的研究情况

FC－AE－1553 协议的制定时间相对较短，到目前为止还没有成为正式的国际标准。国外对于光纤网络的研究多数应用于光纤存储网络（Storage Area Network，SAN），相应产品的供应商主要有 HP、IBM、Symantec 等国际大公司。而 ALTERA、Xilinx 等 FPGA 芯片供应商拥有实现了 FC－FS 协议中规定的 FC－0、FC－1、FC－2 层部分功能的 IP，在内嵌的处理器上用软件实现其他层协议，但是此类 IP 并不是针对 FC－AE－1553 协议进行设计的。

目前已知的国外基于 FC－AE－1553 协议的产品有 DDC 公司研制的 FC－AE 系列板卡，包括 FC－75000、FC－75100 等，此类产品使用了一块单板计算机、一块 MIL－STD－1553B 板卡和一块光纤接口板，通过 PMC 总线接口将三块板卡相连接，在单板计算机上用软件实现 MIL－STD－1553B 到 FC－AE－1553 数据格式的转换，但这并不是真正意义上的 FC－AE－1553 协议芯片。

国内 ARNIC429 和 MIL－STD－1553B 经过多年的研究，技术已经成熟，而且 FDDI 和 LTPB 的研究也取得了一些成绩，成功研制了原理样机。现阶段 MIL－STD－1553B 总线已成为我国第二代、第三代战机的主流总线，主要成果有中国航天电子公司 772 研究所设计的 B61580S3(S6)/B61581S3(S3)型 MIL－STD－1553B 模块，中航工业航空技术研究所也于 2008 年研制了我国航空第一颗具有自主知识产权的高速 SOC1553B 芯片，中科院微电子研究所也成功研制了基于 MIL‐STD‐1553B 协议的一系列产品，打破了国外厂商对该领域的垄断。

但到目前为止国内外还没有出现 FC‐AE‐1553 协议的相关产品，国内从事光纤通道技术研究主要以高校和研究所为主，也主要应用于光纤存储区域网络，如华中科技大学实现的光纤通道交换机线卡，北京微电子研究所进行的 N 端口 IP 核的研究，电子科技大学实现了 FC‐AE‐1553 协议的基本功能，并得到了一些理论和仿真成果，但对 FC‐AE‐1553 协议的实现还不够完整，此外清华大学也对光纤通道技术有一定的研究。

国内当前对 FC‐AE‐1553 系列产品的研制还处在理论阶段，研究主要集中在点对点和交换式结构的实现上，而基于仲裁环拓扑结构实现方面的研究还停留在性能和可靠性分析等理论研究阶段，如北京航空航天大学对 FC 网络互连拓扑结构的研究，清华大学对光纤通道接力环的研究等。

6.8 TTE 时间触发以太网

6.8.1 国内外研究现状

近年来，随着航空工业的不断发展，越来越多的电子设备被加入到航空器之中，这些电子设备之间的数据传输往往要求具备更高的实时性、安全性和可靠性，必须保证数据在一个规定的时间内传输。如果处理节点与其他节点的通信不能及时满足，会导致整个系统的反应能力降低。

为了满足实时通信系统的要求，网络中各节点间信息的传输必须满足有界的抖动和有一个固定的传输延时。为了满足这样一个需求，时间触发的架构模式开始出现在许多应用中。对于实时系统中时间触发的架构模式而言，要求其任务必须是周期性的。在每个周期中，任务在一个特定的时间点被触发、启动并执行。由于时间触发的任务的执行必须严格按照全局时钟的调度方式进行，所产生的网络抖动和网络时延都是可以提前预见的，这一点符合实时通信系统的性能要求。

而由于标准以太网主要适用于事件触发，无法保证数据传输精准的时延与抖动，因此有很多研究都是基于标准以太网来进行改良，希望改良之后的网络可以满足时间触发的需求。实时 Ethernet 通过采用一种混合操作模式的方法来降低非实时网络数据包的性能，从而保证实时网络数据包可以实现一种无竞争状态的传输。

结合以上来看，如何将传统以太网应用于工业领域，使其既与现有的标准以太网相兼容，保持低成本、组网灵活的优点，又满足实时通信系统的需求，具备高实时性、可靠性的优势，已经成为近两年研究的热点问题。在激烈的竞争中，时间触发以太网（Time‐Triggered

Ethernet，TTEthernet)因其优良的性能和低廉的成本获得了业界越来越多的关注。

由于时间触发以太网具备对标准以太网的完全兼容性、容错性、可持续性和实时性等优势，所以时间触发以太网已经成为未来通信发展的一个重要方向，同时它将渗透到更多的行业领域及系统工程中去，在将来必将会有更加广泛的应用。

对于时间触发以太网的研究在标准以太网诞生之日就已经开始了，现在的理论水平已经达到了相当成熟的阶段，而且在实际中得到了广泛的应用，推出了多款具有商用价值的时间触发网络设备。

TTTech 公司是实时系统解决方案的领先供应商，该公司主要研究 TTP(Time‐Triggered Protocol，TTP)来提高自动化工业和交通数据系统的可靠性以及混合关键系统的调度方法。2008 年 7 月，TTTech 公司的 1 Gb/s 和 10 Mb/s 实时以太网系统技术首次被使用在 Honeywell 的新一代全权限数字发送机控制系统中，随后 TTEthernet 技术又被用在了 NASA 的航天器上。目前，Honeywell 公司正在和 TTTech 合作开发下一代满足特殊低功耗要求的 1 Gb/s 的 TTEthernet 技术，同时，美国汽车工程师学会正在将 TTE 技术制定为新型网络开放标准 AS6802 并得到了业界的广泛支持，NASA 已将其应用到猎户座飞船多功能成员车辆的设计中，BMW 公司已对外宣布 2015 年后其汽车设计中将应用 TTE 技术。

基于 TTEthernet 航空电子网络的载人飞船如图 6‐46 所示。

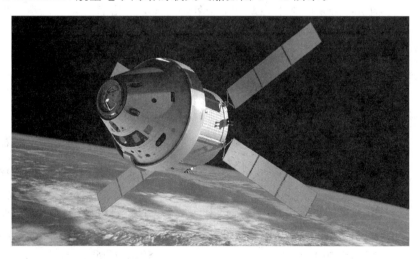

图 6‐46　基于 TTEthernet 航电网络的猎户座多用途载人飞船系统

在 TTE 网络的概念提出之前，我国关于时间触发通信方面的研究主要集中在时间触发的总线或以分支形式连接的网络，例如 IEEE 1588 主从同步技术等。随着 TTE 网络概念的提出和技术发展的不断成熟，国内的高等院校和研究机构已开始着手相关的技术研究工作。

6.8.2　基本概念

时间触发以太网就是指网络中所有节点的活动都是按照时间的顺序有计划地进行调度，而传统的事件触发网络则依赖于事件。在一个特定的时间间隙内，时间触发网络可以保证没有其他任何的网络流量，提前分配好的发送节点可以独占当时的网络资源，这一举措使得当前发送节点发送的数据包在网络传输过程中产生的延迟时间非常短。而事件触发的网络中，各个节点可以在任意时刻访问网络，这些事件触发的流量就可能对时间触发的通信专用时隙产生破坏。

传统的以太网受控于外界环境，并对外部事件所产生的刺激做出响应，而 TTE 是通过一个内在的、离线配置的调度表控制它自己的活动以及与外部环境之间的相互作用，从而对时间触发消息和事件触发消息进行协调。

TTE 需要所有节点的本地时钟必须保持在一个可接收的偏差范围内，现有的多数时间同步算法无法满足实时以太网络对时钟的要求，因此 TTE 时钟同步算法的研究就显得尤为重要。时间触发网络中各节点共同维护一个全局时间，并依靠此时间来进行各种类型消息的调度，系统的所有动作都被存储在一张调度表中，其中调度的分配和时序的改变都是离线配置好的。而事件触发网络则必须受制于外部环境，网络通过对外部事件的刺激作出相应的响应来控制自身的活动。相比于事件触发网络，TTE 具有以下优点：

（1）TTE 在标准以太网的基础上提供了可预测的实时性，对于现有的标准以太网程序无需修改硬件和软件，便可直接移植到 TTE 中，这一特性更加符合市场的需求。

（2）消息传输可确定性和传输延时最小化。时间触发消息（Time - Triggered，TT）通过离线配置的方式调度，使得收发操作具有完全的时间确定性。

（3）TTE 具有故障隔离的优势。如果一个节点出现破坏事故，则系统其他任何节点都不会受到影响，这一特点消除了误差的传播，避免了一个节点错误而破坏整个传输网络的情况。

（4）TTE 具有高度的可扩展性。一个 TTE 系统中的交换机和终端具有相同的同步优先级，多个系统可以构成更大的网络，不同系统之间可以相对独立地运作。

TTE 中网络节点按功能分为三类：同步主（Synchronization Master），压缩主（Compression Master）和同步客户端（Synchronization Client）。

6.8.3　网络拓扑结构

TTE 是一种完全兼容标准以太网的确定性网络，所以，TTE 和标准以太网一样，可以支持多种拓扑结构。图 6 - 47（a）描述的是一种具有多条且非冗余的简单拓扑结构，图 6 - 47

（b）描述的是一种具有冗余链路的拓扑结构。

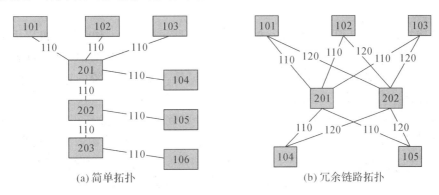

（a）简单拓扑　　　　　　　　　　　　（b）冗余链路拓扑

图 6-47　TTE 拓扑结构

多个 TTE 集群之间可以进行"组合"，形成一个多同步优先级的更加复杂的系统，在这个系统中，每个集群的优先级都需提前配置且都是独一无二的。

图 6-48 描述的是由两个简单集群组合形成的多优先级的复杂集群，在这个复杂集群中，所有的交换机都配置成压缩主。右边集群为低优先级，左边集群为高优先级。

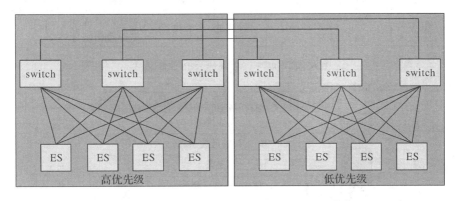

图 6-48　TTE 中多优先级复杂集群的拓扑结构

在同步过程中，压缩主、同步主和同步客户端都只接收和本地同步优先级相等优先级的协议控制帧，如果优先级较高的节点在配置的周期内不能实现时钟同步，则应该手动把该节点的同步优先级调为次高优先级，之后再进行时钟同步。

6.8.4　AS6802 协议介绍

AS6802 协议并不重新定义 IEEE802.3 标准以太网，只是在标准以太网协议的基础上增加了可用于时间触发通信的同步协议。该同步协议定义了一种高精度且容错的时钟同步技术，可以为时间触发网络建立和保持高精度的全局同步时钟，进而加强和保障了时间触发网络的网络服务质量。

AS6802 协议主要针对硬件层面，通过对网络链路层的改造，增强了标准以太网的时间确定性，同时在实现时占用的资源少，适用性强，并具有开发周期短的特点。在普通以太网的终端或交换机等网络设备中集成实现该协议的模块，既可使传统的以太网成为低抖动、低延迟的时间确定性网络，又能够与传统的以太网应用完全兼容。

AS6802 协议主要包括冷启动服务和时钟同步服务，这些服务使得当前网络具备容错和自稳定的性能；同时 AS6802 协议还定义了固化函数、结团检测函数和压缩函数等函数，这些功能函数为以上两种服务提供了必需的基础和保障。

协议控制帧(PCF)是 AS6802 协议中定义的时钟同步控制帧，它是一个标准的最小长度以太网帧，帧类别符为 0X891D。PCF 帧中携带发送节点的时钟信息和链路的延迟信息。通过 PCF 帧在各节点间的周期性交互，便可实现网络中全局同步时钟的建立和保持。

PCF 帧必须封装成以太网帧格式才能在时间触发网络中传输，PCF 帧的以太网帧封装格式如图 6-49 所示，长度/类型字段为标识 PCF 帧的固定值 0X891D，数据域字段为图 6-50 中的 PCF 帧内容，其他字段信息与普通以太网帧相同。

7	1	6	6	2	0-1500	4
报头	SFD	目标地址	源地址	长度/类型	PCF/有效载荷	FCS

图 6-49　基于以太网帧的 PCF 帧格式

+	0-15		16-31	
0	集成周期			
32	新成员关系			
64	保留			
96	同步优先级	同步域	类型	保留
128	保留			
160	透明时钟			
192				

图 6-50　数据域字段 PCF 帧封装格式及内容

集成周期：32 位，PCF 帧发送时的集成周期号；

新成员关系：32 位，静态配置的比特向量表，每一比特位与系统中的同步主一一对应；

同步优先级：8 位，静态配置的同步优先级，压缩主只接收符合离线配置优先级的 PCF 帧，同步主和同步客户端可以接收其他优先级的 PCF 帧；

同步域：8 位，静态配置的同步域；

类型：4 位，PCF 帧的类型定义，0X02 是集成帧（IN 帧），0X04 是冷启动帧（CS 帧），0X08 是冷启动响应帧（CA 帧）；

透明时钟：64 位，储存 PCF 帧的累加延迟，采用和 1588、UTC 统一的时间格式，便于相关同步技术间的扩展和兼容。

6.8.5 主要功能函数

1. 透明时钟

透明时钟记录 PCF 帧从发送节点、经过中继节点，最后到达 PCF 帧接收节点的整个传输过程中累加的传输延迟，包括动态延迟和静态延迟两部分。

（1）动态发送延迟（dynamic_send_delay）：PCF 帧发送时刻有其他帧正在向链路上发送，则此时该 PCF 帧需要等待一段时间之后才能传输到链路上去。

（2）动态中继延迟（dynamic_relay_delay）：该部分延时由中继节点引起。当中继节点接收到来自其他节点的 PCF 帧并要中继发送该 PCF 时，链路中恰有 RC 或 BE 数据流，则首先需要将当前链路进行清空，在这期间该 PCF 不能被发送，这种"清空等待"所产生的延时即为动态中继延迟。

（3）动态接收延迟（dynamic_receive_delay）：该部分延时主要来自于协议中定义的最小帧间距等约束条件，使得接收 PCF 帧时有一定的不确定延时。动态接收延迟具体指 PCF 帧接收时刻点与开始被固化函数进行固化的时刻点之间的时间差。

（4）静态延迟指物理节点固有的延迟，该延时可离线估计。具体包括：静态发送延迟（static_send_delay）、静态中继延迟（static_relay_delay）、静态接收延迟（static_receive_delay）。

（5）链路延迟（wire_delay）是指发生在两个直接相连节点之间的物理链路上的延迟。一般情况下，在透明时钟的计算过程中，链路延迟也可当做静态延迟来计算。

把 PCF 帧从发送到接收所经过的所有节点依次标记为 0、1、2……n，从发送节点 0 开始，经过 $i(0<i<n)$ 个中继节点转发，最后由接收节点接收，总的透明时钟的计算方法如下：

$$pcf\_transparent\_clock_0 = dynamic\_relay\_delay_0 + static\_send\_delay_0 \qquad (6-1)$$

$$pcf\_transparent\_clock_i = pcf\_transparent\_clock_{i-1} + wire\_delay_i$$
$$+ dynamic\_relay\_delay_i + static\_relay\_delay_i \qquad (6-2)$$

$$pcf\_transparent\_clock_n = pcf\_transparent\_clock_{n-1} + wire\_delay_n$$
$$+ dynamic\_relay\_delay_n + static\_relay\_delay_n \qquad (6-3)$$

最大传输延迟(max_transmission_delay)可以认为是最大可能的透明时钟,这个值需要在系统设计时确定:

$$\max\_transmission\_delay = \max(pcf\_transparent\_clock_n) \qquad (6-4)$$

最大传输延时 max_transmission_delay 在一个多集群范围内都有效,也就是说,属于同一个多集群集合的任何两个设备使用同一个最大传输延时。

2. 固化函数

固化函数主要实现接收到的协议控制帧的"重排序"和"读远程时钟"两个功能。固化函数可以根据协议控制帧的接收时刻来计算固化时刻,并且当协议控制帧的接收顺序与发送顺序不一致时,正确还原出协议控制帧的发送顺序。固化函数在同步主、压缩主和同步客户端中均被定义。

图 6-51 描述了一个协议控制帧传输序列,该传输过程基于图 6-48 所示的拓扑结构。在这个序列里协议控制帧 301 和 305 的发送顺序和被交换机 203 接收的顺序是一致的,图中描述的时间顺序从左到右。

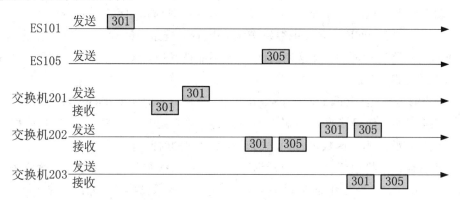

图 6-51 数据流示意——发送顺序和接收顺序一致

(1) 终端 101 生成协议控制 301,并发送到交换机 201。

(2) 交换机 201 转发协议控制帧 301 给交换机 202。

(3) 交换机 202 接收到协议控制帧 301。

(4) 终端 105 生成一个协议控制帧 305 给交换机 202。

(5) 交换机 202 接收到协议控制帧 305。

(6) 交换机 202 转发协议控制帧 301 给交换机 203。

(7) 交换机 202 转发协议控制帧 305 给交换机 203。

(8) 交换机 203 收到协议控制帧 301,然后再收到协议控制帧 305。

图 6-52 描述了一个序列,在这个序列中协议控制帧 302 和 306 的发送顺序和交换机 203 接收帧的顺序不一致。同时,这个图也显示了接收端如何使用完成功能重建帧的顺序。在该图上,时间顺序是从左到右的。

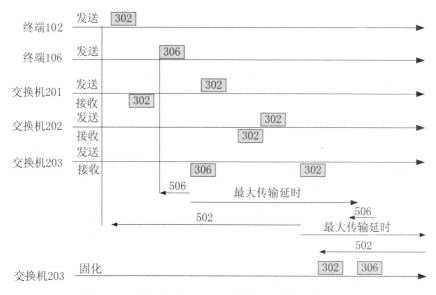

图 6-52 数据流示意——发送顺序和接收顺序不一致

（1）终端 102 生成协议控制帧 302，并发送到交换机 201。

（2）交换机 201 接收协议控制帧 302。

（3）终端 106 生成协议控制帧 306，并发送给交换机 203。

（4）交换机 203 接收协议控制帧 306。

（5）交换机 203 开始计算协议控制帧 306 的接收完成时刻（cm_permanence_pit）。

（6）交换机 201 转发协议控制帧 302 给交换机 202。

（7）交换机 202 接收协议控制帧 302。

（8）交换机 202 转发协议控制帧 302 给交换机 203。

（9）交换机 203 接收协议控制帧 302。

（10）交换机 203 开始计算协议控制帧 302 的接收完成时刻（cm_permanence_pit）。

图 6-53 描述的序列显示，协议控制帧 306 到达交换机 203 的时间比协议控制帧 302 要早。为了重建协议控制帧 302 和 306 的发送顺序，在它们到达交换机 203 后，延时一段时间再进入完成状态，这个延时叫做固化延时（permanence_delay）：

$$permanence\_delay = max\_transmission\_delay - pcf\_transparent\_clock_n \qquad (6-5)$$

因此：

$$permanence\_pit = receive\_pit + permanence\_delay \qquad (6-6)$$

$pcf\_transparent\_clock_n$ 在协议控制帧 302 和 306 传输的过程中被写入帧内。

固化时刻点是和单个协议控制帧相关的一个时间点，在这个时刻之后接收端可以使用这个协议控制帧，同时保证不会再接收到比这个帧更早被发送的协议控制帧。

在图 6-52 所设想的描述中，协议控制帧 302 到达交换机 203 时的 pcf_transparent_clock$_n$ 用 506 来表示。固化功能的结果就是，协议控制帧 302 和 306 会被延时，于是协议控制帧 302 和 306 在交换机 203 中的顺序就和它们被发送的顺序一致了。尽管本地晶振可以导致本地时钟有偏差，但两个协议控制帧的固化时间间隔和协议帧生成时刻的间隔相同。

3. 压缩函数

压缩函数是在压缩主中执行的函数。在每一个集成周期，压缩主中收集到的 PCF 帧的固化时刻点之间的时间差可以真实的代表发送这些 PCF 帧的同步主本地时钟之间的时间差，压缩函数根据这些 PCF 帧的固化时刻点，计算出压缩时刻点(cm_compressed_pit)，该计算过程以本地时钟异步的方式进行。该压缩时刻点反映了时间触发网络中各同步主节点本地时钟的平均值。压缩主根据计算得到的压缩时刻点向同步主(同步客户端)发送新的 PCF 帧，为同步主(同步客户端)提供本地时钟调整的基准。在压缩主中，由该压缩时刻点和预计接收时刻点之间的差值来校正压缩主的本地时钟。

压缩函数的适用对象是集成帧和标准整合模式下的冷启动响应帧，对于冷启动帧和高度集成模式下的冷启动响应帧则不压缩，具体规定见图 6-53 所示。

	CS帧	CA帧	IN帧
标准集成SM	不压缩	压缩	压缩
高度集成SM	不压缩	不压缩	压缩

图 6-53 PCF 帧压缩表格

压缩主中同时运行多个压缩函数，为了避免发生故障的同步主对时钟同步基准的计算造成影响，规定每一个同步主的固化时刻点在同一个压缩函数中至多出现一次。

压缩函数在压缩主中的执行是异步的，即一旦有需要进行压缩的 PCF 帧到达，就立即开启压缩函数。

压缩函数的执行可以分为三个阶段：收集阶段、计算阶段和延迟阶段。其中收集阶段的大小根据故障和结团的出现而变化。

1）收集阶段

当一个 PCF 帧被执行固化操作后，且当前集成周期内没有其他与之匹配的压缩函数正在运行，则该 PCF 帧固化点开启一个新的压缩函数。当一个新的压缩函数开始以后，一个观测窗口(OW)被开启，这个时间常量是离线配置好并且与时间精度有关的。当集群中的所有节点都同步时，所有同步主发送的 PCF 帧的固化时刻点可以在第一个 OW 内全部收集。但是在实际情况中，每个同步主都有可能出现非同步或发生故障，所以压缩函数的收集阶段应根据不同情况作相应的延长。

收集阶段的长度应该遵循以下准则（其中 n 和 OW_{max} 分别代表观测窗口的数目和最大观测窗口）：

当 $n=1$ 时，如果 OW 内收集到的 PCF 帧固化点数目大于 1，则开启第二个 OW，否则将终止收集；

当 $2 \leqslant n < OW_{max}$ 时，如果第 n 个 OW 内收集到了 PCF 帧固化点，则开启下一个 OW，否则将终止收集；

当 $n = OW_{max}$ 时，该 OW 结束后将终止收集。

$OW_{max} = (f+1) \times OW$，其中 f 代表集群内允许发生故障的 SM 的最大数目。例如对于有两个同步主故障的集群，最大的收集阶段长度应该是 $3 \times OW$。

2）计算阶段

收集阶段收集到的 PCF 帧固化点的数量决定了计算阶段输入参数的数量。计算阶段根据收集到的 PCF 帧的固化点，计算出一个用于本地时钟校验的压缩校验值（cm_corr）。

该压缩校验值的具体计算如下（m 表示所收集的 PCF 固化点数目，th+ 是顺次第 f 个，th− 是倒次第 f 个）：

$m=1$：cm_corr $= \text{input}_1$；

$m=2$：cm_corr $= (\text{input}_1 + \text{input}_2)/2$；

$m=3$：cm_corr $= \text{input}_2$；

$m=4$：cm_corr $= (\text{input}_2 + \text{input}_3)/2$；

$m=5$：cm_corr $= (\text{input}_2 + \text{input}_4)/2$；

$m>5$：cm_corr $= (\text{input}_{th+} + \text{input}_{th-})/2$；

其中，input_i 表示在收集阶段第 i 个固化点与第一个固化点之间的时间差。

3）延迟阶段

计算阶段完成之后人为地引入一段延时时间，延迟 cm_corr 的时间长度，便得到压缩时刻点（cm_compressed_pit）。在压缩时刻点到达时，新的要发送的 PCF 帧需准备好。

压缩主根据收到的协议控制帧，计算生成压缩协议控制帧，并将其发送到其他同步主和同步客户端。在压缩协议控制帧中，每一个发送协议控制帧的同步主都对应了压缩协议控制帧的 pcf_membership_new 中的一位，置为 1。

4. 结团检测服务

结团检测具有对时间触发以太网络同步环境实时检测的功能。结团检测服务检测系统中的结团现象，在网络中部分节点之间相互同步，但却与本同步域中其他节点不同步，构成部分节点结团现象。结团解决措施是在一个集群或者多个集群内对结团的节点重新建立同步。

根据结团检测的时刻点和应用对象的不同，AS6802 协议定义了同步结团检测、异步结团检测和相对结团检测三种函数。在实际应用中，可以根据情况选择性地开启一种结团检测或几种结团检测的组合。

（1）相对结团检测：在同步主中执行，在每个集成周期的开始时刻，检测当前集群中同步的同步主个数是否小于或等于非同步的同步主个数。

（2）同步结团检测：所有的设备包括同步主、同步客户端和压缩主都可以执行同步结团检测功能。在预开启的接收窗口关闭时刻启动检测，用于检测当前集群中处于同步状态的同步主的个数是否小于预置的门限值，若小于则检测到结团，否则无结团现象。

（3）异步结团检测：集群中所有设备包括同步主、同步客户端和压缩主都可以执行异步结团检测功能。该项检测用于检测当前集群中处于非同步状态的同步主个数是否大于预置的门限值，若大于则检测到结团，否则无结团现象。

异步结团检测对同步主和压缩主的检测时间段分别如下：

$[\text{sm\_dispatch\_pit}_n - \text{acceptance\_window}/2, \text{sm\_dispatch\_pit}_{n+1}]$；

$[\text{cm\_scheduled\_pit}_n, \text{cm\_scheduled\_pit}_{n+1} + \text{acceptance\_window}/2]$；

在同步主中，协议控制帧发送之前的瞬间进行异步结团检测；在压缩主中，接收窗口结束的瞬间进行异步结团检测。

6.8.6 时间同步原理

AS6802 定义了时钟同步服务，用来保证整个网络范围内的各个节点本地时钟保持同步。

在上一小节中，我们讨论了固化函数和压缩函数。固化函数根据协议控制帧的接收时刻计算出消息固化时刻，压缩函数根据消息的固化时刻点计算出压缩时刻点。本节将根据消息固化函数和压缩函数，来讨论同一个集群或者多个集群之间的时钟同步服务。

时钟同步服务主要包括同步主中的同步过程和压缩主中的同步过程。同步服务在同步主和压缩主中引入本地时钟 local_clock 和本地集成周期 local_integration_cycle 这两个变量来定义当前的全局同步时钟。本地时钟是一个从 0 开始到集成周期最大值的时钟计数器，它可以指示 PCF 帧的发送时刻 dispatch_pits 和预接收时刻 scheduled_pits 等多个时刻点。

local_integration_cycle 用来记录设备当前的集成周期号。设备初始进入同步状态时，local_integration_cycle 初始化为一个配置值。local_integration_cycle 在集群中每个集成周期的开始阶段都可以进行同步的检测和保持，从而提高了同步精度。在接收窗口开始前，local_integration_cycle 在每一个集成周期中更新。

1. 同步主/同步客户端中的时钟同步

在同步操作中，根据本地时钟 local_clock 可生成发送时刻 sm_dispatch_pits 和接收时刻(sm_scheduled_receive_pits)。图 6 - 54 描述了同步主和同步客户端的时钟同步的主要过程。首先同步主发送一个协议控制帧，而后同步主和同步客户端从压缩主接收到协议控制帧。

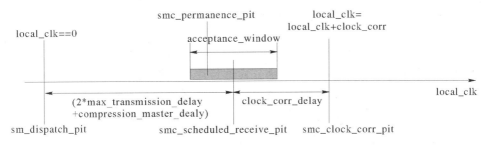

图 6 - 54　同步主和同步客户端同步过程

当 local_clock＝＝0 时启动 sm_dispatch_pit，意思是在每一个 local_clock 为 0 时，同步主开始发送协议控制帧，帧内容如下：

pcf_integration_cycle＝(local_integration_cycle＋1)％max_integration_cycle；

pcf_membership_newi＝1，pcf_membership_newk＝0(k! ＝i)；

pcf_sync_domain＝sync_domain；

pcf_sync_priority＝sync_priority；

pcf_transparent_clock＝0；

pcf_type＝0X2 表示为集成帧。

sync_domain 和 sync_priority 是设备的配置参数，在系统运行过程中同步主、客户端以及压缩主中都保持不变。同一个物理设备通过不同的同步优先级或者同步域，可实现不同的角色和功能。

同步客户端不会发送协议控制帧，但可以以 sm_dispatch_pit 为参考来计算 sm_scheduled_receive_pit 的值。同步主发送的协议控制帧首先发送到压缩主，压缩主要么根据协议控制帧进行时钟计算，要么直接将协议控制帧转发给同步主或者同步客户端。变量 sm_dispatch_pit 和 smc_scheduled_receive_pit 之间的关系如下：

$$\text{smc\_scheduled\_receive\_pit} = \text{sm\_dispatch\_pit} + 2 * \text{max\_transimission\_delay}$$
$$+ \text{compression\_master\_delay} \qquad (6-7)$$

其中，compression_master_delay 是压缩主在时间计算过程中产生的静态延迟。

参数 max_transimission_delay 前面的 2 表示从同步主到压缩主的发送协议控制帧以及压缩主将时钟同步协议控制帧返回给同步主的时间。每一个延迟参数都包含了消息完成功能所需要的时间，压缩协议控制帧和非压缩协议控制帧传输参数相同。

每一个同步主和同步客户端，smc_scheduled_receive_pit 和 smc_permanence_pit 都处

在同一个接收窗口中。在接收窗口中接收的帧表示正常接收，否则表示调度外接收。

通信链路连接的每一个同步主和同步客户端在每一个接收窗口的结束，都要监控接收协议帧的 pcf_membership_new 域内容，在多个协议控制中拥有最多位的协议控制帧将被选出，若最多 pcf_membership_new 域的帧有多个，则选择最后到达的协议控制帧。

$$\text{smc\_best\_pcf\_channel} = \max_{\text{smc\_permanence\_pit}} \left(\max_{\text{pcf\_membership\_new}}(\text{PCF}) \right) \qquad (6-8)$$

时钟校验值 clock_corr 通过如下所示公式进行计算，即 pcf_membership_new 的位数在间隔之内的协议控制帧完成时间和调度时间的差值的平均值作为 clock_corr，间隔大小范围为 [max(pcf_membership_new)，max(pcf_membership_new) − f]，其中 max (pcf_membership_new)表示位数最大值，f 表示容错的同步主个数。

$$\text{clock\_corr} = \text{average}_i(\text{smc\_permanence\_pit}_{\text{smc\_best\_channel}} - \text{smc\_scheduled\_receive\_pit}) \qquad (6-9)$$

协议控制帧的预过滤操作将位数值明显错误的协议控制帧删除，从而可以阻止错误的压缩主通过局部的协议控制帧生成广播的时钟。

在接收窗口结束时刻，时钟校验值 clock_corr 没有马上纠正本地时钟 local_clock，而是等待一定的配置时间后才开始校验，等待时间长度为 clock_correction_delay。其中：

$$\text{clock\_correction\_delay} > \text{acceptance\_window} \qquad (6-10)$$

这个时钟的延迟保证本地时钟 local_clock 不落到接收窗口以内，因为 clock_corr 的最大负数为 −acceptance_window/2。

2. 压缩主中的时钟同步

类似于同步主，压缩主也使用本地时钟 local_clock 去计算 cm_scheduled_receive_pit，所不同的是压缩主采用本地压缩计算完成时间点 cm_compressed_pit 作为 local_clock 的参考值。

与同步主相同，压缩主中的本地时钟 local_clock 也是本地的从 0 开始到集成周期最大值(integration_cycle_duration)的一个时钟计数器。cm_scheduled_receive_pit 是一个配置参数。为保证同步主、同步客户端、压缩主的 cm_scheduled_receive_pit 与本地时钟的一致，其计算过程如下：

$$\text{cm\_scheduled\_receive\_pit} = \text{sm\_dispatch\_pit} + \text{max\_transmission\_delay}$$
$$+ \text{compression\_master\_delay} \qquad (6-11)$$

压缩主维护一个设备局部变量 local_integration_cycle 来记录当前的集成周期号。系统开始同步时，local_integration_cycle 初始化为一个配置数，这样每一个设备可以在一个集群周期内开始同步，而不必等到一个集群周期开始时才能同步。在接收窗口开始之前，每一个集成周期更新变量 local_integration_cycle。

　　类似于同步主和同步客户端,压缩主也要在 cm_scheduled_receive_pit 周围开启一个监控窗口,并监控计算结果 cm_compressed_pits 的内容。若 cm_compressed_pits 在接收窗口中,则表示正常接收,否则表示调度外接收。如图 6-55 所示,在部分节点失效或者结团存在的条件下,在同一个集成周期中可能生成多个时间协议控制帧。类似于同步主和同步客户端,压缩主也要使用生成的协议控制帧 pcf_membership_new 域的内容,对在同一个接收窗口中生成的多个时间协议控制帧进行选择,多个协议控制中拥有最多位的协议控制帧将被选出,若最多 pcf_membership_new 域有多帧,则选择最新的协议控制帧,其选择算法如下式所示:

$$\text{cm\_best\_pcf} = \max_{\text{cm\_compressed\_pit}} \left(\max_{\text{pcf\_membership\_new}} (\text{PCF}) \right) \tag{6-12}$$

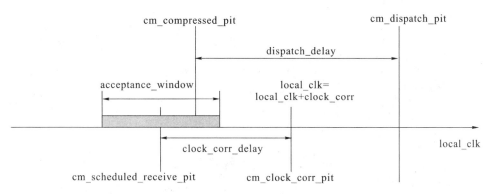

图 6-55　压缩主中的同步过程

　　类似地,压缩主中的时间校验值计算公式如下:

$$\text{clock\_corr} = \text{cm\_compressed\_pit}_{\text{cm\_best\_pcf}} - \text{cm\_scheduled\_receive\_pit} \tag{6-13}$$

　　类似于同步主和同步客户端,在接收窗口结束时刻,压缩主中的时钟校验值 clock_corr 没有立即用来纠正本地时钟 local_clock,而是等待一定的时间后才开始校验,等待时间长度为 clock_correction_delay。其中:

$$\text{clock\_correction\_delay} > \text{acceptance\_window} \tag{6-14}$$

这个时钟的延迟保证本地时钟 local_clock 不落到接收窗口以内,因为 clock_corr 的最大负数为 $-\text{acceptance\_window}/2$。

　　压缩协议控制帧的发送:压缩主发送压缩控制帧的时刻 cm_dispatch_pit 由下式给出:

$$\text{cm\_dispatch\_pit} = \text{cm\_compressed\_pit} + \text{dispatch\_delay} \tag{6-15}$$

其中 dispatch_delay 为一个用户配置参数。cm_dispatch_pit 是同步过程第二步的开始时刻(压缩主在该步骤将压缩控制帧发送到同步主和同步客户端。)

　　当同步主被配置成标准集成模式时,压缩主只将压缩同步帧发送到部分节点中以避免错误协议控制帧的传播。

压缩主延迟 compression_master_delay 是静态延迟之和，包括压缩主的计算时间和传递延迟，具体计算公式如下：

$$compression\_master\_delay = max\_observation\_window + calculation\_overhead$$
$$+ compression\_correction + dispatch\_delay \qquad (6-16)$$

6.8.7 同步主节点整体结构

本节介绍了一种同步主节点的设计方案，并对各个模块的功能进行简单的介绍。同步主节点的整体结构如图 6-56 所示，本方案是在以太网 MAC 核基础上增加针对 TTE 协议的时间同步处理逻辑来完成的。

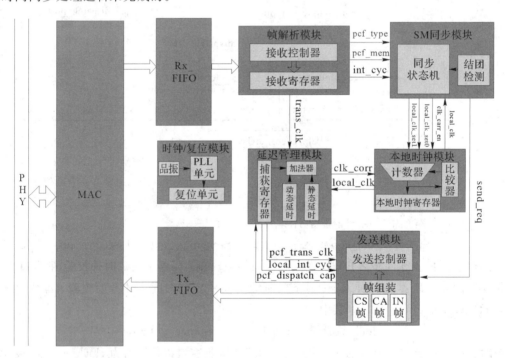

图 6-56 同步主节点整体结构图

图 6-56 所示是同步主节点的整体设计方案，由三大部分组成：MAC 核单元、时钟同步控制单元和时钟/复位单元。

（1）MAC 核单元由 MAC 核、Rx_FIFO 及 Tx_FIFO 三部分组成，该单元主要实现协议控制帧的原始接收与发送。

（2）时钟同步控制单元由帧解析模块、SM 同步模块、延时管理模块、本地时钟模块和发送模块组成，该单元实现同步主节点与其他节点的时钟同步。

（3）时钟/复位单元主要为同步主节点的各个功能子模块提供时钟信号和同步复位信号，该单元的输入来自外部晶振。

各子模块的功能简单介绍如下：

（1）MAC 核模块位于同步主控制模块和 PHY 层之间，主要用来对 PHY 层进行监听。当检测到有来自 PHY 层的数据需要接收时，该模块负责数据帧的接收和帧数据前导码以及帧校验码的去除，并将有效数据传递给下一个模块；当检测到有来自同步控制模块的数据需要发送时，该模块负责数据帧的发送和数据帧前导码以及帧校验码的添加，并将完整的数据帧发送到以太网上去。该模块由 MAC 核、Rx_FIFO 及 Tx_FIFO 三个子模块组成。

（2）帧解析模块接收来自 Rx_FIFO 的有效帧数据，并在接收控制器的控制下完成对帧数据各个字段的解析和存储，最后将得到的各个字段输出给相应的模块。

（3）SM 同步模块是整体同步主节点的核心控制模块，该模块根据当前同步主节点所处的状态决定相应协议控制帧的发送，并根据接收到的协议控制帧对当前同步主节点所处的状态进行相应的改变。

（4）发送模块接收来自 SM 同步模块的发送请求，完成协议控制帧各个字段值的添加，并将组合好的协议控制帧发送到 Tx_FIFO 模块中。

（5）本地时钟模块负责同步主节点的本地时钟的管理，并接收来自 SM 同步模块和延时管理模块的本地时钟校验信号，对本地时钟进行同步校验。

（6）延时管理模块负责发送时刻点和接收时刻点的捕获，并完成透明时钟值的计算和固化函数。

（7）时钟/复位模块主要为各功能子模块提供精准的时钟和同步复位信号。

压缩主节点也可以采用类似的方案实现，在标准以太网交换机的基础上，增加针对 TTE 的时间同步逻辑来实现。

第 7 章　航空微电子健康管理理论

系统健康管理包括设计制造技术、操作管理方法，以及个体和社会的组织、通讯、认知的过程。因此需要明确知道各种元素之间的关系，明确如何从技术层面过渡到人机交互系统的感知层面。

7.1　引　言

系统健康管理(SHM)定义为保持系统按照预期功能运行的系统能力。从广义角度讲，系统健康管理的定义是系统包含、阻止、检测、诊断、响应以及恢复可能导致系统非正常运行环境的能力。SHM 包括以下操作：设计、分析、判断、验证以及执行系统的能力，过去针对每个单独具体问题提出的技术和解决方案，在 SHM 里面被系统化地包含进来，比如分析方法、技术手段、设计制造工艺、证明验证问题和运行方法等。但是，SHM 并不是纯粹的技术概念，因为遇到的很多失效或者失败来源于系统元素的组织、通讯以及作为社会个体人的识别等方面。

SHM 最开始是和系统的可信任度概念联系起来的，用来表示系统按照预期目标运行的能力，因此 SHM 也就表示系统提供可信任度的能力。可信任度概念包含或者覆盖了其他的类似概念，比如可靠性、可维修性、安全性、集成性等其他相关用语，还包含各种元素的数量和质量的两种特性。从心理学角度来讲，当一个系统能够按照人的想法去运行时我们总是能够信任他。我们认为这是可信赖的。当一个工程事件能够提供可信赖的能力时我们就可以称之为可信任工程。当把可信任工程与实际应用结合起来，就得到了系统健康管理的能力。可信任工程和系统健康管理的关系就如同航空工程和它的应用领域的关系。

在美国航空宇航局(NASA)，系统健康管理(SHM)的另外一个可选择替代的概念是失效管理(Fault Management，FM)，失效管理定义为面对可能影响系统正常运行因素的概括、阻止、检测、反映和恢复等操作能力。当系统变的不健康时，失效管理将发挥作用。用医学做例子，失效管理等于一旦病人生病了就去看医生。SHM 包括一些方法来防止生病，如锻炼身体和提供健康饮食习惯以提高免疫系统。在这里，FM 可看作是 SHM 的操作层面，SHM 包括非操作层面，维持系统的正常功能。

形成 SHM 概念经历了很长的时间。第二次世界大战在处理后勤的大规模物资运输系统时形成了统计和质量控制方法。在 20 世纪五六十年代，航空和空间的极端环境及操作条件促使了系统工程、可靠性、失效模型分析和测试方法的进步。随着航空系统复杂度的提高，失效产生的概率增加，这导致在 20 世纪 70 年代后期提出新的方法去检测和处理系统失效，如板载机制失效保护。80 年代又提出了失效容限计算的理论(拜占庭故障理论，Byzantine fault theory)、软件失效模型和故障树分析，以及故障预测。90 年代全面质量管理成为流行概念。到了 21 世纪，特别是 2003 年的哥伦比亚号事故，NASA 和 DOD 意识到失效不仅仅来源于纯技术问题，而常常也来自操作复杂系统的组织者的文化差异背景。

SHM 这个词来源于航行器健康监控(Vehicle Health Monitoring，VHM)，19 世纪 90 年代 NASA 研究机构用这个词表示选择和使用传感器和软件来监控空间飞行器的健康状态。工程师很快发现 VHM 概念的不足：首先，监控不充分，主要依靠点监控和反映。"Management"这个词很快取代"Monitoring"。其次，考虑到飞行器主要是人机复杂系统，"Vehicle"很快被"System"代替。因此到了 90 年代中期，SHM 成为最普遍使用的词汇。

在 19 世纪 80 年代，DOD 提出一系列的步骤处理操作维修问题，命名为"集成诊断"。DOD 小组依靠操作问题检测失效，确定潜在失效位置，替代失效元件。到了 90 年代，DOD 提出一个更常规的概念——基于条件的维修(为了和基于安排的维修对应)，这导致标准化的发展。到了 21 世纪，企业健康管理"enterprise health management"成为该领域的主流概念。

另外一个与 SHM 相近的概念是预测和健康管理，从总体来看，这个概念和 SHM 是一样的，因为预测是 SHM 维持系统健康的技术之一。基于 PHM 的概念于 2009 年成立了 PHM协会并包含一个在线期刊 International Journal of Prognostics and Health Management。

SHM 组织方法提供了一个概念性框架，用来组织实现可靠系统设计和操作的知识与相关信息，同时也强调了建立和操作这样的系统的各种技术方法。相应的专业知识能够建立系统健康和失效的理论与模型，建立监控健康和减轻失效的步骤。所有这些知识和信息在 2010 年秋得到进一步的提升。同时，这些方法和概念的提出也是非常必要的，因为当前的可靠性原理、系统工程以及管理理论等已经不能或者单独解决越来越复杂的系统问题。随着 SHM 知识深度的提高，结果将会积极反馈到学术、工业以及军用等各个方面。

7.2　函数、非标称、因果关系

SHM 的主要目的是维持系统按预期目标运行的能力。为了更好地理解这个目的，我们必须定义一系列的概念，包括系统、预期功能、状态和行为、非常态类别，以及非常态因果关系。根据系统工程国际委员会的定义，系统定义为不同元素的结构或者集合，这些结构或者集合能够得到单个元素无法实现的结果。对于工程系统，这些结果就是系统创建的目标。系统目标的实现不管系统的操作者是谁，可能是设计者，可能是制造者，也可能是操作者或者是使用者。

从数学角度看系统可以使用 $y=f(x)$ 来表示，这里 x 表示输入状态向量，y 是输出状态向量，f 表示输入到输出转换的系统过程。系统可以划分为子系统和元件，每个子系统或者元件又可以使用同样的表达式描述。函数归结于各种机制（可以是软件、硬件，或者人本身），因此函数可以表征为几种可能的形式。函数的运算表征机制影响着系统状态。状态的临时变化称之为"行为"，同时行为也能用状态来表示，系统在取样时间段形成个体的状态向量。在系统操作过程中，系统的真正状态是很难准确知道的，操作者往往只能确定其"估计状态"。因此，当我们提到状态时，通常意味是估计状态。在测试和分析时，真正状态通常是假设的或者是已知的。

当系统的输出向量与设计者或者操作者的期望匹配时，我们认为系统是"标称"的，如果不匹配，那么系统就是"非标称"的。非标称状态有三种类型："失效"、"异常"、"退化"。失效是完全不能够接受的功能表现，退化是指系统性能逐步下降，异常是系统性能出现意料之外的变化。

常规来讲，非标称状态并不会在系统规范或者要求里面具体说明。没有单个具体规范或者模型具体定义系统如何运行，或者期望它如何运行。这完全是因为每个人有自己的方式或者模型与系统互动，这些方式是正规的（如计算机仿真或者数学模型）或者是非正规的（如基于以前的经验的个人想法）。这些模型决定了一个人如何把设计者或者操作者的意图转换成系统当前或者将来的具体行为。当调查一个非标称状态时，这个状态就重新分配为标称、退化、异常，或者是其他的状态中的一种。当人们重新认识和理解观测状态或者行为后，这种情形很容易发生。这也反映了系统运行期的人们的正常学习过程。

状态存在多种可能性：异常且失效的、异常但不失效的、失效但不异常的。例如，先行者10号的失败归因于放射性同位素热产生导致元件的损耗，这是失效但不是异常，因为这个失效多年前就预测出来了。反过来，异常但不失效也是很普通的，例如转换的波动，开关以前是关闭状态现在不是，但是没有造成失效。大多数情况是失效及异常。同样的逻辑对异常和退化也是有效的。退化和失效同时位于功能的接受性方面，退化是非理想状态但是依然可以接受，而失效则是不能接受的。异常行为又是另外一个方面的内容。

通常对异常的反映是调查行为查找原因，因为这比正常运行时能够提供更多的线索——关于元件退化或者元件的初级失效。这些异常的调查可能得到以下的结果：

（1）异常不能被理解并且系统保持异常。

（2）异常被判断为可接受的行为，于是重新被定义为正常。

（3）异常被判断为不能接受的并且注定导致失效。

对于第（2）和第（3）种情况来讲，这里出现的异常是可以理解和意料中的，于是用来描述系统状态的模型将得到调整，以至将来遇到这种行为时被分类为正常或者失效。两个例子来自航空飞行计划：根据飞行器最初的规范，两个飞行器的泡沫相撞同时部分回形焦化现象归类为异常和失效，但是后来被重新归类为正常行为，从某种程度上来讲，它们从安全方面归类为维修性问题。这种情况就成为一个策略，对于一些复杂系统，在没有具体操作运行前可能认为是异常或者失效，但是一旦有了飞行经历并调查了失效或者异常，这些失效就可能重新归类为正常行为了。

重新归类的准则是根据异常状态的原因归类。这就是，知道了异常的原因以及这个原因将来的影响，判断这个异常是否可以接受，然后采取行动。因此异常的因果关系是 SHM 主题的关键。失效的内部原因称为"故障"，外部原因我们则简单地称为"外部原因"。"故障"定义为导致失效的系统内部的物理或者逻辑解释。简单来讲就是如何解释观察到的失效影响。如果异常存在，调查判断异常行为失效并且异常的原因来自系统内部，那么这个原因就是故障。相反，如果认为行为是正常的，或者即使认为是失效的但是原因是外部的，那么就没有故障存在。这个故障对健康管理来讲有两种含义："因果关系"和"责任"。调查失效也是 SHM 一个重要的环节，能够处理这两种含义。因此，对于可靠性工程师来讲，定义故障包含这两种含义就很有必要了。故障就被定义为包含因果关系和责任的系统内部原因。举例，火星登陆器登陆到一个岩石上，因为登陆器太大，可能翻转并失效。这种情况下，我们并不因为登陆器的翻转而说火星登陆器故障，特别是我们知道这种故障可能性较低并且是可接受的风险。我们将仅仅认为这只是运气很差。当然，如果操作者知道登陆点有很多这样的岩石，然后继续冒着不必要的风险在这里登陆，那么这就是一个"故障"。这是操作者做了一个错误的登陆决定。

故障和失效是相互依赖的，可以回归到因和果的概念。从一方面来看，一种故障解释一种失效，但是从另外一个角度来看，这个故障可被看成失效而需要相关解释。例如 2003 年的哥伦比亚号惨剧，登陆机翼上面的空洞是一种失效，需要得到合理解释，它的原因是一大块绝缘泡沫打击在机翼上引起结构裂痕。然而，从外部槽设计者的角度来看，泡沫掉落出来本身就是一种失效，需要有合适的解释，后来人们发现是绝缘泡沫中的空气水泡引起的。相应地，泡沫中的空气水泡可以被看作是失效，泡沫应用过程中的裂痕可以看作是故障并解释这个失效。这个失效调查过程可以不断持续，直到没有原因被发现。在调查过程的长链中的第一个原因是"根原因"（失效常常来自多个根原因的相互作用）。术语"根原因"也是相对而言的，直到一个组受到关注，当满足这个组的解释不需要进一步深入的时候可以认为它是这个组的根原因。然后，这个结果可能对另外的组并不满足，对他们来讲，原先组的根原因可能不是原因，而是一种失效，需要进一步解释。当他们停止调查时，第一个原因才是根原因。这些术语的回归特性有助于解释一些组进行术语定义时遇到的困难，但也能解释他们的应用性如何。图 7-1 显示了这些概念之间的关系。

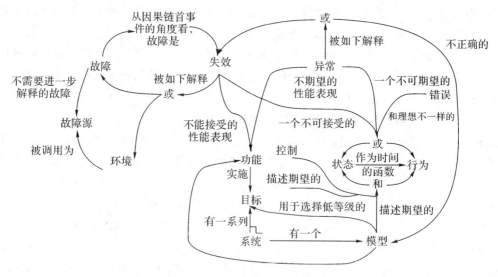

图 7-1 SHM 主要术语概念图

大多数失效的人为原因是 SHM 理论的关键内容。人为故障，不管是个人还是社会，由于错误交流或者缺乏交流，成为造成大多数失效的根原因。其他相对小比例的失效是系统的老化或者环境原因造成的。虽然全面的统计研究还没有整理，但是和那些整理航空失效数据库的专家们讨论发现大多数(80%或者更多)失效来源于这两个基本原因：个体性能失效和群体累计失效。这可能有点意外，人们通过建立或操作系统来实现自我个体或者群体的想法，但是正是人在这些方面的参与导致了在系统设计、制造或运行中的失效。NASA的哥伦比亚号事故调查研究发现大多数失效是人为因素造成的，这很好表明人的问题在空间飞行器上的灾难性。本质上来讲，如果你足够深入地去调查原因，就会发现大多数的根原因是人为因素。因此，减少人为因素引起的失效故障，是减少失效概率的重要议题。

人为故障的差异，取决于故障在系统生命周期产生的时间。人们在设计阶段的错误通常会导致设计故障或者常规故障(对于大多数系统都是这样)。在制造过程中的错误导致三个具体系统的随机部件故障。这里随机是指我们不能够发现的但很可能是根原因的问题。在制造过程中，故障也可能导致大批量产品的失效。操作中的错误通常归因于人为操作的故障，从而追求操作员的责任。然后，大多数失效最后都归结于人的问题。

根据前面的讨论可以看出，不管是设计故障、制造故障还是操作故障，人为因素可以作为这些失效的主要原因，并且这些故障的发生率可以一起等同于人为因素影响率。

7.3　复杂性和知识局限性

人们通常建立的系统可能会产生一些设计者或操作者意料之外或是难以理解的行为。

这显示了系统的复杂性。当一个事物超出了个人的理解范围，我们就定义其为复杂的事物。在过去，我们注意到人们常迷惑于对空间飞行器运行和操作的整体理解。因为系统过于复杂，航空系统必须有几个或者一些人在里面工作，每个人专长于一小部分内容。系统被分成好几块，每块足够简单，让人可以完全理解。因此主要局限就是如何划分复杂系统为几个容易理解的模块。这是系统工程的主要任务。

人们不能理解他们的创造，这就给了 SHM 提示，要求 SHM 工程师必须假设他们的系统将产生没有人可以理解的或者是人们不期望发生的行为。因为是不期望发生，那么可以认为是不可能的行为，但是逻辑又需要它们存在。一些这样的行为可能引起失效，SHM 设计必须包含如何面对这些失效。

7.4　SHM 缓解策略

SHM 的目的是当前或者将来失效存在的前提下，维持系统的功能性、状态的差异性或者控制状态变量在可接受的范围内。如果系统总是理想化运行，那么就没有必要实施 SHM了。然而，一段时间之后，由于常规损耗、元件退化，或者其他的内外部原因引起的失效，使得系统的常态控制功能难以继续维持。对于一个主动控制系统，常常因为传感器、处理器、促动器等失效导致系统控制算法不能正常运转。对于状态变化的被动控制，结构本身的退化或者失效导致动力和热循环。通常的例子是飞行器翅膀，它在标准载荷下生命周期是有限的，因此系统的主动或者被动设计需要覆盖失效范畴。SHM 提供了被动能力阻止失效，并具有当常规控制系统失效时主动接管的能力，以及预测未来失效和采取对应解决方法或延迟措施的主动能力。

构建 SHM 系统的第一步是明确系统功能，这能够从顶部往下，逐步分解系统功能来实现。我们可以采用功能树或功能流程模块图进行描述，前者是时间对半功能独立划分，后者完全是按照时间顺序用活动顺序图表达系统功能任务。

每个系统功能都有失效的可能，在面对已失效或即将失效需要进行系统功能维持时，可采用比如对系统划分模块进行评估等措施。SHM 设计者必须确定功能维持策略。如图 7－2 所示，在顶层仅有两种方法维持功能：阻止失效或者容忍失效。

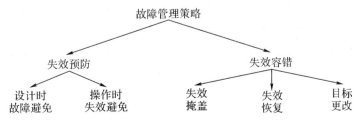

图 7－2　SHM 功能保持策略

失效(或者故障)容限策略包括失效掩饰、失效恢复，或目标改变。失效掩饰是一种允许失效存在于系统中的策略，但是不能牺牲系统的主要期望功能。通常在其将要降低系统功能的时候就可监测出来。当功能临时性能被折中时失效恢复是需要的策略。在这种策略中，失效发生同时系统功能被妥协，但失效很快能被监测出来然后采取措施恢复系统的功能到可接受的水平。系统恢复策略中不改变系统目标。当失效影响到系统功能不能够维持时，目标改变成为可选的策略。在这种策略中，系统的目标开始减少或者减弱。

国际上有几个学院派小组在实施这几种策略，当为了避免功能失效时，在设计、制造以及质量确保等不同环节开始应用设计冗余。操作角度通常实现失效预测和操作性失效避免，SHM 过程以及每个环节工程师都将应用这三种失效容限策略。然后三种失效容限策略的使用也是分别落实到 SHM 工程师和质量保证工程组。SHM 工程师承担系统功能维持策略的主要作用，并且分析时应用这些在其他组织没有被覆盖的策略方法。减少任务策略的有效性评估在 SHM 和可靠性分析中也是分开的。

7.5 可操作失效管理功能

当选择好失效避免策略的设计时间后，实现时就会提供合适的设计容限，并分析其有效性以确保各种系统元件的可靠性(元件可能是硬件、软件或者是人)。然后，虽然 SHM 工程师可能参与分析和测试确保正确的实施，但是他们并不参与具体实施。对于所有的其他策略，SHM 工程师是包括在内的。因此事实上，复杂的无处不在的主动预测、操作失效避免和故障容限设计是促使 SHM 发展为一个学科方向的根本。这部分将描述操作管理功能，也就是 SHM 的故障管理模块(Fault Management，FM)。

通常条件下，通过维持表征系统每个功能的变量在可接受范围内，系统具有被动设计冗余和主动控制系统来确保系统的功能性。当正常系统设计不能够保持状态变量在可接受的范围内时，FM(一系列的操作)开始发挥主要作用。为了实现这个目的，FM 如同正常控制系统一样，按照主动控制环运行，根据系统提供的信息监测状态变量，判断它们是否达到异常条件。这个监测功能是独立的并能够确定异常状态的原因，直到异常状态存在，判断功能和响应功能开始执行。把这些联系起来，FM 环就定义了新的系统控制域，当正常控制域不再控制状态变量时 FM 环能够准确提供控制能力。当退化状态最终会导致失效时，FM 环能够提前控制失效以至于常规控制系统不失去效用。如同上面描述的，设计时间故障避免不是主动控制环，而是被动作用，因此不是 FM 的内容。图 7 - 3 给出了 FM 功能关系。

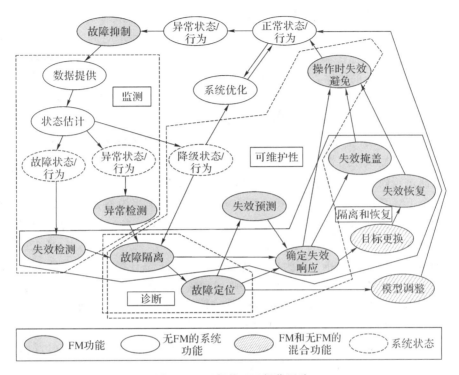

图 7-3　运行的 FM 操作回路

这个 FM 图中各功能定义如下：

Anomaly detection：确定异常存在。

Failure detection：确定失效存在。

Failure masking：在发生失效情况下维持预期功能的一种方法。

Opetational failure avoidance：阻止失效发生的行为。

Failure prognosis：预测元件发生失效的时间。

Failure recovery：在系统发生失效后，恢复系统功能或者重新定义系统目标的行为。

Failure response determination：选择措施去减少当前或者将来发生的失效。

Fault containment：阻止故障引起另一个故障。

Fault identification：确定异常行为可能的原因。

Fault isolation：确定可能引起异常行为的位置。

Goal change：改变系统当前的目标。

Model adjustment：修改系统状态或行为依赖的模型。

每个 FM 环包括一系列这些功能，整个 FM 环必须运行快于失效影响的速度。FM 环的延迟等于对当前失效预测或者反映时传感、监测、隔离、判定的延迟总和。这些延迟必须小于时间临界值(Time To Criticality，TTC)—这个时间是指失效影响从失效模型沿着失效效应传输路径(FEPPs)传输到第一个关键失效影响(CFE)的整个时间。FM 环延迟和 TTC 是根据正常或者失效效应传输的物理模型得来的，可以随着 FEPPs 和 FM 环路径改变。例如，通过电子在导线中的传输，航空系统失效效应延迟时间是几个毫秒数量级，而通过流体传输时这个延迟时间达到几百个毫秒级，通过热效应则达到秒或者分数量级。实际中可能有多个 FEPPs 存在，少数情况单个故障可能有多个 FM 环路径。

CFE 并不总是表示任务失效，有时候是干涉性影响，即使系统任务在将来会失效或者退化，系统也可以提供不可恢复性的系统目标折中。考虑行星探测巡航器中的动力失效问题，当飞行器进行轨道运行获取科学数据时，动力失效问题有时候并不扩大到几个月或一年。衡量每个 FM 环的相对时间取决于 CFE，这种情况下，当没有足够的动力满足任务目标时，考虑动力失效和当前流电大小比例，CFE 就是时间和。当对于一个故障有几个 CFEs 时，那么 CFE 就和几个传输实效效应相关。

在任何具体失效发生之前，因为单个具体时间是基于统计得来的，失效效应传输时间和 FM 环延迟就变得复杂了。例如，在一个典型的液态火箭发射装置中，由于液体的非线性，输入的微小变化会导致很大的效应。事后失效分析是根据具体特定的时间点进行分析，但是这特定具体的时间点是唯一的一种可能。FM 设计者必须完全理解 FM 设计的有效性，对于一个给定失效方案，设计是根据 FM 环和 TTCs 快慢状态进行的，然后总结所有在相关失效中的 FM 环。在复杂情况下，分析是根据运行大量系统特性和失效模型进行的统计蒙特卡罗分析等。有时候如果能够进行有效估计的最坏情况分析，则没有必要进行全部的蒙特卡罗分析。FM 设计必须提供系统可靠性和(或)存在性的量化提高途径，在一些情况下通过最坏情况分析可能仅仅满足给定规范。

7.5.1　监测函数和模型调整

减少异常状态需要系统能够监测异常状态的存在。失效和退化监测需要计算一个给定变量估计状态和理想目标状态之间的偏差，我们在控制原理里将此定义为控制误差(control error)。理想状态指功能实现系统目标。异常监测是不同的，它是基于估计状态和期望状态之间的偏差，这在控制理论中称为知识误差(knowledge error)。失效和退化监测表明系统行为不再是理想化的，异常监测表明系统行为信息是不准确的。这里误差概念最适合连续变量，对于离散变量(真或假，1 或 0)，误差就是期望值和估计值简单的不相等或不匹配。

监测函数通常将估计状态划分为"正常"，或者为三种异常类别之一：失效，异常，退化。我们明确定义两个 FM 监测函数：失效监测和异常监测。虽然依然还在考虑当中，但当前没有定义退化监测，然而也必须通过比较下降的性能和理想性能之差异来确定退化。这个比较可能与系统原始理想性能不一样，或者与当前性能值抵触。对于三种监测类型，把正常从异常中区分开需要一个阈值用来判断，或者用一种机制量化性地区分正常和异常特征变量。大多数情况下阈值是非常有用的。

异常和失效监测是明显不同的功能，对应不同的应用。失效监测是基于使用 FEMA 失效模型进行失效状态和行为信息的监测，或者是在不考虑潜在失效模式下基于不能接受系统功能目标而进行折中的等级信息进行设计。对失效监测的最终反应是采取减轻措施。异常监测设计有很大区别，它根据之前的或可预测的不期望准则确定当前状态的偏差。他们常常使用人工智能、算法等，也包含工程判断和操作。异常监测的反应是去调查异常的原因。如果成功，状态就会被划分为正常、退化或失效。如果未成功，异常依然保持异常。如果成功，调查就作为失效或退化监测函数。

在许多情况下，异常监测的其他结果是进行模型调整，调整系统观察的模型去反映调查得到的信息。模型调整之后，原来监测为异常的状态随后就会被快速归类为退化、失效或者正常之一。

FM 监测和模型调整功能全面包含状态估计，目的是对系统真实状态的最好估计。虽为状态估计功能，这些功能的有效性可以通过单个监测机制的正向错误和反向错误进行衡量，这些衡量准则减少了使用(正向错误)FP/(反向错误)FN 分数的形式。

异常监测算法常常包括过滤算法，把即时活动和永久活动区分开来，这些算法能够提供异常监测的原因。典型的例子是"三方攻击算法"，是基于针对快速变化的状态变量很难衡量的情形，如果剧烈变化值产生，那么可能使用人为物理机制衡量状态变量或数字系统，这些变量或系统用来传递衡量数据或环境效应机制，因此这种衡量很难提供问题本身相关的信息。物理机制里快速变化如单粒子翻转(SEU)，在一个横向空间发生两次的可能性非常小，因此需要三次连续衡量以有效减少 SEU 监测正向错误的产生。如果翻转持续性大，那么这可能就是数字处理系统的永久性问题。

如果操作不当，模型调整可能带来灾难性后果。非常出名的挑战者和哥伦比亚号系统失效事件，异常行为被错误地归类为正常行为，导致不可接受的失效和异常存在于系统中，最终导致严重后果。模型调整被 Diane Vaughan 在他的书 Challenger Launch Decision 中称为"偏差标准化"，但是既没有认为模型调整是正常工程活动，也没有定义其为"模型调整"这一名称。不仅仅是偏差、不正确和异常，模型调整一直存在，问题是需要正确执行。事实上，有很多模型存在，不同的人与系统交互就有不同的模型存在，因此模型调整是个难以辨别的尴尬过程，可能会导致理解上的错误，从而引起灾难后果。

7.5.2　故障诊断

故障诊断是包含 FM 功能故障隔离和故障确定的术语，它可以看成是确定潜在失效原因位置和机制的混合功能。故障隔离和确定可以通过模糊组来衡量，这个模糊组是无法根据失效监测和(或)异常监测信息进行彼此区分的组。如果发生一个具体的失效监测或异常监测，则有可能有几个元件包含潜在失效原因，但是不可能确定出是哪个元件。

故障隔离尝试回答哪儿是异常状态存在的因果机制问题，FM 使用"故障隔离"词汇与同样的词汇表述从一个位置到另外一个位置阻止失效效应或因果机制并不混淆。这个词汇通常在电子应用和电子工程中使用。在 FM 术语中，这被称为"故障容量"或"失效容量"，这样的例子包括光学隔离器和刹车电路。术语"故障隔离"在故障管理中一直沿用下来，虽然有时候可能会产生点误解。故障隔离功能不仅确定故障的位置而且可确定失效原因的环境。从这方面看起来，使用"失效原因隔离"似乎更贴切。

故障确定(有时候又称为故障表征)回答异常的因果机制是什么问题(或者是为什么失效发生，一般用因果机制来表述)，这有时候和故障隔离功能相似，因为常使用相同的自动诊断技术来判断故障位置和失效因果模型机制。然而，故障确定和故障隔离有很大的不同，前者是通过人为调整分析得到异常行为的原因。对于故障隔离，故障确定在系统内部或者外部环境寻找原因，当对失效的反应很有成效时，往往不需要进行故障确定。但是需要确定故障的位置，并把它从控制环中移除出去。

通常使用含有可能原因和位置的模糊组评估故障诊断功能的有效性，同时模糊组又可以使用正错误和负错误的比例进行评估。

7.5.3　失效预测

预测简单地定义为对将来状态和行为的估计，失效预测估计失效将来发生的时间。失效预测使用正式模型估计当前系统行为的将来结果，当前的状态、行为和环境数据是正式模型的输入。知道了预期的目标和系统运行，模型就可以估计时间点或者是时间范围，在这一过程中元件相互之间可能折中。这些信息然后传递给失效反应判定功能，用来决定是否采取可操作的失效避免操作，是否进行系统目标改变使得系统更安全，是否撤回系统，或等到失效发生再采取失效反应。

对于系统处于长时间操作周期和失效效应影响周期的情况，预测是非常重要的 FM 功能，其中元件退化能够被追踪然后作为物理模型输入。作为 FM 可操作功能，失效预测不应该和设计时间分析及行为预测混淆，其结果被嵌入到自动系统中。比如 FM 控制环能足够早地发现失效以便可以在失效导致严重后果前使系统作出反应。失效监测和预测必须有效地预测失效可能带来的结果，这样系统可以判定需要作出什么反应，什么时候作出反应。因此他们具备内在预测能力嵌入到 FM 环中。如果监测到失效 A，会导致将来关键系统功能 X 会大打折扣，那么失效反应 R 现在必须执行。尽管有预测内容，但是这个例子并不认为是失效预测，主要是因为这个预测是在设计时间完成而不是在操作过程中进行。

7.5.4　失效反应判定

失效反应判定使 FM 决定功能判定针对当前预测的失效采取相应的缓解措施。失效反应判定包含几个关键子功能：功能性评估，明确失效反应选择，判定反应选择可能的结果，反应选择排序，反应操作选择和通知系统执行反应。功能性评估明确对当前发生或者当前失效带来的系统功能特性进行折中，明确他们怎么传输，怎么影响系统能力以满足任务目标。失效反应判定能够通过自动机制或人为操作（地勤或者飞行员）实现，失效反应判定的位置是和系统的控制域紧密联系的。

7.5.5　失效反应

失效反应是四个 FM 功能的混合：目标改变、失效恢复、失效掩盖和可操作失效避免，通常描述减少失效影响的措施。

1. 目标改变

目标改变是指改变系统当前目标的行为，可能有多种原因导致目标改变而不是仅仅一个 FM 功能所决定，但是 FM 是这个功能的最基本促使作用。在 FM 中，目标改变是针对失效使系统重新获取系统状态控制的能力。通常目标期望水平下降或者是改变为原始目标的子目标。例如，当需要飞行器维持系统的能力和通信时，对于飞行器的弹头保险可能被放弃。火箭发射装置中，为了到达目标轨道需放弃部分部件。

2. 失效恢复

失效恢复是 FM 恢复系统当前功能或失效后的系统目标的功能。下面两种情况下将发生失效恢复：

（1）当系统临时性功能妥协和没有任何目标改变的情况下失效恢复被激活；

（2）改变目标系统回到安全状态和正常操作。

在一些情况下，正常操作就是指在失效发生之前的操作，没有任何的目标或功能改变。然后，正常操作可能要求有系统新的目标（不同于原来的），新的目标相对于老目标更不易于和失效产生联系。失效恢复的例子是弹头保险，弹头保险不改变系统目标，但是常常在原始目标下被舍弃，如当需要全面考虑科学目标而不是部分的时候。这种情况下，失效会临时性导致任务折扣。在地勤或者飞行员评估情况之后，他们判断哪些原始目标能够重新实现，强制系统进入新目标和计划的配置。

失效恢复明确典型地应用到机载操作系统，而不是在维修、制造和支持配套服务中。这其实是不正确的，维修性行为在失效后维修或替换元件。相关例子是不考虑清洗和回收而直接在发射之前替换发射装置。失效恢复可能包括维修或替换失效元件，重新加载推动槽，循环发射序列到可以重新开始的时间点。

3. 失效掩盖

失效掩盖不同于失效恢复，因为执行失效掩盖时系统并没有甚至临时性的功能折中。在失效掩盖中，低水平的失效延迟影响被阻止，防止主要功能的折中。经典的例子是故障容限计算机的决议机制，三到四倍的计算机执行同样的操作，决议机制确保当任意一台计算机失效时，其他的计算机可补上，确保决议结果是正确的。失效影响停止传输的位置称为"失效中断区域边界"。

4. 可操作失效避免

可操作失效避免是阻止经预测将来的失效发生的行为，这不是当前失效的反应，而是针对将来发生的失效的反应。它也不同于失效掩饰，失效掩饰在一个确定的范围内阻止失效传播，而操作失效避免是阻止失效发生。失效避免是防止故障的设计冗余和质量保证的被动设计应用，可操作失效避免是延迟或阻止预测失效的发生。例如，常规任务中元件退化，这通常是可接受的，这些元件带来高温加速老化并不久会失效。系统能够在避免这些温度范围改变的情况下运行，因此任务操作团队改变任务框架以至于使这个元件处于阴暗的地方，而不是直接把它暴露在太阳底下。基于可靠性和基于维修条件是可操作失效避免的两种典型例子。

7.5.6 故障包含度和失效包含域

失效掩盖、失效容限、故障包含度和失效包含域是紧密联系的概念。为了防止失去生命，防止失去飞行器，防止任务失败，故障和失效必须都包括。这个概念是很容易理解的：失效效应沿着失效效应传输路径传输，为了阻止系统或任务失败，故障与失效必须得到阻止。一系列失效效应被阻止的区域称为失效包含域边界。失效包含域边界组成了失效包含域，其包含了确定的一类失效效应。

故障包含度是一个相关的但相对并不更加复杂的概念，名字已经给出和失效包含域的区别，故障包含度定义为阻止故障导致将来的故障。下面通过例子来分析它们之间的细微差别：假设元件 A 发生电子短路，在系统里导致电压过高并传递给相邻元件 B，过高的电压会引起物理破坏和其他的电路短路。假设电压过高事件得到抑制，后面不再发生，然后进行故障诊断，导致元件 A 作为故障源被隔离，然后使用新元件 A 代替 A。当测试系统时依然没有功能，因为元件 B 有个永久故障。只有当元件 B 也被替代时系统才能正常运行。这是一个故障预测的例子，在这种情况下，元件 A 和 B 之间并没有故障包含度存在，因此可以看出故障包含度和失效包含域是有差别的。

如果失效恢复功能正常运行，那么失效效应通常被包含，可以看出失效包含并不被看成一个分开的独立的 FM 功能，失效监测、失效隔离和失效恢复都包含其整个过程和功能。然后，故障包含必须跟失效效应包含区分开来，阻止永久物理性（或逻辑破坏）传播必须实现，这也意味着跟失效效应的差异存在。

故障包含度和失效包含域边界仅仅针对确定的故障和失效的，对任何边界，必须有效针对具体故障和失效，除非这些边界机制类别明确确定，否则是毫无意义的。

7.6　机　　制

7.6.1　故障容限

　　我们将故障容限和失效容限定义为直接同义词：具有在面对任何的意外情况和某种故障原因时执行某种功能的能力。故障容错非常特殊，因为它不但是能够容忍失效，而且能够容忍一定数量的故障造成的失效。

　　故障容错只针对特定类型或种类的故障和失效起作用。例如，提高的计算机投票系统可以容忍随机部件失效，并不能解决投票机制的设计问题。如果不能弄清楚故障容错的对象到底是什么，不仅是不完整的，而且具有潜在的危险性。因为它会误导设计者和管理者相信它可以有效应对所有故障和失效，而这是不正确的。低层次的故障容错（或接近导致失效的位置）可以在更高的层次进行失效掩盖。

7.6.2　冗余

　　冗余是故障管理设计的一个基本方面，因为所有的故障管理机制有依赖于某种形式的冗余。当使用故障树或成功树作为故障管理设计的建模机制时，就显现出冗余概念的重要性。在成功树模型中，要实现某个功能，它的所有子功能必须都实现，因此可用逻辑"与"来表示。任何功能的失效都意味着逻辑"与"功能失效，在"与"门以上的功能都失效了。在故障树中，逻辑是颠倒的，任何失误都会在高级功能作用下造成更高级功能的失效，可以用逻辑"或"来建模。故障管理设计机制为系统增加新的功能，但也提高了系统的可靠性，因为它们为这些故障树或成功树提供了有效的"反作用门"。在一个全是"与"门的成功树中，故障管理机制作为"或"门出现。故障管理设计机制在抽象为系统冗余建模中展现，因此故障管理设计者的冗余理念必须扩大与之相匹配。

　　在任何情况下，故障管理机制都只针对特定的故障和失效。典型的例子是，在硬件相同的冗余中，故障管理机制可在任何冗余失效的情况下与随机部分相融合，但不能减轻所有的冗余字符串中普遍存在的设计缺陷。最后，故障管理机制并不是 100％ 有效，即使是对那些已经有所缓解的错误和失败，主要是由于错误肯定和错误否定检测。

　　冗余是故障管理设计、验证和确认以及操作的基础。在对故障树和成功树采用逻辑技术进行分析时，必须识别冗余的本质，评估冗余的局限性（冗余的适用范围及其有效性），在某些情况下还需要进行计算。这些限制包括对故障管理的设计或理解，为什么有些风险是可以接受的（或没有）。无论是否采用逻辑技术进行分析和故障管理设计，冗余的基本原理一直应用于故障管理。该原理可以用来理解、评估并证明当风险存在时，如果没有故障管理的设计将会导致什么样的风险。

1. 硬件相同冗余

硬件相同的冗余是最为常见的冗余。典型的例子就是一种三重或四重冗余的计算系统，当产生系统随机故障时，可有效应对。在假设系统的大量故障是"随机"的前提下，相关部分系统的三重或四重复制继续在复制。根据定义，它不能减轻通用故障模式，也就是那些同时影响所有多余部件的故障，如设计故障。硬件相同冗余通常用来进行故障检测和故障应对。因此，在三重冗余计算系统的投票机制既是一种计算机的故障检测机制，也是一种故障隔离机制，决定了故障发生的位置是在错误地方的字符串，而不是其他。最后，它是一种失效应对机制，可以在物理上停止激活失效的字符串或者它只能投票淘汰不好的结果，从而在主动控制循环中予以消除。

2. 功能（不同类或分析）冗余

功能冗余是指使用不同的硬件、软件或操作来执行相同的功能。通常系统的不同部分被设计成或是天然的具有某种关系，如在电气系统中，就是电压、电流和电阻之间的物理关系，而气流量则与其特定的压力、体积和温度有关。因此，就有可能使用这些关系与已知的设计，在物理上和逻辑上建立这些变量之间的关系。这样，可以采用间接测量方法，利用一个变量去体现另外一个变量。另一个例子是一套三重冗余计算机，使用由不同公司生产的处理器和不同的软件设计，进行商用飞机的飞行控制。通常采用不同类型冗余进行故障检测，但它也可以潜在地用来应对失效，例如在航天飞机上用推进器替代制动轮的功能失效。

3. 信息冗余

信息冗余利用额外的"信息"来检测潜在的对应某些类型的失效。最常见的例子是错误检测和校正（EDAC）代码。在 EDAC 中，将额外的位加入信息。这样，如果宇宙射线或其他一些现象造成一个或多个位翻转（单一事件），那么接收设备可以使用额外的、冗余信息来重建原始信息，而起作用的不翻转位已经改变。虽然这个特定的例子强调的是由环境引起的失效，该方法同样也可适用于系统内因引起的失效。在这个例子中，利用信息冗余来检测、隔离和响应。

4. 时间冗余

时间冗余性指的是系统在单次执行失败时具有重复执行的功能。一个典型的例子是使用多种测量方法来测量同一个状态变量，因为任何一次的测量都受到一次单独事件的扰动。另一个常见的例子是当出现一系列可疑计算结果时，计算机处理具有检测点反转能力。在检测点反转中，计算机状态恢复到先前时间的计算状态，该状态为了未来的使用（检查点）进行储存，然后从检查点重新计算原始组。

5. 知识冗余

到目前为止，几类冗余的例子表明：在操作实际系统以前，进行失效检测一般需要观察系统部件的具有独立来源的知识(通过它来检测失效),以确定问题是否存在。换句话说,不能利用系统自身被监测的部分来测定自身的失效。因为那部分的系统可能从操作上防止自己的检测机制来发现自身故障。实例表明,到目前为止都使用相同的机制、与物理定律相关的机制和额外的信息来检测和响应应对。在最一般的意义上,这些就是应用独立源"知识"来识别任何给定的系统或部分系统失效的例子。

这些原理还能应用到其他场景中。例如当一个人交叉检查另一个人的计算或命令序列,假定设计者很难看见自己的错误,应用来自产品设计者的独立知识源来进行检查。当这些知识封装在一个自动的命令序列检测设备中时,或采用某种类型的人工智能算法,这只是将独立知识源自动化并封装的基于物理的机制。

即使是仿真,也可认为是一个知识冗余的应用。当利用仿真进行系统测试时,正在发生什么是应用一个独立知识源来试图复制该系统将要运行的环境以及采取何种方式运行系统。根据定义,这个"终极"和最精确的知识来源没有缺陷,它的简化条件是系统运行环境。系统交叉检查、分析、验证与确认系统的目的就是可使系统在这种终极环境运行前发现故障。

7.7　规　则　总　结

本节概括总结了 SHM(或可靠性工程)的核心原则:

- SHM 维持了系统的功能性。
- SHM 利用系统理论的基本概念,包括系统边界、层次分解和递推。
- 状态分类基于模型来定义个人和群体期望的系统特性。状态的重新划分是基于模型修改来定义期望行为。
- 非常态有三大类:异常、衰减和失效。异常是指知识误差,失效和衰减是指控制误差。
- 故障是系统失效的内在原因(或解释),而故障和失效是递归的概念。
- 人类建立了连他们自身都无法充分理解的复杂系统。SHM 必须强调源于意外原因的失效。
- 大多数失效的根本原因是人类交际与认知的缺陷。
- SHM 是在评估系统功能的基础上进行运用,承受系统功能失效的风险。
- SHM 用来维持系统功能的策略是:设计阶段故障避免,操作阶段失效避免、失效掩盖、失效恢复和目标改变。第一个策略是被动设计和质量保证功能,后面四个策略都是故障管理策略。
- 可操作性故障管理是控制理论的延伸,它提供了控制机制确保系统功能在失效存在的情况下得以维持,或是预测将成为超越正常(被动或主动)控制系统能力来成功维护系统功能。

·控制理论中的一些思想,如"特征时间"(故障管理循环的延时与到达临界时的失效影响传播时间)、知识和控制误差、状态估计与控制功能等,都扩展到了故障管理领域。

·所有可操作的故障管理都采用某种形式的冗余。

7.8 系统健康管理的实现

虽然本书有多个章节描述系统健康管理及其实现的多个方面,本节仍将对系统健康管理主要问题和策略进行简要的描述。

系统健康管理本身就是系统工程的一方面。它不是一个"子系统",而是实现整个系统的一种能力。健康管理工程师(HMES)评估所有系统的功能的风险,并设计相应能力降低这些风险。因此,系统健康管理无论是从项目还是机构角度来看,最好作为系统工程的一个方面,成为一个独立的功能组织。在系统层面建立和得到资助的系统健康管理工程师或团队(取决于项目的规模),能够显著为可靠性设计提供帮助。这个工程师或团队与总工程师、系统工程师一起工作。健康管理工程师开发健康管理计划,执行系统和协调子系统健康管理设计与测试,执行和协调与健康管理相关的系统分析,包括与安全和任务保证组的协调。然后,系统健康管理工程师主动发现设计中的问题,特别是跨界子系统的交互问题。这个工程师也明确协调设计评审过程,并努力将可靠性设计加入到系统中。这些评论在系统和子系统的标准设计中是相互平行的,但其关注的重点在于整个系统范围内的预防或减少失效。

健康管理工程师的首要任务就是评估系统功能的风险,并分配系统健康管理的功能和设计方法来减少这些风险。通常是通过系统工程的功能分解,自顶向下将功能描绘成一个成功数和/或一个事件序列。一旦按这种方式定义,系统健康管理工程师和可靠性、安全性以及子系统分析师一起,定义这些功能失效带来的后果,并提供可靠性和可用性要求的初步估计。当可靠性和可用性不满足要求时,必须利用系统健康管理,要么通过设计余度(故障避免)来提高可靠性功能,要么通过可操作故障管理方法加入余度管理。这些故障管理机制分配给合适的工程师小组来具体实现。有些故障管理机制必须考虑现有的未预测到的失效,主要通过应用这些机制来执行保护功能,即使是基于现有知识的可靠性、可用性评估预测到一个低的失效率。

系统的可靠性和可用性分析,以及作为系统评估的一部分——故障管理机制的有效性,需要进行自顶向下、自底向上和从中间开始的评估。自顶而下地分析对系统功能的威胁,包括概率风险分析、可靠性分析和风险分析,体现在故障树和事件序列上。自底向上分析通过 FMEAS 完成,以确定各系统部件的失效模式和每个失效模式下失效影响的粗略估计。从中间开始的分析,利用自顶向下的功能评估信息和自底向上的 FMEA 数据信息来构建一个系统设计的有向图表示。这种能力能够连接自底向上的失效模式和自顶向下的功能，也是基于模型的诊断和状态估计的核心模型。对状态估计功能的评估，如故障检测、故障诊断、失效预测是通过错误肯定、错误否定和覆盖率指标来决定的，还增加了具有模糊组复杂度的指标。控制功能，比如失效应对决策和失效应对，必须用成功缓解的概率来衡量。这些评估通过失效场景进行结构化，它是失效条件下特定的系统行为。失效场景首先根据自底向上的特别方法进行构建，系统可能已经失效或即将失效（包括故障管理隐患），但必须连接到自顶向下的信息，作为重要功能和失效结果的展示。

验证和确认同样使用自底向上和自顶向下的信息。因为这个系统并不经常失效，必须将故障注入到系统中，以测试系统健康管理能力，这些故障最终积存在 FMEA 中。采用系统确认，以评估系统是否满足要求，具体做法是利用从失效模式全集到小规模测试集映射，来验证这些需求。相比之下，系统验证通常采用自顶向下的信息来评估使用案例，对系统健康管理来说，它和系统失效特性的故障情况紧密相连。利用系统健康管理能力来减缓未知条件时，工程师们通常通过人为调整阈值或者引入多个失效模式来激励功能失效，进行功能折中。这些测试与上述分析有关，因此它不可能测试所有条件下的所有可能的失效特性，从测试到分析必须有一个映射，以体现完备性。这种测试通常被质量控制人员关注。制造是质量控制行为的另一个主要环节，在构建系统中，应尽量减少人为因素导致的故障数量。

最后，操作时实现系统健康管理的主要途径，尤其是对于预测和操作的失效避免的功能而言，包括维修和保养。如果在设计阶段就已建立了诊断或"真理"模型，那么将该模型作为基于模型的操作诊断系统会价值最大化。该系统也可用于对操作人员的培训和教育。

7.9 启   示

在上述系统健康管理理论中，有很多启示。我们需要特别强调其中的一些。

7.9.1 探测不可预知的非常态状态

如前所述，系统健康管理必须解决未知状态。结果表明，检测未知状态通常是可能的，但是如何有效应对这些状态仍是个问题。尽管不可能知道所有失效的可能原因，但它可能会知道哪一个会对系统产生影响。因为一旦失效起作用，它就会影响系统功能。由于理论上我们可以确定实现系统目标需要的所有功能，也就有可能构建机制来检测这些功能与我们预期的偏差。同时，我们可以基于系统的历史特性开发算法来检测未知事件，而不用考虑具体的原因（异常检测）。因此在理论上，关键功能的失效可以几乎 100% 得到检测。

这个好消息却由于存在潜在的缺点而部分打了折扣。潜在的故障是嵌入在系统内的故障，只有当后续事件形成了失效条件后，这些症状才会显现出来。典型的例子是，当一个开关已经失效后，它仍将停在当前的位置，直到有人试图翻转开关，发现其无法改变状态时，故障才显现出来。

第二个问题的关键是，当非常态显现时，系统已经失效了，或者即将检测到失效，其对系统功能影响太快，以至于无法立即采取对策。所以，即使我们能够检测到会导致系统非常态的故障，也不要高兴得太早。

7.9.2　独立条件下完整知识的不可能性

正如前文所述，"知识冗余"具有不同于设计系统的知识来源，它主要用来检查错误和非常态行为。和知识冗余一样，另一个典型的交叉检查是采用独立的评论，它认为完全独立是最好的。然而完全独立的知识对于交叉检查和审查的目的是徒劳的。对于知识背景各异的人而言，也许他们面对某个问题知之甚少。来自同一个机构的人与建设和运营设备的人的问题在于，他们有许多相同的假设、背景和培训，完全独立的人则很少有或没有上述假设、背景和他们正试图验证的内容的培训，没有任何共同的背景和知识，他们在验证操作或者设备的工程中就没用。必须消除一些共性，但是其他人必须保持允许以任何一种方式验证。这个难题无法回避。因为达到完整知识独立是徒劳的，我们必须有许多不同背景的人，每个人对于项目和组织有一些共性。但总体上有许多不同之处。系统工程使用具有半独立知识资源的社会方法来处理技术复杂性和故障问题。

该难题的另一方面是正确复制操作环境，然后在该环境下运行系统。这种避免系统设计的知识重叠，支持详细的操作环境知识，通常比系统本身更为重要。

7.9.3　管理体制的必要性和不足

管理机制对于需要不断重复可靠性工作流程而言是有益的，但是在重复的过程中，人往往会失去注意力，抑制管理体制背后的推理，这便为人为失误创造了条件。换个角度看，人类在既不完全混乱也不完全重复的情况下，处于他们的最佳状态。大型综合性航天系统的本质在于，它需要成千上万的操作和交流，其中的任何错误都有可能导致系统故障。人类无法在长期重复过程中始终保持高度的精力集中，无论是在转动扳手的生产线还是连续50次发射航天飞机。解决这个问题的方法是使用机器完成自动重复的功能。不幸的是，这并不总是可行的。人类必须通过一些内心的激励来保持良好的意识。通过合适的教育和培训，以确保操作员对潜在的危险保持警惕。在模拟训练中，可注入故障(这是罕见的，具有不同的效果)进行训练是一个很好的并且典型的操作方法，另外一个必要的方法是使用故障和失效的基本理论和原则来培养设计者、制造商、运营商，提醒他们如何有效应对故障和失效。

7.9.4　接口"干净"

通过调整一定数量的典型做法和指南来降低复杂性，尽管它们的有效性仍然无法解释。一个例子就是使用简洁接口，它被定义为简化各部件连接的行为。然而，简化接口行为具有有效性的原因通常没有解释，它最终与人的认知和社会的能力有关。首先，物理和逻辑（软件）的连接和交互越少，人越有可能了解全部的交互关系及其对系统其他部分的影响；其次，一个物理接口通常也是两个或两个以上的组织和人之间的社会接口。简单的接口还意味着人们之间相互交流和组织以及个人的文化和习性的简洁。沟通中出现障碍的可能性变小，从而减少了由于误解引发的失效机会。

7.9.5　需求、模型和正规表述

工程师们都有一个共识，需求和说明至少在理论上或者应该都能够完整地定义系统应该怎么办。这是一个经常隐含在系统工程中的前提，在合同协议中也明确了一个承包人要求提供给顾客的东西。不幸的是，这种精度实现不了，尤其是在通用语言中，这种语言容易导致歧义。许多专家因此呼吁更加严格和正规的表述。我们也支持该呼吁，但是也许有不同于以往的理由和表达方法。

考虑到绝大多数系统失效是由于社会交流和个人认知错误（通常与他人交流后会发现）造成的，寻找一种方法来提高交流效果是至关重要的，特别是对于利用不同的方法来整合成一个功能子系统的整体的系统工程而言。有人可能会问，对于这些可能导致系统失效的原因，为什么系统运行的可靠性和可用性大多是由于人为因素造成失效的基本概率不高（对于受到良好训练的人执行复杂的任务，失效的概率范围在 $1\% \sim 10\%$）？这是因为模型通常使用数学或逻辑的，大多是基于计算机的，大大降低了系统的故障数量。而数字和逻辑模型不能容忍歧义，并要求具体，完整的输入才能正常运转。人不能刻意将英语描述输入到计算机中，因为英语实在是太含糊不清了。减少有模型产生的沟通歧义是降低社会沟通障碍的关键，从而也减少了系统固有的故障数量。一般来说，需要做的就是将自然语言产生的非正式模型和结果转变为系统工程中的规范化模型，而对系统工程的非常态来说，就是可靠性工程或系统健康管理。

提高系统可靠性和系统健康管理，需要开发规范化的建模方法，支持设计、分析、验证和确认、制造和操作。这些方法需要相当于控制系统工程或结构或结构工程的理论深度，建成可以隐藏其理论复杂度的工具，使其能更广泛地应用。这种形式通过减少在系统运行过程中的故障数量，大大减少系统在不当操作失效条件下发生故障的数量。降低故障数，也会减少失效数，提高这些系统的安全性和可靠性。

7.10 总 结

系统健康管理综合了多种方法来分析、预防和减缓故障。这里给出了构成系统健康管理时间和技术的基本概念、术语、理论和原理，协助在新的和已有的系统中实现系统健康管理，使得研究者能够在正确的方向上不断努力，以便提供新的工具、方法和技术，使我们建立起来的应用系统更加可靠。

参 考 文 献

[1] 周代忠，张安，史志富. 微电子技术在航空电子系统中的应用[J]. 电光与控制，2005，12(4).

[2] 江帆. 中国航天微电子产业评价研究[D]. 华中科技大学博士学位论文，2004.

[3] 宁新建. 航空机载计算机及其总线[J]. 通信论坛，2003. 24：54－58.

[4] 牛文生，王乐. 机载计算技术的新进展[J]. 航空科学技术，2012. 4.

[5] 王少熙. 现代电子元器件工艺水平评价模型与算法研究[D]. 西安电子科技大学博士学位论文，2007.

[6] 朗志正. 质量管理技术与方法[M]. 北京：中国标准出版社，1998.

[7] 贾新章，李京苑. 统计过程控制与评价. Cpk、SPC 和 PPM 技术[M]. 北京：电子工业出版社，2004.

[8] J. M. 朱兰，小弗兰克 M. 格里纳. 质量计划与分析[M]. 李本兴，陈豫贤，译. 北京：石油工业出版社. 1985.

[9] J. M. 朱兰. 质量控制手册编译组. 质量控制手册[M]. 上海：上海科学技术文献出版社，1980.

[10] 袁志发，周静芋. 多元统计分析[M]. 北京：科学出版社，2002.

[11] 郑乔石，暗硅时代 CoDA 架构可扩展性及能效问题研究[D]. 西北工业大学博士学位论文，2015.

[12] 冷悦. FC－AE－1553 协议的硬件系统设计[D]. 电子科技大学博士学位论文，2010. 6.

[13] 孙丽娜. FC－AE－1553 技术的研究与实现[D]. 电子科技大学博士学位论文，2011. 5.

[14] 曹素芝，张善从. FC－AE－1553 高级特性介绍[A]. 中科院光电研究所，2010.

[15] 支超有. 机载数据总线技术及其应用[M]. 北京：国防工业出版社，2009. 1.

[16] 金德坤，敬忠良，王国庆，等. 民用飞机航空电子系统[M]. 上海：上海交通大学出版社，2012. 5.

[17] DDC(Data Device Corporation). Advanced Communication Engine Integrated 1553[M]. Termina. 1997.

[18] 王璐. 基于 1553B 总线的综合航电数据加载系统的设计和实现[D]. 天津大学博士学位论文，2012.

[19] 杨凯. MIL－STD－1553B 总线曼彻斯特码编码器的设计与实现[D]. 四川大学博士学位论文，2006.

[20] 徐丽清. 1553B 总线接口技术研究及 FPGA 实现[D]. 西北工业大学博士学位论文，2006.

[21] 戴舰威. 应用于 1553B 总线协议的控制器 IP 核的设计研究[D]. 西安电子科技大学博士学位论文，2008.

[22] 王骥. 实时以太网技术在航空电子系统中的应用[D]. 哈尔滨工程大学博士学位论文，2006.

[23] 何晔. AFDX 航空通信网络协议研究及 FPGA 实现[D]. 哈尔滨工业大学博士学位论文，2011.

[24] 黎石磊. AFDX 调度算法研究及其在飞行仿真系统中的应用[D]. 西安电子科技大学博士学位论文，2011.

[25] 任亚周. AFDX 网络的容错控制方法研究[D]. 上海交通大学博士学位论文，2012.

［26］ 韩国栋. 基于 AFDX 航空网络的传输模式转换性能分析［D］. 上海交通大学博士学位论文，2012.

［27］ 胡光宇. 基于 AFDX 航空网络的端到端延时分析［D］. 上海交通大学博士学位论文，2012.

［28］ 王斌文. 航空全双工以太网交换机若干关键技术研究与实现［D］. 西安电子科技大学博士学位论文，2008.

［29］ 沈磊. 航空全双工以太网（AFDX）交换机关键技术研究与实现［D］. 西安电子科技大学博士学位论文，2009.

［30］ 牛冰. AFDX 交换机的硬件设计及端系统调度［D］. 西安电子科技大学博士学位论文，2009.

［31］ 王绮卉. AFDX 核心交换技术的研究与实现［D］. 西安石油大学博士学位论文，2010.

［32］ 杨绍辉. AFDX 交换芯片中 MAC IP 核的设计与实现［D］. 西安电子科技大学博士学位论文，2009.

［33］ 罗西. 基于 FPGA 的 AFDX 端系统设计［D］. 中南大学博士学位论文，2011.

［34］ 许燕婷. AFDX 端系统协议栈虚拟链路层分析及仿真研究［D］. 上海交通大学博士学位论文，2011.

［35］ Johnson Stephen B,等. 系统健康管理及其在航空航天领域的应用［M］. 北京：国防工业出版社，2014.

［36］ 周林，赵杰，冯广飞. 装备故障预测与健康管理技术［M］. 北京：国防工业出版社，2015.

［37］ 苗学问，蔡光耀，何田. 航空器预测与健康管理［M］. 北京：北京航空航天大学出版社，2015.